全国高等职业教育“十三五”规划教材
工程测量技术骨干专业核心课程规划教材

GNSS 测量技术

主　编　邓　军
副主编　秦雨航　杨志宏　李益斌
参　编　孙宝明　李月彤　付孝均
主　审　李天和

中国矿业大学出版社

内 容 提 要

GNSS测量技术是高职测绘地理信息类专业的一门核心专业课程。本书内容主要有:认识GNSS系统、GNSS卫星导航定位基础、GNSS定位的基本原理、GNSS接收机单点定位、GNSS静态控制测量、GNSS RTK数据采集、GNSS RTK施工放样、GNSS网络RTK及连续运行参考站系统CORS等。

本书可作为高等职业教育院校测绘地理信息类专业的教材,还可作为各行业测绘地理工程技术人员的参考用书。

图书在版编目(CIP)数据

GNSS测量技术 / 邓军主编. —徐州 :中国矿业大学出版社,2018.9

ISBN 978-7-5646-4009-5

Ⅰ.①G… Ⅱ.①邓… Ⅲ.①卫星导航—全球定位系统 Ⅳ.①P228.4

中国版本图书馆CIP数据核字(2018)第129845号

书　　名 GNSS测量技术

主　　编 邓　军

责任编辑 何晓明

出版发行 中国矿业大学出版社有限责任公司

(江苏省徐州市解放南路　邮编221008)

营销热线 (0516)83885307　83884995

出版服务 (0516)83885767　83884920

网　　址 http://www.cumtp.com　**E-mail**:cumtpvip@cumtp.com

印　　刷 江苏淮阴新华印刷厂

开　　本 787×1092　1/16　**印张** 14.25　**字数** 356千字

版次印次 2018年9月第1版　2018年9月第1次印刷

定　　价 32.00元

前　言

GNSS测量技术课程教学面向的工作岗位是应用GNSS技术建立工程控制网和应用GNSS技术采集地理空间数据。本书本着“基于工作过程系统化”的教学理念，突出工学结合，从GNSS接收机的选型与操作、GNSS测量设计、GNSS数据采集、GNSS测量数据处理等典型工作任务入手，采用项目与工作任务的方式组织教材内容，主要包括：认识GNSS系统、GNSS卫星导航定位基础、GNSS定位的基本原理、GNSS接收机单点定位、GNSS静态控制测量、GNSS RTK数据采集与施工放样、GNSS网络RTK及连续运行参考站等。通过本课程的学习，学生既能掌握GNSS测量的基本理论与方法，又能使用GNSS技术进行工程控制网的建立与地理空间数据的采集工作。

本书的编写，主要体现以下三方面的特色：

① 按实际项目组织教材内容，根据具体的项目特点与技术要求，分解成若干个单项任务，提供了具体的操作要求与实施步骤，便于教学的组织与学生的自主学习。

② 以应用GNSS测量技术建立工程测量控制网、采集地理空间数据等实际操作为主线，着力培养学生的GNSS测量技术理论、技术方法等实际工程应用能力。

③ 课程中所介绍的接收机和实践项目，均源于工程中常用、常见和真实的工程案例，便于学生的学习与生产实际相结合，使学生在学习课程期间掌握GNSS定位技术要求、技术流程。

本书由重庆工程职业技术学院邓军担任主编。参加编写的人员有秦雨航（重庆工业职业技术学院）、杨志宏（晋中职业技术学院）、李益斌（苏州地质工程勘察院）、孙宝明（重庆工程职业技术学院）、李月彤（重庆工程职业技术学院）、付孝均（重庆市经贸中等专业学校）。各项目的编写分工如下：项目一、项目五和附录由邓军编写，项目二由秦雨航编写，项目三由孙宝明编写，项目四由李月彤编写，项目六由杨志宏编写，项目七由付孝均编写，项目八由李益斌编写。全书由邓军负责统稿、定稿，并对部分项目的内容进行修改和调整。

本书由重庆工程职业技术学院李天和教授担任主审，他为本书大纲的拟定提出了宝贵的意见。本书的编写参阅了大量的书籍和文献，在此对这些参考书籍和文献的作者表示由衷的感谢。

由于GNSS技术的不断发展和更新，以及作者的水平有限，加之时间仓促，书中错误在所难免，敬请专家学者和广大读者批评指正。

编　者

2018年2月

目　录

项目一　认识 GNSS 系统

项目概述

GNSS 的全称是全球导航卫星系统(Global Navigation Satellite System),它是泛指所有的卫星导航系统,包括全球的、区域的和增强的,如美国的 GPS、俄罗斯的 GLONASS、欧洲的 GALILEO、中国的北斗,以及相关的增强系统,如美国的 WAAS(广域增强系统)、欧洲的 EGNOS(欧洲静地导航重叠系统)和日本的 MSAS(多功能运输卫星增强系统)等,还涵盖在建和以后要建设的其他卫星导航系统。国际 GNSS 系统是个多系统、多层面、多模式的复杂组合系统。本项目主要介绍 GNSS 的基本概念,GNSS 系统的组成、功能、应用领域及发展趋势,GNSS 接收机的基本类型及测地型接收机的操作。

学习目标

1. 了解 GNSS 的概念。
2. 掌握 GNSS 的组成部分及每一部分的功能。
3. 了解 GNSS 的应用及最新发展趋势。
4. 了解 GNSS 接收机的分类及国内外常用的 GNSS 性能。
5. 熟练掌握 GNSS 接收机的选型与操作。

任务一　职业岗位分析

一、课程对接的岗位分析

2001 年,联合国教科文组织对于“职业与技术教育”的修订建议中,根据终身教育思想和全面教育功能,提出了对职业技能准备教育的要求:“使受教育者在某一领域内从事几种工作所需要的广泛知识和基本技能,使之在选择职业时不至于受到本人所受教育的限制,甚至可以在一生中从一个活动领域转向另一个活动领域。”这一教育要求包含着两个方面含义:① 高等职业教育必须以岗位为基础,着重培养学生的岗位工作能力;② 高等职业教育专业课程必须对接实际工作岗位,课程教学要以完成岗位工作任务所需要的知识、技能为主要内容。

GNSS 测量技术已广泛应用于工程建设及测绘地理信息的各个领域,并积极引领着测绘科学技术的新发展,掌握一定的 GNSS 测量知识和技能已成为测绘地理信息类专业学生的基本要求。

国家测绘地理信息局、人力资源和社会保障部共同组织确定了测绘地理信息行业的五个特有职业资格,具体见表 1-1。

表 1-1　　测绘地理信息行业的五个特有职业资格

序号	职业资格名称	职业等级	批准文号
1	大地测量员	初级、中级、高级、技师、高级技师	《关于公布国家职业资格目录的通知》(人社部发〔2017〕68 号)
2	摄影测量员	初级、中级、高级、技师、高级技师	
3	地图绘制员	初级、中级、高级、技师、高级技师	
4	工程测量员	初级、中级、高级、技师、高级技师	
5	不动产测绘员	初级、中级、高级、技师	

根据测绘地理信息行业这五个特有职业资格的技能进行分析，设置本门课程的教学任务。五个职业资格与 GNSS 相关工作任务分析见表 1-2。

表 1-2　　GNSS 相关工作任务

职业资格	工作项目	工作任务	学习内容
大地测量员	静态控制测量与数据处理	(1) 收集测区自然地理概况以及已有的测绘成果资料，进行技术设计书的编写。 (2) 选点与埋石，在收集的地形图、行政区划图上选点并与野外实施实地选点相结合，确定点位位置，埋设标石。 (3) 外业观测，合理选择 GNSS 接收机进行外业数据采集。 (4) 成果质量检核、数据处理，对外业观测的数据进行检查并得出处理结果。 (5) 编制报告，撰写技术总结报告，提交成果资料	(1) GNSS 接收机认识与使用； (2) GNSS 静态控制测量
摄影测量员	地形测量	运用 GNSS 技术和摄影测量技术测绘各种比例尺的地形图、专题图、特种地图、正射影像图、景观图，建立各种数据库，提供地理信息系统和土地信息系统所需要的基础数据	(1) GNSS 静态控制测量； (2) GNSS RTK 控制测量
	非地形测量	运用 GNSS 测量技术和摄影测量技术于生物医学，公安侦破，古文物、古建筑，建筑物变形监测中	
地图制图员	普通地图制图	(1) 地形图野外测绘； (2) 地形图室内成图	GNSS RTK 地形测量
	专题地图制图	专题地图的编绘制作	

续表 1-2

职业资格	工作项目	工作任务	学习内容
工程测量员	勘测设计阶段的工程控制测量和地形图测绘	(1) 控制点的选点与埋石； (2) 控制点的测量； (3) 地形点数据采集	(1) GNSS 静态控制测量； (2) GNSS RTK 数据采集
	施工阶段的控制测量和施工放样	(1) 控制点复测； (2) 施工放样	(1) GNSS 静态控制测量； (2) GNSS RTK 施工放样
	竣工运营阶段的竣工图测绘和变形监测	(1) 竣工图测量； (2) 变形监测。	(1) GNSS RTK 数据采集； (2) GNSS 静态控制测量
不动产测绘员	不动产控制测量与权属界线测量	(1) 不动产控制网布设； (2) 不动产权属界线测量； (3) 不动产图测绘	(1) GNSS 静态控制测量； (2) GNSS RTK 数据采集； (3) 网络 RTK 测绘不动产图

二、课程设置及教学实施

GNSS 测量技术是高职测绘地理信息类专业的核心技能专业课程。课程教学面向的工作岗位是应用 GNSS 技术建立高精度工程控制网和 GNSS 技术采集地理空间数据。本书在职业教育目标的指引下，在测绘地理信息行业和社会发展的前提下，尽量做到紧跟 GNSS 技术应用行业的发展，体现职业教育的特点，根据五大职业特点和工作任务设计课程内容，让学生不仅可以学习理论知识，并且可以学习到实际的操作技能。本课程还可以培养学生的综合素质，满足学生毕业后工作需要和将来的个人发展需要，增强学生的就业竞争力。

任务二　GNSS 概述

一、GNSS 的概念

(一) 卫星导航定位技术的产生和发展

1957 年 10 月，世界上第一颗人造地球卫星发射成功。随着人造地球卫星不断入轨运行，利用人造地球卫星进行大地测量的技术已经得到了广泛应用。卫星导航定位测量技术的发展可分为三个阶段：传统卫星三角测量、卫星多普勒导航定位测量和全球导航卫星定位测量。在卫星几何大地测量问世早期，人造地球卫星仅仅作为一种空间动态观测目标，由地面测站拍摄卫星的瞬时位置而测定地面点的坐标，称之为传统卫星三角测量。传统卫星三角测量把卫星作为空间测量目标，而多普勒测量把卫星作为动态已知点，开创了卫星定位技术的新纪元。多普勒卫星导航系统的用户设备是卫星多普勒接收机，其基本工作原理是：接收一颗子午卫星发送的导航定位信号，测量该信号的多普勒频移，结合导航电文中卫星的在轨实时点位和时标信息，进而解算出用户的点位坐标。由于多普勒卫星导航系统在实际应用中的局限性，世界上许多国家都开始研制新的导航定位系统。1973 年，美国就开始研发第二代卫星导航定位系统 GPS(Global Positionging System)；1982 年 10 月，苏联开始研制第二代卫星导航定位系统 GLONASS；2000 年，中国发射了北斗导航卫星；2005 年 12 月 28 日，第一颗伽利略试验卫星 GIOVE-A 发射升空，标志着伽利略卫星定位系统（GALILEO）正式进入实施论证阶段。

（二）GNSS 的概念

20 世纪 90 年代中期，国际民航组织、国际移动卫星组织以及欧洲空间局等倡导发展完全由民间控制的全球导航卫星系统，该系统由多卫星导航系统组成。1992 年 5 月，在国际民航组织（ICAO）未来空中导航系统（FANS）会议上，全球导航卫星系统被定义为：它是一个全球的位置和时间测定系统，包括一种或几种卫星星座、机载接收机和系统完备性监视。

GNSS（Global Navigation Satellite System）是泛指所有的卫星导航系统，包括全球的、区域的和增强的，如美国的 GPS、俄罗斯的 GLONASS、欧洲的 GALILEO、中国的北斗卫星导航系统，以及相关的增强系统，如美国的 WAAS（广域增强系统）、欧洲的 EGNOS（欧洲静地导航重叠系统）和日本的 MSAS（多功能运输卫星增强系统）等，还涵盖在建和以后要建设的其他卫星导航系统。全球导航卫星系统致力于弥补第二代卫星导航定位系统存在的不足，GNSS 研制开发分两步实施，首先以 GPS/GLONASS 卫星导航系统为依托，建立由地球同步卫星移动通信导航卫星系统（INMARSAT）、完备性监视系统（GAIT）以及接收机完备性监视系统（RAIM）组成的混合系统，以提高卫星导航系统的完备性和可靠性；第二步将建成纯民间控制的 GNSS 系统，该系统由多种中高轨全球导航卫星系统和既能用于导航定位又能用于移动通信的静地卫星构成。

二、GNSS 的组成

GNSS 由全球设施、区域设施、用户部分以及外部设施等部分构成。

（一）全球设施

GNSS 是一个全球性的位置和时间测定系统，其中，全球设施部分是 GNSS 的核心基础组件，它是由全球卫星导航定位系统（如当前运行的 GPS、GLONASS 和 COMPASS）提供自主导航定位服务所必需的组成部分，由空间段、空间信号和相关地面控制部分构成。

1. 空间段

空间段由一系列在轨运行卫星（来自一个或多个卫星导航定位系统）构成，提供系统自主导航定位服务所必需的无线电导航定位信号。其中，在轨工作卫星称为 GNSS 导航卫星，它是空间部分的核心部件，卫星内的原子钟（采用铷钟、铯钟甚至氢钟）为系统提供高精度的时间基准和高稳定度的信号频率基准。

由于高轨卫星对地球重力异常的反应灵敏度较低，作为高空观测目标的 GNSS 导航定位卫星一般采用高轨卫星，通过测定用户接收机与卫星之间的距离或距离差以完成导航定位任务。GNSS 导航定位卫星的主要功能包括：

① 接收并存储地面监控站发送的导航信息，接收并执行监控站的控制指令。

② 通过微处理机对部分必要数据进行处理。

③ 通过星载的原子钟为系统提供精确的时间标准和频率基准。

④ 通过推进器调整卫星在轨姿态。

⑤ 产生并发送卫星导航定位信号。

⑥ 发送非导航定位服务信号（如 GALILEO 卫星提供搜寻营救服务信号）。

下面分别对常见的 GPS、GLONASS、GALILEO 和 COMPASS 卫星星座进行介绍。

(1) GPS卫星星座

GPS的空间部分由24颗GPS工作卫星所组成，这些GPS工作卫星共同组成了GPS卫星星座，其中21颗为可用于导航的卫星，3颗为活动的备用卫星，如图1-1所示。这24颗卫星分布在6个倾角为55°的轨道上绕地球运行，这样分布的目的是为了保证在地球的任何地方同时可以观测到4～12颗卫星，从而使地球表面上任何地点、任何时刻均能实现三维定位、测速与测时。卫星轨道为近圆形，轨道平均高度为20 200 km，运行周期约为11 h 58 min(12恒星时)。

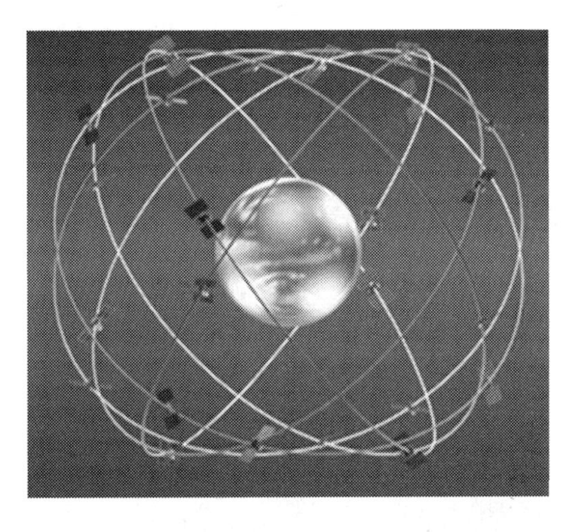

图1-1　GPS卫星星座

(2) GLONASS卫星星座

GLONASS星座由21颗工作星和3颗备份星组成，所以GLONASS星座共由24颗卫星组成。24颗星均匀地分布在3个近圆形的轨道平面上，这3个轨道平面两两相隔120°，每个轨道面有8颗卫星；同平面内的卫星之间相隔45°，轨道高度1.91万km，运行周期11 h 15 min 44 s，轨道倾角64.8°，如图1-2所示。

(3) GALILEO卫星星座

空间段的30颗卫星均匀分布在3个中高度圆形地球轨道上，轨道高度为23 616 km，轨道倾角56°，轨道升交点在赤道上相隔120°，卫星运行周期为14 h，每个轨道面上有1颗备用卫星。其卫星星座如图1-3所示。

(4) COMPASS卫星星座

COMPASS系统是北斗卫星导航系统的英文名称，是中国卫星导航系统的总称，其全球星座由35个卫星构成，其中5个是地球静止轨道(GEO)卫星、3个是地球同步倾斜轨道(IGSO)卫星，还有27个地球中轨道(MEO)卫星。其卫星星座如图1-4所示。

2. 空间信号段

GNSS全球设施的空间信号是指在轨GNSS导航定位卫星发射的无线电信号。根据国际电信联盟(International Telecommunication Union，ITU)的规定，卫星导航系统的空间信号段应该在无线电导航卫星服务波段内，在2000年的世界无线电通信大会上公布的GPS、GLONASS以及GALILEO空间信号频率中配置。

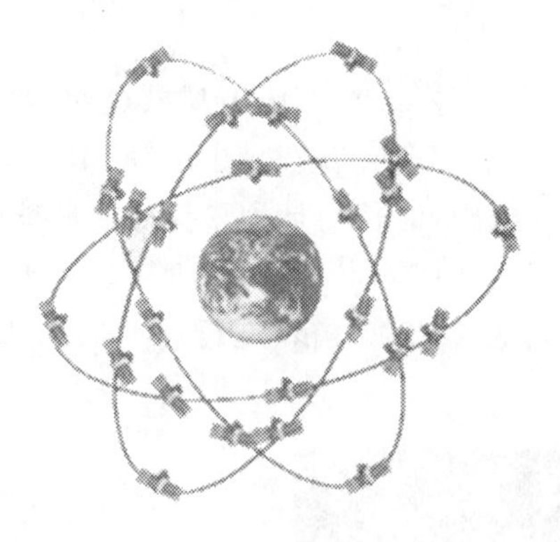

图 1-2　GLONASS 卫星星座

图 1-3　GALILEO 卫星星座

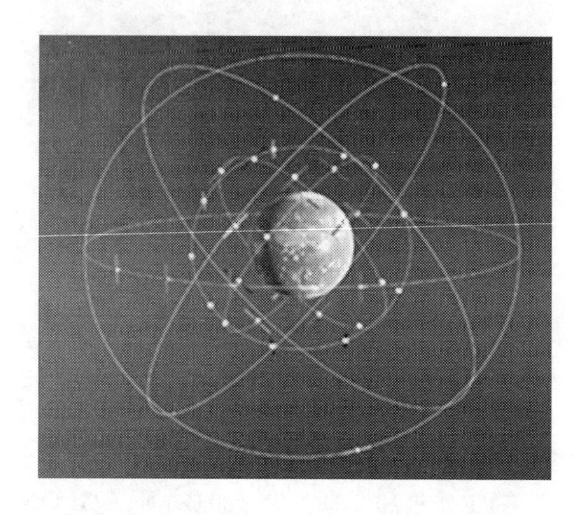

图 1-4　COMPASS 卫星星座图

GNSS 卫星发送导航定位信号一般包括载波、测距码和数据码(或称 D 码)三种信号。以 GPS 信号为例,截止到 Block IIR 卫星,GPS 卫星广播 L_1 和 L_2 两种频率的信号,其中 L_1 信号载波频率为 1.575 42 GHz,并调制了 P/Y 码、C/A 码和数据码(或称 D 码),L_2 信号载波频率为 1.227 60 GHz,测距码仅调制了 P/Y 码,其中 P/Y 码为军用码,C/A 码为民用码。

类似于 GPS 信号,GALILEO 信号同样由载波、测距码和数据码构成,并且在 GALILEO 信号中可使用更多类型的测距码和数据码。GALILEO 卫星星座提供的空间信号包括 10 种民用导航信号和一种搜寻营救(Search and Rescue,SAR)信号,其中,SAR 信号将占用为紧急服务保留的 L 波段(1 544～1 545 MHz)。

3. 地面部分

全球设施的地面部分一般由一系列全球分布的地面站组成,这些地面站可分为卫星监测站、主控站和信息注入站。地面部分的主要功能是卫星控制和任务控制。卫星控制是指使用遥测遥控(Telemetry Tracking and Command ,TT&C)链路上传监控对卫星星座进行管理;任务控制是指全面对轨道确定和时钟同步等导航任务进行控制和管理,也包括对完备性信息(在报警时限内报警,GPS 当前不提供完备性信息)的确定和发布过程进行控制。

GPS 地面部分由全球分布的 5 个地面控制站组成,如图 1-5 所示。下面对 GPS 地面部分的组成进行简要的介绍。

图 1-5 GPS 地面站分布示意图

(1) 监测站

监测站配备双频 GPS 接收机、高精度原子钟、计算机和各种环境数据传感器,对系统所需的各种数据进行自动采集。GPS 接收机对 GPS 卫星进行连续观测,采集测量数据和监测卫星的工作状况,环境传感器负责收集当地有关气象数据,而原子钟提供时间基准,所有观测资料通过计算机进行存储和初步处理,并传送到主控站,用于确定卫星导航电文。现有 5 个地面站均具有监测站的功能。

(2) 主控站

主控站具备监测的全部功能,协调和管理地面监控系统。其核心功能为:利用监测站的全部观测数据,推算卫星星历、工作状态、卫星钟差和大气层的改正参数等,并将生成的导航电文传送到注入站;提供整个系统的时间基准,推算监测站和 GPS 卫星的原子钟与主控站原子钟间的钟差,并将钟差信息编入导航电文;生成卫星状态和卫星调度信息,用于调整偏离轨道的卫星和启用备用卫星。

(3) 注入站

注入站除具备监测站的全部功能外,将主控站推算和编制的导航电文注入相应的 GPS 卫星,同时监测注入信息的正确性。注入站的主要设备包括:一台直径为 3.6 m 的天线、一台 C 波段发射机和一台计算机。GPS 现有 3 个注入站,分别位于印度洋的迭戈加西亚、南大西洋的阿森松群岛和南太平洋的卡瓦加兰。

GPS 地面站间建立现代化的通信网络,在计算机程序的驱动和控制下,各项工作实现了高度的标准化和自动化,这使得整个地面监控部分除主控站外均无人值守。

(二) 区域设施

GNSS 区域设施包括 GNSS 所有的区域性设施组件。这些区域性设施是面向系统功能或性能有特殊要求的服务,并且可以组合当地地面定位和通信系统(如 D-GNSS,Loran-C,UMTS),以满足更广泛用户群体的需求。

GPS 和 GLONASS 卫星导航系统都由军方控制,此外,它们的可用性、连续性、完备性均存在隐患。正因如此,一些国家和地区建立了 GPS/GLONASS 外部增强系统,这些系统已具备了 GNSS 系统的雏形。目前,GPS/GLONASS 外部增强系统有欧洲的 EGNOS、美国的 WAAS 等,都属于 GNSS 区域设施性质的组件,下面重点对 EGNOS 进行介绍。

EGNOS 由欧洲委员会(EC)、欧空局(ESA)和欧洲航空导航安全组织(EUROCONTROL)等筹建。该系统是 GPS 和 GLONASS 两种卫星导航系统的外部增强系统。在图 1-6中,除给出了 EGNOS 系统 GPS 卫星星座和 GLONASS 卫星星座外,还给出了 EGNOS 空间部分所用的 3 颗 INMARSAT Ⅲ地球同步卫星。EGNOS 系统由下述三部分组成:

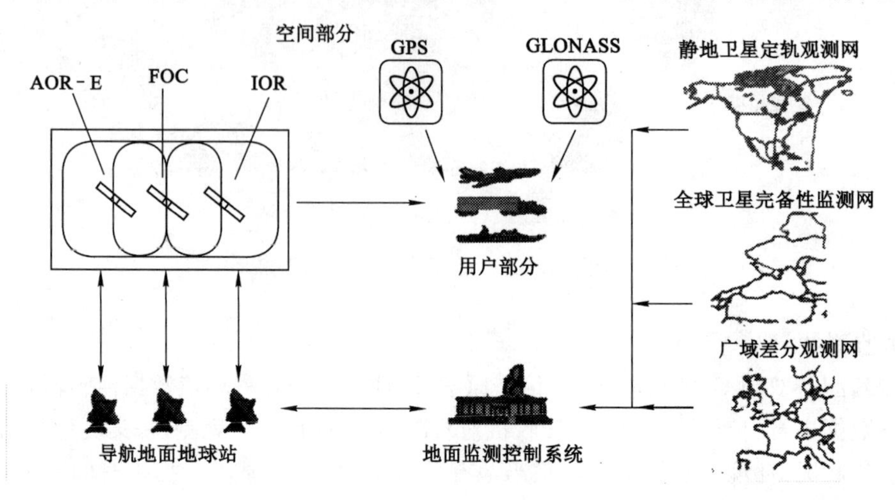

图 1-6 EGNOS 系统构架

1. 星基增强设施

2005 年,EGNOS 全面运行时,星基增强设施由 3 颗 INMARSAT Ⅲ静地通信卫星构成。这三颗 INMARSAT Ⅲ卫星是覆盖大西洋东部地区的 AOR-E 卫星、覆盖印度洋的 IOR 卫星和覆盖太平洋地区的 FOC 卫星。INMARSAT Ⅲ卫星用于发送 GEO 卫星导航电文、广域差分校正值(WAD)和 GPS/GLONASS 系统完备性信息。

如果星基增强设施提供导航定位信号,将在很大程度上改善原有卫星系统星座几何形状。例如,美国的 WAAS 系统混合星座由 GPS 星座和 3 颗地球静地卫星组成,其 PDOP 平均值由原来的 2 减小为 1.8,其 PDOP 最大值由原来的 18 减小为 8;与 WAAS 不同,日本的 MSAS 采用本国研发的 MTSAT 多功能通信卫星。

2. 区域监测控制设施

EGNOS 地面监控设施由静地卫星基准站(GRS)、地面测距/完备性监测站(RIMS)、EGNOS 任务控制中心(MCC)和导航地面地球站(NLES)组成。

静地卫星基准站用于推算静地卫星的精密轨道,编制 GEO 卫星广播星历,提供高精度的动态已知点,以改善 GPS/GLONASS 卫星星座几何构型。为了实现对 GEO 卫星的全球监测,每颗 GEO 卫星至少需要 3 个分布合适的 GRS 站。

地面测距/完备性监测站用于测量 RIMS 站到 GPS、GLONASS 和 GEO 卫星的距离,并将测量数据实时发送到 MCC,由 MCC 估算每颗卫星的站星距离测量误差,并将其发送给广大用户。此外,RIMS 站还对 GPS 和 GLONASS 的完备性进行实时监测。

任务控制中心接收来自 RIMS 和 CRS 站的观测数据,推算 GEO 卫星和 GPS/GLO-

NASS卫星的星历/钟差改正和完备性信息，并将其发送到NLES导航地面地球站。此外，MCC还协调和管理EGNOS地面监控系统的正常运行。

导航地面地球站接收来自MCC的数据信息，编制成EGNOS电文，并在NLES控制下，将EGNOS电文注入GEO卫星。

（三）用户部分

GNSS用户部分由一系列的用户接收机终端构成，接收机是用户终端的基础部件，用于接收GNSS卫星发射的无线电信号，获得必要的导航定位信息和观测信息，并经数据处理软件完成各种导航、定位以及授时任务。一般情况下，用户可以根据不同的应用需求，对接收机进行定制。

GNSS用户设备主要由GNSS接收机硬件、微处理器及其终端设备组成。GNSS接收机硬件一般包括主机、天线和电源，而微处理器主要用于运行GNSS软件已完成各种数据处理工作，GNSS接收机软件部分为随机软件和专业GNSS数据处理软件。图1-7为使用GNSS接收机进行外业实测的场景。

图1-7 GNSS接收机实测场景

（四）外部设施

外部设施是指GNSS所采用的一系列区域性或地方性基础设施。目前，GNSS外部设施主要指协助GNSS完成各种公益或增值服务的外部设施，其中用于辅助确定系统完备性信息的外部设施，在GNSS全球完备性信息监测方面发挥重要作用。

以GALILEO卫星导航系统为例，国际合作是确保GALILEO系统效益最大化的重要因素，许多第三方国家正积极参与GALILEO项目，以获得GALILEO系统优先使用权。欧洲以外国家或区域可选择在其他地域内建立辅助设施，以确定GALILEO全球完备性信息，这些区域/地区性地面设施将被GALILEO系统所采纳，这将极大地丰富GALILEO系统的外部设施，改善系统的整体性能和提升系统的服务质量。

与GALILEO系统外部设施相关的另一项服务是GALILEO搜寻营救(SAR)服务，其中全球卫星搜救系统(COSPAS-SARSAT)扮演了这项服务的外部设施角色。

三、GNSS的功能

GNSS系统最初的目的是为了军事上的需要，随着后来民用市场的快速发展及所带来的经济效益，因此越来越多地应用于民用市场。例如，应用最广泛的美国GPS能够用于飞行器的定位、电力网的授时、灾害监测、交通导航、抢险救灾等。具体来说，GNSS系统主要有以下几个方面的功能。

（一）定位

GNSS卫星系统能够进行厘米级甚至毫米级精度的静态相对定位，米级甚至亚米级精度的动态定位。可以为测量人员提供精确的三维定位，为用户快速提供三维坐标。下面从公路选线放样方面来进行介绍。

高等级公路选线多在大比例尺(1∶1 000或1∶2 000)带状地形图上进行。用传统方法测图先要建立控制点，然后进行碎部测量，绘制成大比例尺地形图。这种方法工作量大,速度慢,花费时间长,用实时 GNSS 动态测量可以完全克服这个缺点,只需在沿线每个碎部点上停留一两分钟,即可获得每点的坐标、高程。结合输入的点特征编码及属性信息,构成带状所有碎部点的数据,在室内即可用绘图软件成图。由于只需要采集碎部点的坐标和输入其属性信息,而且采集速度快,因此大大降低了测图难度,既省时又省力,非常实用。

设计人员在大比例尺带状地形图上定线后,需将公路中线在地面上标定出来。采用实时 GNSS 测量,只需将中桩点坐标输入 GNSS 电子手簿中,系统软件就会自动定出放样点的点位。由于每个点测量都是独立完成的,不会产生累积误差,各点放样精度趋于一致。

纵断面放样时,先把需要放样的数据输入电子手簿中,生成一个施工测设放样点文件,并储存起来,据此随时可以到现场放样测设。横断面放样时,先确定出横断面形式(填、挖、半填半挖),然后把横断面设计数据输入电子手簿中(如边坡坡度、路肩宽度、路幅宽度、超高、加宽、设计高),生成一个施工测设放样点文件,储存起来,并随时可以据此到现场放样测设。同时,软件可以自动与地面线衔接进行"戴帽"工作,并利用"断面法"进行土方量计算,通过绘图软件,可绘出沿线的纵断面和各点的横断面图。因为所用数据都是测绘地形图时采集而来的,不需要到现场进行纵横断面测量,大大减少了外业工作。必要时,可用动态 GNSS 到现场检测复核,这与传统方法相比,既经济又实用。

(二) 授时

时间信号的准确与否,直接关系到人们的日常生活、工业生产和社会发展。人们对时间精度的要求越来越高,天文测时所依赖的是地球自转,而地球自转的不均匀性使得天文方法所得到的时间(世界时)精度只能达到 10^{-9},原子钟精度可达 10^{-12}。因此原子钟广泛运用于精密测量和日常生活、生产领域。GNSS 接收机授时系统是利用接收机接收卫星上的原子钟时间信号,然后把数据传输给单片机进行处理并显示出时间,由此可制作出 GNSS 精密时钟。精密时间是科学研究、科学实验和工程技术等方面的基本物理参量,它为一切动力学系统、时序过程的测量和定量研究提供了必不可少的实时基元坐标。精密授时在通信、电力、控制等工业领域和国防领域有着广泛和重要的应用。现代武器试验、战争需要它保障,智能化交通运输系统的建立和数字化地球的实现需要它支持,现代通信网和电力网建设也增强了对精密时间和频率的依赖。

(三) 导航

GNSS 系统能实时计算出接收机所在位置的三维坐标,当接收机处于运动状态时,每时每刻都能定位出接收机位置,从而实现导航。导航系统的应用十分广泛,如飞机、轮船、汽车、导弹等领域。

四、GNSS 技术的应用

(一) 在测量领域中的应用

1. 在大地测量及控制测量中的应用

大地测量是为研究地球的形状及表面特性进行的实际测量工作。其主要任务是建立国家或大范围的精密控制测量网,包括三角测量、导线测量、水准测量、天文测量、重力测量、惯性测量、卫星大地测量以及各种大地测量数据处理等。它为大规模地形图测制及各种工程测量提供高精度的平面控制和高程控制;为空间科学技术和军事用途等提供精确的点位坐标、距离、方位及地球重力场资料;为研究地球形状和大小、地壳形变及地震预报等科学问题提供资料。

目前,GNSS 定位技术以其精度高、速度快、操作简便在测量中被广泛地用于大地控制测量、工程测量、地籍测量、物探测量及各种类型的变形监测等。在以上这些应用中,建立各种级别、不同用途的控制网,是最主要的应用之一。时至今日,可以说 GNSS 定位技术已完全取代了用常规测角、测距手段建立大地控制网。我们将应用 GNSS 卫星定位技术建立的控制网叫作 GNSS 网。

归纳起来大致可以将 GNSS 网分为两大类:一类是全球或全国性的高精度 GNSS 网。这类 GNSS 网中相邻点的距离在数百公里乃至上万公里,其主要任务是作为全球高精度坐标框架或全国高精度坐标框架,为全球性地球动力学和空间科学方面的科学研究工作服务,或用以研究地区性的板块运动或地壳形变规律等问题。另一类是区域性的 GNSS 网,包括城市或矿区 GNSS 网、GNSS 工程网等。这类网中的相邻点间的距离为几公里至几十公里,其主要任务是直接为国民经济建设服务。

GNSS 静态定位在测量中主要用于测定各种用途的控制点。其中,较为常见的是利用 GNSS 建立各种类型和等级的控制网,在这些方面,GNSS 技术已基本上取代了常规的测量方法,成了主要手段。

2. 在工程测量中的应用

工程测量是工程建设在规划、勘测设计、施工和运营管理各阶段所进行的测量工作。按工程建设的对象不同,工程测量又分为水利、建筑、公路、铁路、矿山、隧道、桥梁、城市和国防等工程测量。GNSS 测量技术贯穿于工程建设的全过程,在工程建设前期的勘察设计阶段,利用 GNSS 接收机测绘大比例尺地形图;在施工过程中,利用 GNSS 接收机进行施工放样;竣工运营后,利用 GNSS 接收机进行高精度变形监测。

3. 在航空摄影测量中的应用

航空摄影测量是利用摄影所得的像片,研究和确定被摄物体形状、大小、位置、属性相互关系的一种技术。摄影测量有两大主要任务,其中之一就是空中三角测量,即以航摄像片所量测的像点坐标或单元模型上的模型点为原始数据,以少量地面实测的控制点地面坐标为基础,用计算方法解求加密点的地面坐标。在 GNSS 出现以前,航测地面控制点的施测主要依赖传统的经纬仪、测距仪及全站仪等,但这些常规仪器测量都必须满足控制点间通视的条件,在通视条件较差的地区,施测往往十分困难。GNSS 测量不需要控制点间通视,而且测量精度高、速度快,因而 GNSS 测量技术很快就取代常规测量技术成为航测地面控制点测量的主要手段。但从总体上讲,地面控制点测量仍是一项十分耗时的工作,未能从根本上解决常规方法“第一年航空摄影,第二年野外控制联测,第三年航测成图”的作业周期长、成本高的缺点。近年来,GNSS 动态定位技术的飞速发展促进了 GNSS 辅助航空摄影测量技术的出现和发展。目前该技术已进入实用阶段,在国际和国内已用于大规模的航空摄影测量生产。实践表明,该技术可以极大地减少地面控制点的数目,缩短成图周期,降低成本。

4. 在海洋测绘方面的应用

海洋测绘主要包括海上定位、海洋大地测量和水下地形测量。海上定位通常指在海上确定船位置的工作,主要用于舰船导航,同时又是海洋大地测量不可缺少的工作。海洋大地测量主要包括在海洋范围内布设大地控制网,进行海洋重力测量。在此基础上进行水下地形测量,绘制水下地形图,测定海洋大地水准面。此外,海洋测绘工作还包括海洋划界、航道测量以及海洋资源勘探与开采、海底管道的敷设、海港工程、打捞、疏浚等海洋工程测量、平均海面测量、海面地形测量、海流与海面变化、板块运动以及海啸等测量。其中,海上定位是海洋测绘最基本的工作,可以利用 GNSS 定位技术进行高精度海洋定位、建立海洋大地控制网和水下地形测绘。

(二) 在公安、交通系统中的应用

随着我国城市建设规模的扩大,车辆日益增多,交通运输的经营管理和合理调度、警用车辆的指挥和安全管理已成为公安、交通系统中的一个重要问题。过去,用于交通管理系统的设备主要是无线电通信设备,由调度中心向车辆驾驶员发出调度命令,驾驶员只能根据自己的判断说出车辆所在的大概位置,而在生疏地带或在夜间则无法确认自己的方位甚至迷路。因此,从调度管理和安全管理方面,其应用受到限制。GNSS 定位技术的出现给车辆、轮船等交通工具的导航定位提供了具体的、实时的定位能力。车载 GNSS 接收机使驾驶员能够随时知道自己的具体位置。车载电台将 GNSS 定位信息发送给调度指挥中心,调度指挥中心便可及时掌握各车辆的具体位置,并在大屏幕电子地图上显示出来。目前,用于公安、交通系统的主要有车辆 GNSS 定位与无线通信系统相结合的指挥管理系统、应用 GNSS 差分技术的指挥管理系统等。

(三) 在农业方面的应用

农业生产中,增加产量和提高效益是根本目的。要达到增产提效的目的,除了适时种植高产作物、加强田间管理等技术措施外,弄清土壤性质,检测农作物产量、分布,合理施肥以及播种和喷洒农药等也是农业生产中重要的管理技术。利用 GNSS 技术,配合遥感技术(RS)和地理信息系统(GIS),能够做到监测农作物产量分布、土壤成分和性质分布,做到合理施肥、播种和喷洒农药,节约费用,降低成本,达到增加产量、提高效益的目的。

(四) 在林业方面的应用

早在多年前,我国基层林业单位就已经开始将 GNSS 定位技术应用在林业工作中。它能够快速、高效、准确地提供点、线、面要素的精密坐标,完成森林调查与管理各种境界线的勘测与放样,成为森林资源调查与动态监测的有力工具。近些年,GNSS 在林业应用中的不断深入,促进了林业现代化的发展,使林业步入现代化的行列,为社会和经济的发展提供有力的保障。

(五) 在灾害应急救援方面的应用

随着城市化进程越来越快,灾害类别与形势越来越复杂,制约抢险救援的因素不断增多,道路、建筑及交通等环境越来越复杂,仅仅依靠普通的消防装备难以完成灭火及抢险救援任务。同时,多个队伍协同作战的情况越来越多,仅仅依靠一两名指挥员来判断决策,已不能适应当前消防部队作战指挥的要求。建设城市灾害应急指挥平台,将与城市各类灾害处置相关的道路、建筑、水源、重大危险源、重点单位及消防部队执勤力量等要素整合到统一的地理信息平台上,在第一时间全面综合各方因素,能快速地形成抢险救援方案,准确地调配充足的参战力量。利用 GNSS 卫星定位技术,能快速调集离事故现场最近的救援力量,在救援力量赶赴现场途中,根据现场灾害情况及时向参战力量分派任务,节省展开战斗前期准备的时间,将灾害造成的损失降至最低。

(六)在军事上的应用

GNSS可为全球范围内的飞机、舰船、地面部队、车辆、地面轨道航天器提供全天候、连续、实时、高精度的三维位置、三维速度以及时间数据。其主要任务是使海上舰船、空中飞机、地面用户目标、近地空间飞行的导弹以及卫星等,实现各种天气条件下连续实时的高精度三维定位和速度测定,还用于大地测量和高精度卫星授时等。在信息化战争中,GNSS已成为高技术战争的重要支持系统。它极大地提高了国家的信息控制能力、多军兵种协同作战和快速反应能力,大幅度地提高了武器装备的打击精度和效能。例如,美国的GNSS制导有精度高、制导方式灵活等特点,已成为精确制导武器的一种重要制导方式。导弹弹头上安装GNSS接收机,随时测定导弹位置,进行导弹偏差修正,以准确命中目标。命中目标的误差可低至1 m,并且命中目标的误差不受导弹射程的影响。在近几场高技术局部战争中,美军使用精确制导导弹和炸弹的比例比海湾战争时增加了近100倍,而它们全部或大部分都依靠GNSS制导技术。

五、GNSS应用技术的发展趋势

全球导航卫星系统及其产业当前正经历三大转变:① 从单一的GPS时代转变为多星座并存兼容的GNSS新时代,导致卫星导航体系全球化和增强多模化;② 从以卫星导航为应用主体转变为PNT(定位、导航、授时)与移动通信和因特网等信息载体融合的新阶段,导致信息融合化和产业一体化;③ 从经销应用产品为主逐步转变为运营服务为主的新局面,导致应用规模化和服务大众化。三大趋势发展的直接结果是使应用领域扩大,应用规模跃升,大众化市场和产业服务迅速形成。

(一)GNSS兼容与互用性技术

GNSS系统已被人们普遍接受,实际上它不是一个完整的有机系统,而是由多个系统简单组合或者是拼凑而成的。面对这样一个事实,有许多问题值得思考:首先是要清楚地了解并研究GPS、GLONASS、GALILEO和COMPASS四大全球系统的本初计划、现状、类同性和差异性;其次要探讨四大全球系统间的兼容和互用,如何从最优化角度,通过最佳化选择来充分利用和发挥其作用;再次应从我国在建的COMPASS系统实际出发,审时度势地找到其在GNSS中的正确定位,合理地配置资源,并采取积极开放的政策寻求国际合作,建设一个理想的、多国的民用GNSS系统,实现将来的可持续发展。这样的思路是一种理想追求、一种有益探索、一种概念创新,是对GNSS的重新设计和再设计,还可以进行下一代卫星导航系统的全新研究。

(二)环境增强技术

GNSS组成除了空间段、运控段和用户段外,还应包括环境段。环境段涉及大气(电离层和对流层)条件、电磁环境、多径与植被效应,以及多种多样的应用环境与条件(地形、地貌和地物)。它们会影响系统工作、定位精度、完好性、可用性、连续性和可靠性等一系列关键指标。环境增强段的研究目标是建立并形成全球与具有中国地域特色的大气环境信息系统及支撑技术,完善北斗与GNSS系统的组成缺项,确保系统建设的完整全面,运营实施的可靠正常,以及应用服务的高效务实。其研究的主要内容是:电波传播的大气环境效应贯穿北斗导航系统组成的各部分(如系统的总体设计与误差估算,卫星的发射功率确定,测控站布设及其数据处理,用户机的误差修正与差分技术),也贯穿于系统建设和运营的全过程,涉及各项关键指标(如精确度、连续性、完好性、可用性、可靠性、抗干扰性和安全性等)。

(三) 多种信息系统融合技术

多种信息系统融合技术和一体化集成,是 GNSS 应用服务产业最为突出的特点。卫星导航与电子地图的结合是顺理成章的事情,车辆导航仪和个人导航仪开创了 GIS(地理信息系统)许多新应用、新服务。GNSS 与移动通信和因特网的相互渗透有力地保证了卫星导航产业走向规模化、大众化,使导航终端与控制中心(服务器)端的互通互联成为可能,使车队监控、物流调度、个人跟踪、网络导航、定位游戏、移动位置服务、地图在线更新、信息增值业务等均成为可能。

(四) 室内外导航定位融合技术

室内外无缝定位一定要解决两个问题:一是将 GNSS 在野外开阔地定位转入城市内多遮挡条件下的定位;二是解决室内定位的问题。

1. 城市的行人定位导航难题

GNSS 应用的大众化市场在初期主要集中于车辆导航应用,而更为广泛的应用前景则是在行人,如导航、本地搜索和社会网络化问题,其困难是市区行人的 GNSS 定位难题。城市高楼林立,多径和遮蔽效应会严重恶化 GNSS 测距精度和精度的几何因子。对于行人而言,通常行进速度较缓慢且更靠近建筑物,与车辆相比,同样的环境条件会造成较为严重的后果,使精度和完好性经受挑战。为此,特别针对狭窄的街道区域,创建了所谓的导航重叠算法(NAO),它是一种实现 GNSS 测量和 GIS 数据库(描述建筑物 2D 基础形状)组合运算的算法软件,实现了行人导航终端的地图匹配功能,可改善卫星定位计算的漂移现象,从而改进定位精度。

2. 室内定位难题

GNSS 室内定位更是个难题。在 GNSS 室内定位的情况下,大多数卫星导航视距传播信号无法直接到达接收机天线,更多的是反射、绕射或散射信号,导致的总效应即为信号衰落。为此,首先应研究的是室内定位的信道模型,以表征室内环境下的信号传播特性。室内定位不仅仅限于 GNSS 接收机,还应考虑蜂窝网络的协助,考虑惯导组合,以及其他室内定位传感器技术,如 WLAN、WPAN、WiMAX 和 Bluetooth 等一系列技术的应用。

任务三 GNSS 接收机

一、GNSS 接收机的分类

GNSS 接收机是接收全球导航卫星信号并确定地面空间位置的仪器。全球导航卫星发送的导航定位信号,是一种可供无数用户共享的信息资源。只要拥有能够接收、跟踪、变换和测量全球导航卫星信号的接收设备,即为全球导航卫星信号接收机。

在测绘工程应用中,GNSS 接收机主要用于导航与位置服务。例如,现在流行的智能手机中都有 GNSS 定位功能,与电子地图结合起来,可以用手机进行导航。随着 GNSS 技术的不断发展,GNSS 接收机的生产厂家有数十家,生产的 GNSS 接收机型号多达几百种,我国的 GNSS 接收机制造商队伍也在不断壮大。GNSS 接收机可以根据用途、工作原理、接收频率、接收不同类型全球导航卫星信号等进行分类。

（一）按接收机的用途分类

根据用途的不同，GNSS 接收机可分为导航型、授时型、测地型。

1. 导航型接收机

导航型接收机主要用于运动载体的导航，它可以实时给出载体的位置和速度。这类接收机一般采用以测码伪距观测量的单点实时定位方式导航，精度较低，一般为 10 m。导航型接收机价格便宜，应用广泛。由于现在的智能手机都安装有 GNSS 定位芯片，因而是最常见的导航型 GNSS 接收机。如图 1-8 所示为导航型手持 GNSS 接收机。根据应用领域的不同，导航型接收机可以进一步分为：车载型（用于车辆导航定位）、航海型（用于船舶导航定位）、航空型（用于飞机导航定位）、星载型（用于卫星的导航定位），由于卫星的运行速度高达 7 km/s，因此对接收机要求更高。

图 1-8　手持接收机

2. 授时型接收机

授时型接收机主要利用 GNSS 卫星提供的高精度时间标准进行授时，常用于天文台、无线通信及电力网络中时间同步。

3. 测地型接收机

测地型接收机主要用于精密大地测量和精密工程测量。这类仪器主要采用载波相位观测值进行相对定位，定位精度可达厘米级甚至更高。测地型接收机仪器结构复杂，通常配备有功能完善的处理软件，因此价格较贵。目前，在 GNSS 技术开发和实际应用方面，国际上较著名的生产厂商有美国 Trimble（天宝）导航公司、瑞士 Leica Geosystems（徕卡测量系统）、日本 Topcon（拓普康）公司、美国 Magellan（麦哲伦）公司，国内有南方卫星导航、广州中海达、上海华测导航等，图 1-9 所示为天宝测地型接收机，图 1-10 所示为中海达测地型接收机。

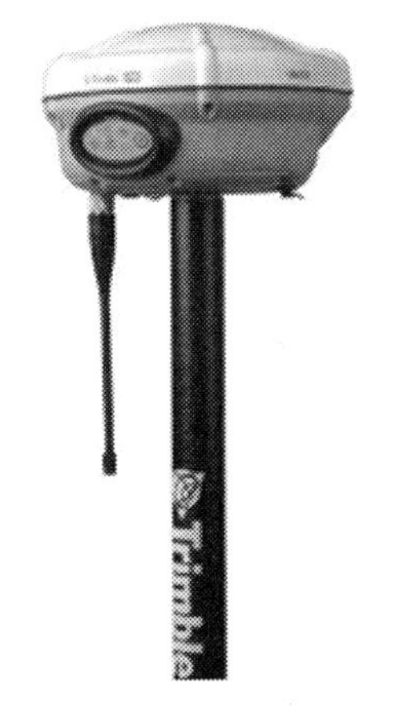

图 1-9　天宝测地型接收机

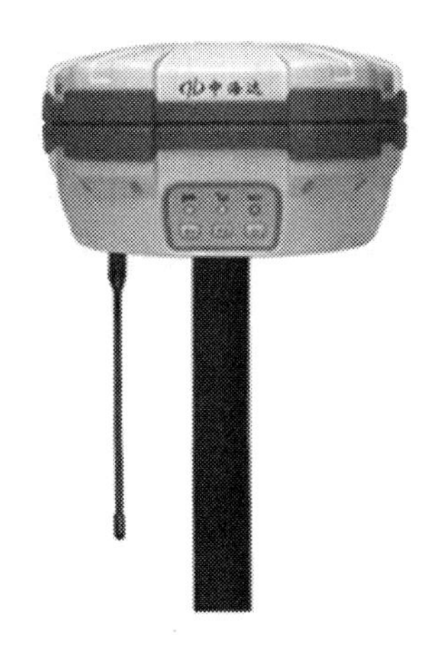

图 1-10　中海达测地型接收机

（二）按接收机接收的卫星信号分类

1. 单频接收机

单频接收机只能接收 L_1 载波信号，测定载波相位观测值进行定位。由于不能有效消除电离层延迟影响，单频接收机只适用于短基线(≤15 km)的精密定位。

2. 双频接收机

双频接收机可以同时接收 L_1、L_2 载波信号。利用双频对电离层延迟的不同，可以消除电离层对电磁波信号的延迟影响，提高定位精度，因此双频接收机可用于长距离的精密定位。

3. 码相位接收机

它采用 C/A 码、P 码作为测距信号，测量卫星与接收机间的距离，利用空间后方交会方法进行定位。虽然码相位接收机可能利用卫星导航电文提供的参数，对观测量进行电离层折射影响的修正，但由于 C/A 码、P 码测距精度较差，所以码相位接收机主要用于导航型和手持低精度接收机。

4. 信标接收机

信标接收机可同时接收 GNSS 测距码和无线电指向标——差分全球定位系统信号。在 300 km^2 范围内仍然可以获得 1～3 m 实时定位结果。信标接收机主要用于沿海地区无线电指向覆盖区域海上船只定位，如图 1-11 所示为信标接收机。

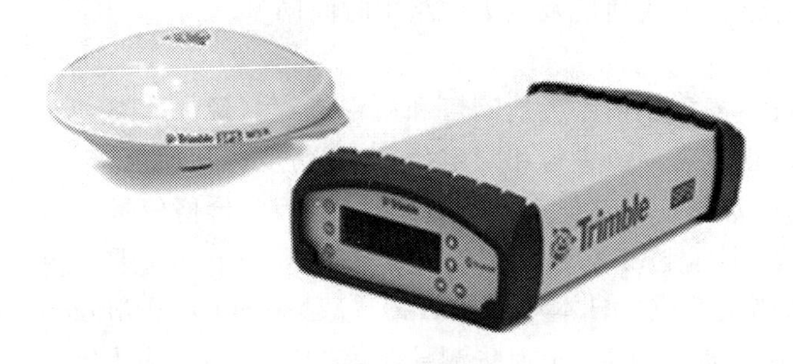

图 1-11　信标接收机

（三）按接收机通道数分类

通道是指 GNSS 接收机跟踪卫星的通道数，通常一个通道对应一颗卫星。GNSS 接收机能同时接收多颗 GNSS 卫星的信号，以分离接收到的不同卫星信号，实现对卫星信号的跟踪、处理和量测。具有这样功能的器件称为天线信号通道。根据接收机所具有的通道种类的不同可分为多通道接收机、序贯通道接收机、多路多用通道接收机。

1. 多通道接收机

多通道接收机具有多个信号通道，且每个信号通道只连续跟踪一颗卫星信号。来自太空中不同的 GNSS 卫星信号，分别用不同的通道同时且连续地进行测量和处理，从而获得不同卫星的观测量，以实现快速简单定位。

2. 序贯通道接收机

为了跟踪多个卫星信号，GNSS 序贯通道接收机在相应软件的控制下，能按时序依次对各个卫星信号进行跟踪和测量。GNSS 序贯通道接收机间断地同时跟踪多颗卫星，其间断跟踪的时间间隔在 20 ms 以上，所以其对卫星信号的跟踪是不连续的。

3. 多路多用通道接收机

GNSS 多路多用通道接收机在相应软件的控制下，能间断地同时跟踪多颗卫星，按时序

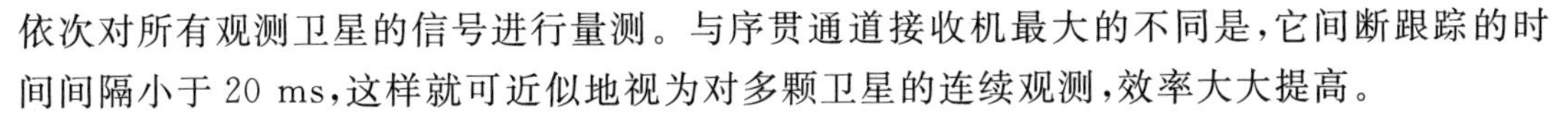

依次对所有观测卫星的信号进行量测。与序贯通道接收机最大的不同是，它间断跟踪的时间间隔小于 20 ms，这样就可近似地视为对多颗卫星的连续观测，效率大大提高。

（四）按工作原理分类

根据接收机的工作原理的不同可分为码相关型接收机、Z 跟踪技术接收机、窄距相关技术接收机、共同跟踪技术接收机。

1. 码相关型接收机

码相关型接收机能够产生与所测卫星测距码（C/A 码、P 码）结构完全相同的复制码。工作过程通过逐步相移，使接收机与复制码达到最大相关，以测定卫星信号到达用户接收机天线的传播距离。码相关型接收机的工作条件是必须掌握测距码的结构。

2. Z 跟踪技术接收机。

Z 跟踪技术接收机是第二代接收机。GNSS 卫星的 L_1、L_2 载波相位完全独立，且信号强度增加，噪声减弱。C/A 码常规宽带相关伪距、P 码伪距或反电子欺骗政策（Anti-Spoofing，AS）条件下自动切换为 Ashtech 公司专利的 Z 码伪距，信号强度比相关伪距大 10 倍。

3. 窄距相关技术接收机

窄距相关技术接收机是第三代接收机。在接收处理 GNSS 信号时，相关过程分为三步：在码发生器中除产生准点码（P）外，还产生早码（E）和晚码（L），借助这三种码可确定三个自相关函数。早码和晚码在早或晚 $T/2$ 瞬间产生，此处 T 称为相关间距。由于生成这三种码，故可利用这三种码的自相关函数，也可在延迟锁相环（Delay-Locked Loop，DLL）中，将本机码跟踪接收的卫星码，利用早、晚码鉴别器，求出早、晚码自相关函数差。自相关函数差具有对称性，只要早、晚码鉴别器在零点附近呈线性特征，自相关函数即可达到最大值。P 码伪距自动切换为 Navatel 公司专利的精码伪距，信号强度较互相伪距强。窄距相关技术接收机 C/A 码达到 P 码的精度，而且多路径误差减少 1/2。

4. 共同跟踪技术接收机

共同跟踪技术接收机是第四代接收机。一般的 GNSS 接收机是通过单独的跟踪环对每一颗卫星分别进行跟踪的，所以跟踪了某一颗卫星，对其他卫星的跟踪没有任何帮助，这样在干扰比较严重和有遮挡的环境下，便无法很好地跟踪卫星信号，难以获得优良的测量数据。共同跟踪技术使用了双跟踪环，即由一个跟踪接收机坐标和时钟的公共跟踪环，以及 N 个单独跟踪环（跟踪 N 颗卫星的 N 个独立载波相位）组成的综合跟踪系统。共同跟踪技术是把跟踪接收机及其时钟的动力学特性与跟踪每一颗卫星的载波分离开来。首先利用公共跟踪环接收到的所有卫星信号的总场量，可以计算出接收机及其时钟的动力学特性，并进行补偿；然后再根据每颗卫星的信号分别跟踪每颗卫星的载波。由于接收机及其时钟的动力学特性是利用总的能量跟踪到的，而不是利用某一颗信号自身的能量进行跟踪的，所以，共同跟踪技术可以快速准确地跟踪到接收机及其时钟的动力学特性。一旦掌握了该接收机及其时钟的动力学特性，当某一颗卫星的信号很弱时，该接收机也能正确地跟踪其载波。

（五）按可接收不同卫星系统分类

1. 单星系统接收机

单星系统接收机是指具有跟踪一种卫星导航系统能力的卫星信号接收机。如早期的接收机只能接收美国的 GPS 卫星信号。

2. 双星系统接收机

双星系统接收机是指同时具有跟踪两种卫星导航定位系统能力的卫星信号接收机。目前主要有 GPS、GLONASS 集成接收机，GPS、COMPASS 集成接收机，最常见的是跟踪 GPS、GLONASS 这两种导航系统的双星接收机。双星接收机又分为单频 L_1 和双频 L_1/L_2 接收机。

3. 三星系统接收机

三星系统接收机是指同时具有跟踪 GPS、GLONASS 和 COMPASS 系统能力的卫星信息接收机。三星系统接收机搜星速度快、观测卫星数量多，可在遮挡较大的区域使用。多星系统接收机是指同时具有跟踪 GPS、GLONASS、GALILEO、COMPASS 四大卫星系统的所有可用信号的接收机。

目前，三星系统接收已经完全市场化，国内南方卫星导航、中海达、上海华测等 GNSS 制造商均生产三星系统 GPS、GLONASS、GALILEO、COMPASS 兼容接收机，满足各种精确定位应用。图 1-12 所示分别为这三家厂商的多星系统兼容接收机。

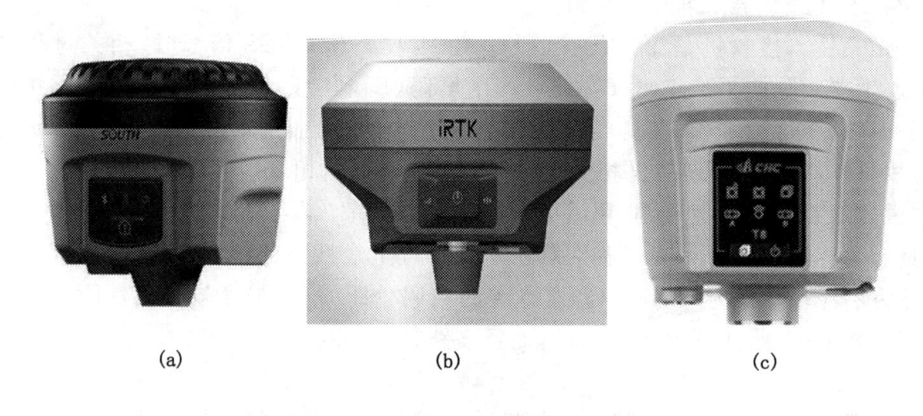

(a) (b) (c)

图 1-12 国产多星系统兼容接收机

二、GNSS 接收机的认识和使用

GNSS 接收机用于接收 GNSS 卫星发射的无线电信号，对信号进行放大处理，然后将电磁波信号转换为电流，并对这种信号进行放大和变频处理，再对经过放大和变频处理的信号进行跟踪、处理和测量，获取必要的导航定位信息和观测信息，并经数据处理以完成各种导航、定位以及授时任务。

(一) 常用 GNSS 接收机介绍

目前 GNSS 接收机品牌众多。在测绘工程应用中，主要有国外的天宝(Trimble)、徕卡(Laica)、拓普康(Topcon)等，国产的 GNSS 接收机主要有广州南方卫星导航、广州中海达卫星导航、上海华测卫星导航等。近年来，由于国内 GNSS 生产商的技术不断进步，国产 GNSS 接收机的功能与国外品牌相比差距不大，但国产 GNSS 接收机的价格相比国外品牌有较大的优势，现阶段国产 GNSS 接收机占据了国内测绘市场大部分的市场份额，应用较为普及。表 1-3、表 1-4 是几种常见的 GNSS 接收机介绍。

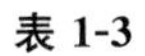

表 1-3　　国外部分 GNSS 接收机介绍

产品型号	Trimble R10	Laica Viva GS15	Topcon Hiper v
主机样式			
GNSS 性能	440 个通道； 卫星信号跟踪：GPS、GLONASS、GALILEO、COMPASS、QZSS、MSAS	120 个通道； 卫星信号跟踪：GPS、GLONASS、GALILEO、COMPASS、SBAS	226 个通道； 卫星信号跟踪：GPS、GLONASS
测量性能及精度	码差分定位精度： 水平：0.25 m+1 ppm； 垂直：0.50 m+1 ppm。 静态测量精度： 水平：±3 mm+0.5 ppm； 垂直：±5 mm+0.5 ppm。 RTK 测量精度： 水平：±10 mm+0.5 ppm； 垂直：±20 mm+0.5 ppm	DGPS/RTCM 精度：25 cm。 静态测量精度： 水平：±3 mm+0.5 ppm； 垂直：±6 mm+0.5 ppm。 RTK 测量精度： 水平：±10 mm+1 ppm； 垂直：±20 mm+1 ppm	DGPS/RTCM 精度：50 cm。 静态测量精度： 水平：±3 mm+0.5 ppm； 垂直：±5 mm+0.5 ppm。 RTK 测量精度： 水平：±10 mm+1 ppm； 垂直：±15 mm+1 ppm
硬件	尺寸（直径×高）：119 mm×136 mm； 质量：1.12 kg； 工作温度：−40～65 ℃； 存储温度：−40～75 ℃； 防尘防水：IP67	质量：1.3 kg； 功耗：3.2 W； 工作温度：−40～65 ℃； 存储温度：−40～80 ℃； 防尘防水：IP67	尺寸（直径×高）：184 mm×95 mm； 质量：1 kg(主机)； 功耗：4 W； 工作温度：−40～65 ℃； 存储温度：−45～70 ℃； 防尘防水：IP67
数据存储	4 GB 内存，可以记录 3 年以上原始观测数据（采样间隔 15 s，平均卫星 14 颗）	1 GB SD 卡可连续记录 280 天的原始数据（8 GPS+4 GLONASS，15 s 采样率）	内存类型：SD/SDHC 卡，可拆卸
数据通信	串口：端口 1 和端口 2，2 个 3 线串口（7 针 Lemo 口）； USB：支持数据下载和高速通信； UHF：全密封内置； 蜂窝移动：全密封内置 3.5G 调制解调器； WiFi：满足 802.11bg； 支持 CMR+、CMRx、RTCM2.1、RTCM2.3、RTCM3.0、RTCM3.1 输入和输出	电台：完全密封内置的接收/发射电台，可自行更换外接 UHF/VHF 电台； 电台天线：内置（可选外接天线）； 3G GSM/UMTS（HSDPA）手机模块：内置； GSM/CDMA 天线：内置 Leica、Leica4G、CMR、CMR+、RTCM3.1	通信接口：蓝牙通信接口、RS-232C 串口； 蓝牙：115 200 bps（SPP/单频道模式）； COM1：4 800～115 200 bps（RS 电平）； 电文格式：RTCM、SC104 版本 2.1、2.2、2.3、3.0、3.1

表 1-4　　国内部分 GNSS 接收机介绍

产品型号	中海达 V100	南方银河 1	华测 T8
主机样式	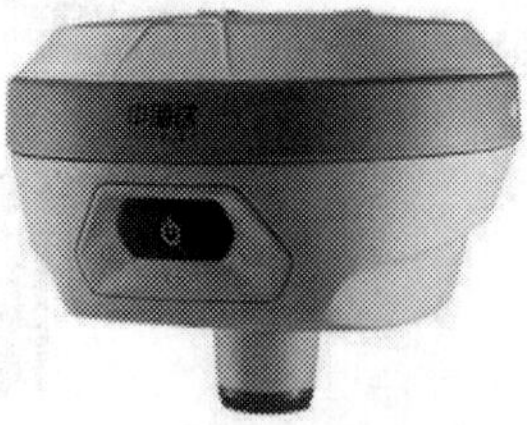		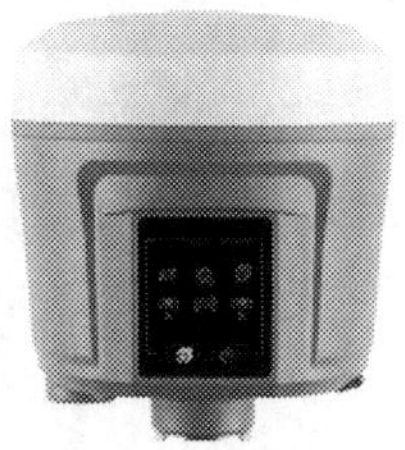
GNSS 性能	220 个通道； 卫星信号跟踪：GPS、GLONASS、GALILEO、COMPASS	220 个通道； 卫星信号跟踪：GPS、GLONASS、GALILEO、COMPASS	220 个通道； 卫星信号跟踪：GPS、GLONASS、GALILEO、COMPASS
测量性能及精度	码差分：0.25 m。 SBAS：0.5 m。 静态测量精度： 水平：±2.5 mm+1 ppm； 垂直：±5 mm+1 ppm。 RTK 测量精度： 水平：±8 mm+1 ppm； 垂直：±15 mm+1 ppm。 初始化时间：<10 s	码差分定位精度： 水平：0.25 m+1 ppm； 垂直：0.50 m+1 ppm。 静态测量精度： 水平：±2.5 mm+0.5 ppm； 垂直：±5 mm+1 ppm。 RTK 测量精度： 水平：±8 mm+1 ppm； 垂直：±15 mm+1 ppm。 初始化时间：<3 s	码差分定位精度： 水平：0.25 m+1 ppm； 垂直：0.50 m+1 ppm。 静态测量精度： 水平：±2.5 mm+0.5 ppm； 垂直：±5 mm+1 ppm。 RTK 测量精度： 水平：±8 mm+1 ppm； 垂直：±15 mm+1 ppm。 初始化时间：<5 s
硬件	尺寸（直径×高）：127.5 mm×57 mm； 质量：700 g（含电池）； 电池：6 300 mA·h； 功耗：3.2 W； 工作温度：−40～65 ℃； 存储温度：−40～75 ℃； 防尘防水：IP68	尺寸（直径×高）：129 mm×112 mm； 质量：<1 kg； 电池：可拆卸锂电池，7.4 V； 工作温度：−40～60 ℃； 存储温度：−55～85 ℃； 防尘防水：IP68	尺寸（直径×高）：124 mm×135 mm； 质量：<1 kg； 电池：6 800 mA·h； 功耗：3.2 W； 工作温度：−45～75 ℃； 存储温度：−55～85 ℃； 防尘防水：IP68
数据存储	8 GB 内存； 存储格式：GNS、RINEX	8 GB 内置固态存储器；自动循环存储，支持外接 USB 存储器进行数据存储，最高支持 50 Hz 的原始观测数据采集	标配 32 GB 存储器，支持空间保护； 存储格式：HCN、RINEX
操作界面	按键：单按键； 指示灯：3 个 LED 指示灯、信号灯、电源灯	按键：单按键； 指示灯：3 个 LED 指示灯	按键：1 个电源键、1 个静态切换键 指示灯：1 个差分信号灯、1 个卫星灯、1 个数据采集灯、2 个电源指示灯、1 个 WiFi 指示灯

续表 1-4

产品型号	中海达 V100	南方银河 1	华测 T8
数据通信	数据更新率：最大支持 20 Hz； 双模蓝牙：双模，蓝牙 4.0； NFC 闪联：实现蓝牙闪触配对； 外挂电台： 功率：5 W/10 W、20 W/30 W 可调； 频道数：116 个频段可调	内置高性能收发一体电台，典型作业距离 8 km，可切换网络中继、电台中继； 内置网络天线，配置 4G 网络通信模块兼容 3G/GPRS/EDGE，兼容各种 CORS 系统接入	差分格式：RTCM2.X、RTCM3.X、CMR、CMRX； NFC 闪联：实现蓝牙闪触配对； 内置电台：0.1～2 W 可调； 网络模块：联通 HSPA＋3.75G，向下兼容 3G、移动 2G(GSM)、电信 3G

（二）GNSS 接收机的使用

测地型 GNSS 接收机主要由主机、手簿、电台、配件四大部分构成，能够利用 GNSS 接收机进行控制测量、地形测图、施工放样等工作下面以中海达 iRTK3 为例介绍 GNSS 接收机的使用。

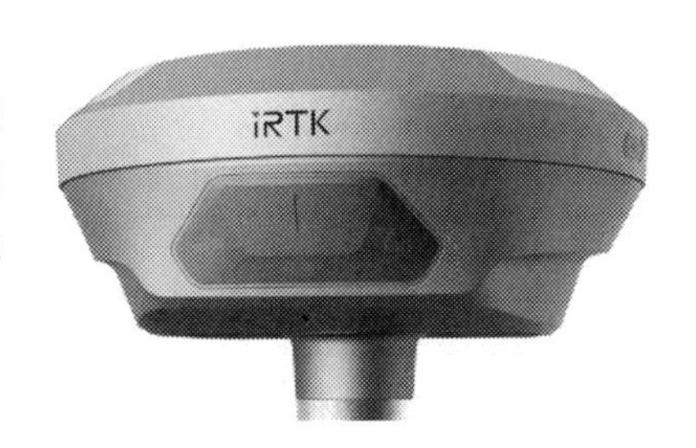

图 1-13　接收机外观

1. 接收机的外观

iRTK3 的外观如图 1-13 所示，主要由三个部分组成：上盖、下盖和控制面板。

接收机的控制面板如图 1-14 所示，包含 1 个电源键和 3 个指示灯，分别为卫星灯、电源灯(红绿双色灯)、信号灯(红绿双色灯)。

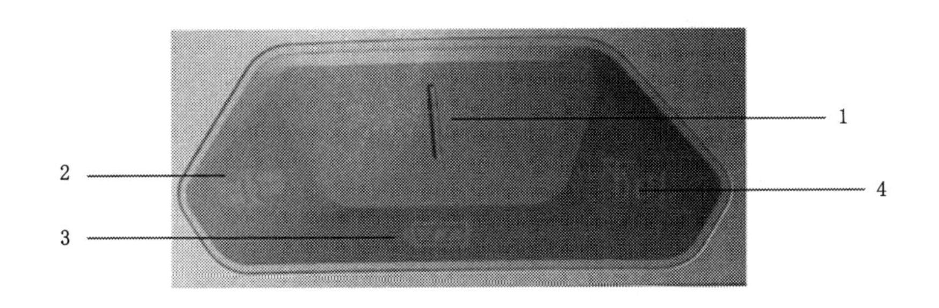

图 1-14　控制面板

1——电源键；2——卫星灯；3——电源灯；4——信号灯

接收机底部接口如图 1-15 所示，主要有小五芯接口、USB 接口以及防护塞等。小五芯接口用于接收机与外部数据链、外部电源的连接。USB 接口用于接收机与外部设备的连接，进行固件升级、静态数据下载、接收机充电供电。不使用小五芯接口和 USB 接口时，请盖上防护塞，以达到防水防尘的目的。

2. 电源键功能

电源键功能：开机、关机、工作模式切换、电量查询、自动设置基站、复位主板等，具体功能实现见表 1-5。

图 1-15 接收机底部接口

1——连接螺孔；2——电池仓；3——小五芯接口；4——USB 接口；5——防护塞

表 1-5 **电源键功能详细说明**

功能	功能详细描述
开机	关机状态下，长按电源键 1 s 开机，全部灯亮
关机	开机状态下，长按电源键 3 s，全部灯快闪两下；放开电源键可关机
自动设置基站	关机状态下，长按电源键 6 s，全部灯快闪两下；放开电源键，仪器将进行自动设置基站
工作模式切换	双击电源键进入工作模式切换，每双击一次，切换一个工作模式（静态与 RTK 模式之间切换）
状态查询	单击，电源灯红灯快闪显示电量
复位主板	开机状态下，长按电源键大于 6 s，卫星灯、信号灯、电源灯三指示灯同时快闪；放开电源键，复位主板

3. 指示灯功能

接收机有 3 个 LED 指示灯，分别为卫星灯、电源灯（红绿双色灯）、信号灯（红绿双色灯），主要指示信息见表 1-6。

表 1-6 **指示灯功能说明**

指示灯	指示信息	
电源灯（绿色）	常亮	电池充满电
电源灯（黄色）	常亮	满电电压：内置电池≥3.95 V（电量为 100%）
电源灯（红色）	常亮	正常电压：6%≤内置电池电量≤99%
	慢闪	欠压：内置电池电量≤5%
	快闪	指示电量：每分钟快闪 1～4 下指示电量 1：0%～25%； 2：25%～50%； 3：50%～75%； 4：75%～100%

续表 1-6

指示灯	指示信息	
信号灯(绿灯)	常灭	静态模式下
	常亮	RTK 模式下
信号灯(红灯)	慢闪	RTK 模式:按差分数据间隔闪烁; 静态模式:按采样间隔闪烁
	快闪	静态模式下存储空间小于 10 MB
卫星灯(绿色)	常亮	卫星锁定
	慢闪	卫星失锁
三灯	快闪	卫星灯、信号灯、电源灯三指示灯同时快闪,放开电源键,复位主板

4. 静态测量

(1) 在测量点架设仪器,装上测量基准件,严格对中、整平。

(2) 量取测量点至测量基准件量高点的仪器高并记录,如图 1-16 所示。

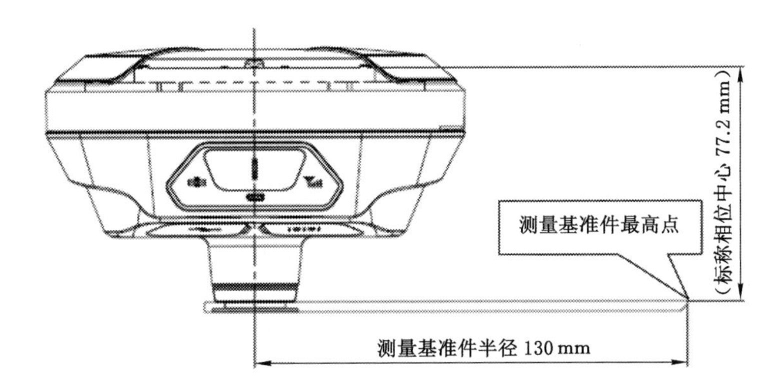

图 1-16　量高示意图

(3) 记录点名、仪器号、仪器高及开始观测时间。

(4) 开机,设置接收机为静态模式。卫星灯闪烁表示正在搜索卫星。卫星灯由闪烁转入长亮状态表示已锁定卫星。信号红灯根据设置的采样间隔闪烁。

(5) 测量完成后关机,记录关机时间。

(6) 下载、处理数据。

5. 数据下载

接收机文件管理采用 U 盘式存储,即插即用,直接拖拽式下载。为保证数据安全,使用 U 盘方式,只能对静态数据下载,不能删除静态数据。删除静态数据必须使用手簿 Hi-Survey 软件。

通过 USB 数据线连接接收机和电脑,打开“static”盘符,有两个文件 夹:log 和 gnss,log 文件夹存储日志信息,gnss 文件夹储存静态数据,数据格式为“ *.gns”。

三、GNSS 接收机的选型与检验

目前 GNSS 接收机品牌多、样式多、功能多、种类多,价格差异也较大。因而,如何选购适合自己工作或工程项目需要的 GNSS 接收机，就涉及接收机的选型问题。通常主要考虑价格合理、质量可靠、性能良好、测量精度满足要求等几个方面。由于接收机用于测绘工作，所以还应对接收机进行检验。

（一）GNSS 接收机的选型

1. 接收机的选型

（1）接收机优选指标

接收机的优选主要从功能、精度、性能和环境等几个方面考虑。具体接收机的优选指标见表 1-7。

表 1-7　　接收机的优选指标

功能指标	精度类指标	性能类指标	环境类指标
多功能：包括静态、动态、导航、信标功能	高精度（<5 mm+1 ppm）	高可靠性	低噪声
多星多通道	跟踪卫星性能好	高采集率	耐用性好，平均无故障工作时间>5 000 h
大容量存储	强大的数据处理软件	高自动化、智能化	抗恶劣环境封装
支持动态软件升级	抗多路径效应	低功耗	高集成度
其他		开放的组件结构	抗干扰性好

（2）最佳 GNSS 接收机应具备的条件

① 可靠性高。GNSS 接收机本身产生的周跳、半周跳、1/4 周跳极少。

② 耐用性强。耐用性强表现在平均无故障工作时间上。平均无故障工作时间（Mean Time Between Failures，MTBF）表征 GNSS 信号接收机的耐用性。美国军用标准定为 MTBF 不低于 13 000 h，而现行的 GNSS 信号接收机的平均无故障工作时间为 5 000～6 000 h。

③ 测量精度高。现行 GNSS 接收机的 C/A 码测距精度最高可达±20 cm，最低仅为几米。单频机的出厂精度达到 $5\ mm+2\times10^{-6}D$，双频机达到 $5\ mm+1\times10^{-6}D$（D 为测量距离，单位为"km"）。

④ 具有同时跟踪和测量 4 颗以上 GNSS 卫星的能力。一台 GNSS 接收机能否同时跟踪和测量多种多颗 GNSS 卫星，取决于它具有的通道数，通常要求具有 24 个以上通道，卫星跟踪性能良好不易失真，最好还具有 WAAS 信号和无线电信标的接收通道。

⑤ 作业适应性强。高性能的 GNSS 接收机既能做静态定位，又能做快速静态测量，还能做动态定位测量；既能在高低动态环境条件下做七参数测量，又具有极微弱信号的探测能力和抗客体干扰能力。例如，现在的三星系统接收机能够在森林或街区正常作业，又能担任差分 GNSS 和 GIS 任务。

⑥ 具有双频甚至三频的接收能力。单频接收机的制作成本和售价虽较低，但它们不适宜用于过长距离和厘米级的差分 GNSS 测量。一台理想的 GNSS 接收机应具有双频甚至三频（对于 GNSS TIF 卫星而言）的接收能力，在陆、海、空应用时，都能跟踪全部可见卫星。

⑦ 较低的 C/A 码测距噪声（≤10 cm）的载波相位噪声（<1 mm）。

⑧ 具有削弱多路径误差的能力。

⑨ 较高的原始数据率。原始数据率最好是20次/s，以便在高动态条件下应用。

⑩ 较大的存储器。测地型GNSS接收机其内存存储时间的长度，既取决于GNSS定位数据的更新率，又取决于被测量GNSS卫星的多少。

⑪ 数据处理软件功能强。GNSS接收机的内置软件，应既能解算用户的位置、速度和时间，又能做数据编辑、数据压缩、数据管理、周跳探测及其注记、仪器自诊断及其控制。GNSS接收机的测后数据处理软件应能够做观测数据的初加工、预处理、基线向量解算、网平差计算、坐标变换等。

⑫ 体积小、功耗低。非手持式GNSS接收机，应具有交直流电的适应能力，而且对供电电源的电压范围不作过高要求。最好在GNSS接收机内部安设锂电池，可供GNSS接收机在野外工作10 h以上，而且整机的功耗小(1～3 W)，质量轻(<2 kg)，以便野外作业。

⑬ 工作稳定。工作温度范围应为－40～＋65 ℃，以便在炎热和酷寒地区均能作业。

2. GNSS接收机的选用

GNSS接收机完成测量任务的关键指标精度、数量与测量的精度有关，GNSS接收机的选用可参考表1-8和表1-9。

表1-8　　接收机的选用(《全球定位系统(GPS)测量规范》)

级别	B级	C级	D、E级
单频/双频	双频/全波长	双频/全波长	双频或单频
观测量至少有	L_1、L_2载波相位	L_1、L_2载波相位	L_1载波相位
同步观测接收机数	≥4	≥3	≥2

表1-9　　接收机的选用(《卫星定位城市测量技术规范》)

等级	二等	三等	四等	一级	二级
单频/双频	双频或单频	双频或单频	双频或单频	双频或单频	双频或单频
标称精度	≤(5 mm+$2\times10^{-6}D$)	≤(10 mm+$2\times10^{-6}D$)	≤(10 mm+$2\times10^{-6}D$)	≤(10 mm+$2\times10^{-6}D$)	≤(10 mm+$2\times10^{-6}D$)
观测量	载波相位	载波相位	载波相位	载波相位	载波相位
同步观测接收机数	≥4	≥3	≥3	≥3	≥3

(二) GNSS接收机的检验

新购置的GNSS接收机，或接收机天线受到强烈撞击，或更新接收机主要部件后，或更新天线与接收机的匹配关系后，应按规定进行全面检验后使用。

接收机全面检验的内容包括一般性检视、通电检验和实测综合性能检验。

1. 一般性检视

一般性检视主要检查接收机设备各部件及其附件是否齐全、完好，紧固部分是否松动或脱落，使用手册及资料是否齐全等。另外，天线底座的圆水准器和光学对中器，应在测试前进行检验和校正。对气象测量仪表(通风干湿表、气压表、温度表)等应定期送气象部门检验。

2. 通电检验

通电检验主要检查接收通电后有关信号灯、按键、显示系统和仪表的工作情况，以及自测试系统的工作情况。当自测正常后，按操作步骤检验仪器的工作情况。在检验时，可以考察是否满足接收机锁定卫星能力不大于 15 min，实时载波相位差分(Real-Time Kinematic, RTK)与实时伪距差分(Real-Time Differential, RTD)初始化时间不大于 3 min。

3. 实测综合性能检验

实测综合性能检验是 GNSS 接收机检验的主要内容。其检验方法有：用标准基线检验；已知坐标、边长检验；零基线检验；相位中心偏移量检验；等等。以上各项测试检验应根据作业时间的长度确定测试频率，至少每年测试一次。

(1) 零基线测试法

采用如图 1-17 所示的功率分配器，将同一天线接收的 GNSS 卫星信号分成功率、相位相同的两路或多路信号，分别送到不同的 GNSS 接收机中，然后利用相对定位原理，根据接收机的观测数据解算相应的基线向量，即三维坐标差。

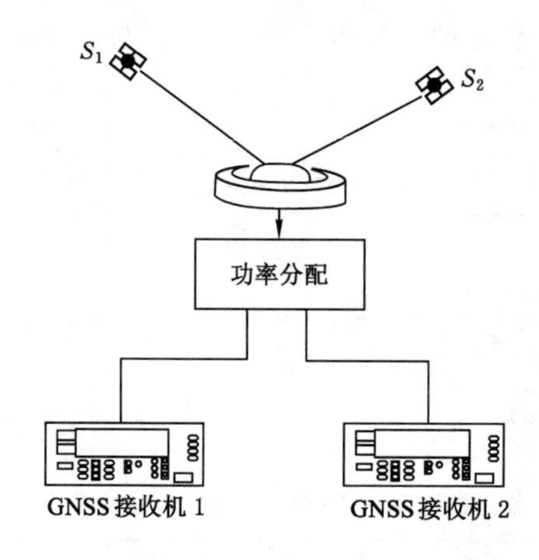

图 1-17　零基线检验

因为这种方法可以消除卫星几何图形、卫星轨道偏差、大气折射误差、天线相位中心偏差、信号多路径效应误差及仪器对中误差等多项影响，所以是检验接收机内部噪声的一种可靠方法。

理论上，所解算的基线向量的三维坐标差应为零，故称为零基线测试法。

测试时要求两台接收机同步接收 4 颗以上的卫星信号 1.5 h，然后交换接收机，再观测一个时段。三维坐标差及其误差应小于 1 mm。在这项检验中，功率分配器的质量对保障接收机内部噪声水平检验的可靠性是极其重要的。

(2) 超短基线检验法

在地势平坦、对空视野开阔、无强电磁波干扰及地面反射较小的地区，布设长度为 5～10 m 的基线，将其长度用其他测量仪器精确测得。检验时，两台接收机天线分别安置在此基线的两端，天线应严格对中、整平，天线定向标志指北，同步观测 1.5 h 解算求得的基线值与已知基线长度之差应小于仪器的固定误差。

由于检验基线很短，所以观测数据通过差分处理后，可有效消除各项外界因素影响，因而测量基线与已知基线之差主要反映了接收机的内部噪声水平。

(3) 天线相位中心稳定性检验

天线相位中心稳定性是指天线在不同方位下的实际相位中心位置与厂家提供的天线几何中心位置的一致性。通常采用相对定位法，在超短基线上进行测试。

这一方法的基本步骤为：将 GNSS 接收机天线分别安置在超短基线端点上，天线定向指北，经精确对中、整平后，观测 1.5 h；然后固定一个天线不动，将其他天线依次旋 90°、180°、270°，再测 3 个时段；最后再将固定不动的天线，相对其他任意一天线，依次旋转 90°、180°、270°，再测 3 个时段。利用相对定位原理，分别求出各时段基线值，其互差值一般不应超过厂家给出的固定误差的 2 倍。

(4) GNSS 接收机精度指标测试

在已知精确边长的标准检定场上进行此项检验，将需要检定的仪器天线精确安置在已知基线端点，天线对中误差小于 1 mm，天线指向北，天线高量至 1 mm。进行观测后测得的基线值与已知标准基线的较差应小于仪器标称中误差 σ。

GNSS 接收机是精密的电子仪器，要根据有关规定定期对一些主要项目进行检验，确保能获取可靠的高精度观测数据。

职业技能训练

【技能训练 1-1】 国内外主流 GNSS 接收机性能指标比较。

1. 训练目的

(1) 了解各大品牌 GNSS 接收机，开阔视野，拓展课外知识。

(2) 了解各国内外 GNSS 接收机制造、生产及应用现状。

2. 训练内容

(1) 搜索南方卫星导航、中海达卫星导航、华测导航等国内测绘仪器制造商网站，查看学习各厂家最新的 GNSS 接收机产品介绍、技术指标介绍、应用案例介绍。

(2) 搜索美国天宝、瑞士徕卡、日本拓普康等国外测绘仪器制造商网站，查看学习各厂家最新的 GNSS 接收机产品介绍、技术指标介绍、应用案例介绍。

3. 所需仪器

能够上网的计算机一台。

4. 上交实训成果

国内外 GNSS 接收机制造与应用技术比较分析报告一份。

【技能训练 1-2】 GNSS 接收机的认识与使用。

1. 训练目的

(1) 了解 GNSS 接收机的基本功能。

(2) 认识 GNSS 接收机各部件的名称与功能。

(3) 掌握 GNSS 接收机指示灯的作用，能实现接收机静态、动态作业模式的切换。

2. 训练内容

(1) 架设 GNSS 接收机，按操作手册的要求，连接各部件，量取仪器高。

(2) 打开、关闭 GNSS 接收机。

(3) 对照使用说明书使用各按键。

(4) 对照使用说明书使用各指示灯。

(5) 在一个测站上正确使用 GNSS 接收机。

(6) 进行 GNSS 静态测量的测站记录。

3. 所需仪器

(1) 以所在学校接收机为例,在教师的带领下,以小组为单位领取接收机一台,型号不限。

(2) 领取观测记录手簿一本、小钢尺一把、三脚架一个。

4. 实训步骤

(1) 在授课教师的指导下,对照仪器操作说明书,了解接收机各部件、按键和指示灯的名称及功能。

(2) 在控制点架设 GNSS 接收机,完成接收机的连接,量取天线高。

(3) 打开接收机,观察各指示灯的工作状态。

(4) 在教师的指导下,完成静态观测手薄的填写与记录。

(5) 练习接收机静态测量模式和动态测量模式的切换。

5. 上交实训成果

外业观测记录手簿。

项目小结

GNSS 测量技术是高职院校测绘地理信息类专业的一门专业核心课程。在本项目的学习中,首先分析了测绘地理行业特有的职业工种应用 GNSS 测量技术的状况,对该课程的教学实施提出了建议,目的是让学生对课程的设置有整体的印象,对今后从事的工作需要用到的 GNSS 测量知识有总体把握。本项目重点介绍了全球导航定位系统的发展历程及组成、GNSS 技术的应用领域及在测量中的广泛应用。对 GNSS 接收机的分类及使用做了详细的讲解,特别对国内外主流的 GNSS 接收机厂家生产的最新产品的技术参数进行了比较,介绍了参与测绘工程作业的一般测地型 GNSS 接收机的使用流程和检验方法。

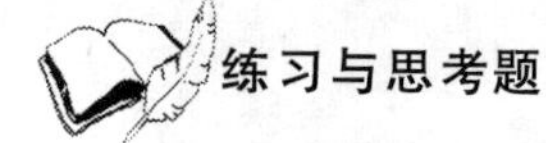

练习与思考题

1. 简述 GNSS 定义及组成。

2. 目前 GNSS 卫星星座包括哪几种?

3. 地面主控站、监控站和注入站的作用分别是什么?

4. GNSS 技术主要应用在哪些方面? 请举例说明。

5. GNSS 技术的主要功能有哪些?

6. GNSS 测量技术与传统测绘技术相比较,主要有哪些优势?

7. GNSS 接收机是如何进行分类的? 各分类的依据是什么?

8. GNSS 接收机主要由哪几部分构成?

9. GNSS 接收机的检验内容有哪些? 试分别说明。

10. GNSS 接收机的检验周期是多少?

11. 为什么要定期对 GNSS 接收机进行检验?

项目二　GNSS 卫星导航定位基础

项目概述

GNSS 卫星导航定位基础是指 GNSS 卫星完成定位、导航、测速和授时等基本功能所涉及的基本理论知识，它包括 GNSS 卫星导航定位的时空位置基准、GNSS 卫星运动状态、GNSS 卫星信号等基本知识。它们对于 GNSS 卫星导航定位系统具有重要的现实意义。本项目主要介绍 GNSS 测量的坐标系统和时间系统、GNSS 测量的高程系统、GNSS 卫星运动与星历、GNSS 卫星信号等内容。

学习目标

1. 掌握 GNSS 测量涉及的坐标系统及坐标系统转换方法。
2. 了解 GNSS 测量的时间系统，理解精密时间系统的重要意义。
3. 了解 GNSS 测量涉及的高程系统及高程系统转换方法。
4. 了解 GNSS 卫星运动的运动状态、卫星星历类型及它们之间的联系。
5. 掌握 GNSS 卫星信号的内容，了解 GNSS 卫星信号的产生及传输过程。

任务一　GNSS 测量的坐标系统和时间系统

GNSS 测量技术通过搭载在不同载体上的 GNSS 接收机接收的导航定位卫星信号来测定载体的空间位置、速度等信息。定位观测时刻把导航定位卫星作为已知点，通过精确测量卫星与接收机载体间的多个空间距离，采用空间距离后方交会测量的原理来导航、定位、测速。接收机载体一般位于地球表面和近地空间，其空间位置随地球自转而变动，而导航定位卫星围绕地球质心旋转且与地球自转无关。

要实现由绕地运动的导航定位卫星来测定接收机载体位置这一根本目的，我们在卫星定位中，必须建立两类坐标系统（天球坐标系、地球坐标系）和相应的时间系统。天球坐标系用于描述导航定位卫星运行位置和状态，它是一种惯性坐标系，其坐标系原点及各坐标轴指向在天球空间保持不变。地球坐标系用于描述接收机载体位置，它是与地球相关联的坐标系，其坐标系原点及各坐标轴指向与地球空间保持不变。我们通过导航定位卫星运动的天球坐标系与 GNSS 接收机载体所在的地球坐标系之间的坐标系转换来实现 GNSS 接收机载体空间定位目的，及其两者空间位置的关联统一。另外，为了精确描述高速运动的导航定位卫星状态，精确测量导航定位卫星与接收机载体间的多个空间距离，我们也必须建立统一的、精确的时间系统。

因此，在 GNSS 测量定位技术中，精确的坐标系统和时间系统具有重要的基础意义，它

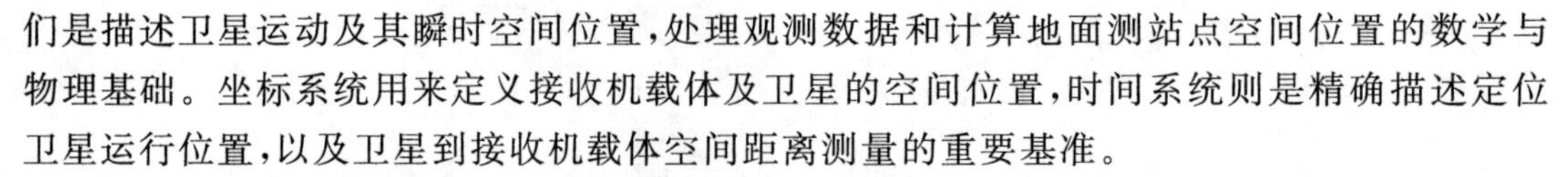

们是描述卫星运动及其瞬时空间位置，处理观测数据和计算地面测站点空间位置的数学与物理基础。坐标系统用来定义接收机载体及卫星的空间位置，时间系统则是精确描述定位卫星运行位置，以及卫星到接收机载体空间距离测量的重要基准。

一、坐标系统的类型

一个完整的坐标系统由坐标系和基准两方面要素所构成。坐标系指的是描述空间位置的表达形式，而基准指的是为描述空间位置而定义的一系列点、线、面。在大地测量中的基准一般是指地球椭球或参考椭球的几何参数和物理参数，及其在空间的定位、定向方式，以及在描述空间位置时所采用的单位长度的定义。GNSS 测量的所有坐标系统也都由坐标系和基准两方面要素所构成。

GNSS 导航定位卫星在主要受万有引力的作用下围绕地球周期运转，在测量定位中把导航卫星作为动态的已知点，卫星与地面点的相对位置关系时刻变化。为了便于描述卫星轨道及其位置，必须建立与天球固连的空固天球坐标系统。同时，为了便于描述地面点的位置，必须建立与地球固连的地固地球坐标系统。GNSS 定位测量的坐标系统主要分为空固天球坐标系和地固地球坐标系两类。GNSS 导航定位中所采用的坐标系统见表 2-1。

表 2-1　　　　GNSS 测量坐标系分类

坐标系分类	坐标系特征
空固天球坐标系与地固地球坐标系	空固天球坐标系与天球固连，与地球自转无关，用来描述 GNSS 导航定位卫星位置。地固地球坐标系与地球固连，随地球一起转动，用于描述地面点（接收机载体）位置
地心坐标系与参心坐标系	地心坐标系以地球的质量中心为原点，如 WGS84、CGCS2000 和 ITRF 参考框架。参心坐标系以参考椭球的几何中心为原点，如 1954 北京坐标系和 1980 西安坐标系
空间直角坐标系、球面坐标系、大地坐标系及平面直角坐标系	经典大地测量采用的坐标系通常有两种：一种是以大地经纬度表示点位的大地坐标系；另一种是将大地经纬度进行高斯投影或横轴墨卡托投影后的平面直角坐标系。在 GNSS 测量中，为进行不同大地坐标系之间的坐标转换，还会用到空间直角坐标系和球面坐标系
国家统一坐标系与地方（工程）独立坐标系	常用的国家统一坐标系有 1980 西安坐标系和 1954 北京坐标系，采用高斯投影，分 6°带和 3°带。对于许多城市和工程建设而言，因高斯投影变形以及高程归化变形而引起实地上两点间的距离与高斯平面距离有较大差异，为便于实际使用，常采用地方（工程）独立坐标系，即以通过测区中央的子午线为中央子午线，以测区平均高程面代替参考椭球面进行高斯投影而建立相应的独立坐标系

（一）天球坐标系

在天文大地测量或卫星定位测量中，为了能方便地描述任一天体的位置或卫星的轨道及其变化，需建立空间位置固定不变且与地球自转无关的坐标系，即天球坐标系。以地球质心 M 为球心，以任意长为半径的假想球体称为天球。

1. 天球上重要的参考点、线、面和圈（图 2-1）

（1）天轴与天极：地球自转轴的延伸直线为天轴，天轴与天球的交点 P_N（北天极）、P_S（南天极）称为天极。

（2）天球赤道面与天球赤道：通过地球质心与天轴垂直的平面为天球赤道面，该面与天球相交的大圆为天球赤道。

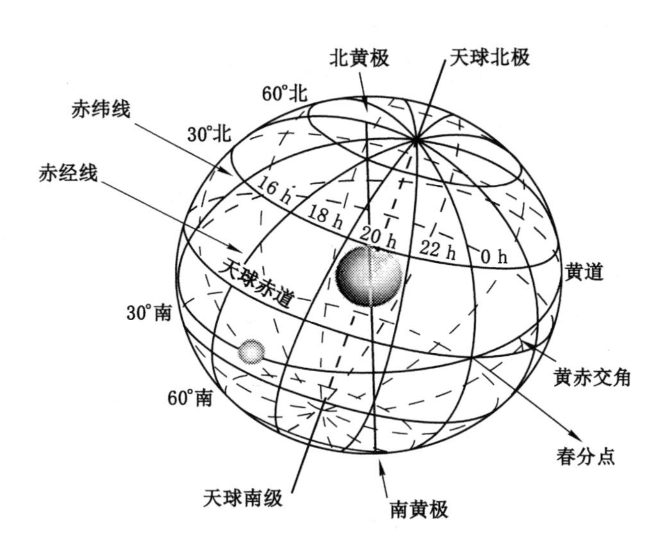

图 2-1 天球上的点、线、面

(3) 天球子午面与天球子午圈:包含天轴并经过地球上任一点的平面为天球子午面,该面与天球相交的大圆为天球子午圈。

(4) 时圈:通过天轴的平面与天球相交的半个大圆。

(5) 黄道:地球公转的轨道面与天球相交的大圆,即当地球绕太阳公转时,地球上的观测者所见到的太阳在天球上的运动轨迹。黄道面与赤道面的夹角称为黄赤交角,约 23.50°。

(6) 黄极:通过天球中心,垂直于黄道面的直线与天球的交点。靠近北天极的交点称北黄极,靠近南天极的交点称南黄极。

(7) 春分点:当太阳在黄道上从天球南半球向北半球运行时,黄道与天球赤道的交点 。

在天文学和卫星大地测量学中,春分点和天球赤道面是建立参考系的重要基准点和基准面。

2. 天球坐标系

以天球的参考点、线、面为基准建立的坐标系统称为天球坐标系,如图 2-2 所示。天球坐标系根据其表现形式分为天球空间直角坐标系和天球球面坐标系。

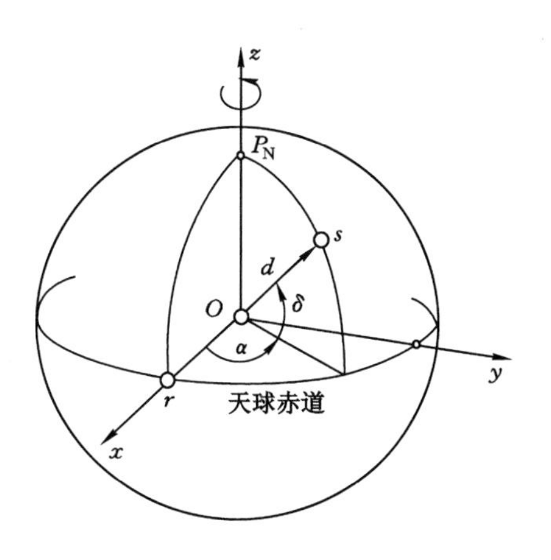

图 2-2 天球坐标系

天球空间直角坐标系:原点位于地球质心 O,z 轴指向天球北极 P_N;x 轴指向春分点 r;y 轴垂直于 xOz 平面,与 x 轴和 z 轴构成右手坐标系。天体 S 的坐标为(x,y,z)。

天球球面坐标系:原点位于地球质心 O;赤经 α 为含有天轴和春分点的天球子午面与过天体 S 的天球子午面之间的夹角;赤纬 δ 为原点 O 至天体 S 的连线与天球赤道之间的夹角;向径长度 d 为原点 O 至天体 S 的距离。天体 S 的坐标为(α,δ,d)。

在实践中，天球坐标系的两种表达形式应用都很普遍。由于它们和地球的自转无关，所以对于描述天体或人造地球卫星的位置和状态尤为方便。

3. 协议天球坐标系

在日月和其他天体引力对地球隆起部分的作用下，地球在绕太阳运行时，自转轴的方向不再保持不变。地球自转轴在空间绕北黄极产生缓慢的旋转，从而使北天极以同样的方式在天球上绕北黄极产生缓慢旋转，春分点在黄道上产生缓慢西移，这种现象在天文学中称为岁差。另外，在日月引力等因素的影响下，北天极在天球上绕黄极旋转的轨道不是平滑的小圆，而是类似于圆的波浪曲线运动，这种现象称为章动。图 2-3 为岁差和章动示意图。

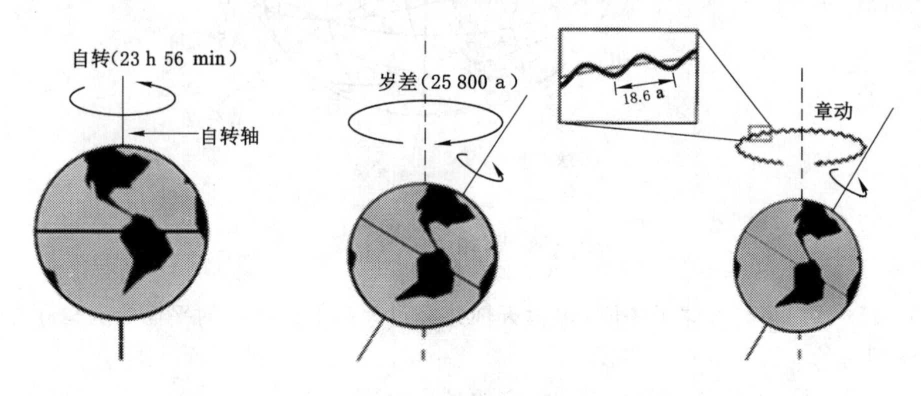

图 2-3　岁差、章动示意图

岁差和章动的影响造成了天球坐标系的变化，使得天球坐标系有了平天球坐标系(仅考虑岁差)和真天球坐标系(考虑岁差和章动)之分。平天球坐标系的 z 轴和 x 轴分别指向平天极和平春分点，真天球坐标系的 z 轴和 x 轴分别指向真天极和真春分点，但它们的坐标轴在空间的指向都是随时间变化的。

在岁差和章动的影响下，瞬时天球坐标系的坐标轴指向在不断地变化。在这种非惯性坐标系统中，不能直接根据牛顿力学定律来研究卫星的运动规律。因此，人们通常选择某一时刻作为参考历元，并将此刻的瞬时地球自转轴(指向北极)和地心至瞬时春分点的方向，经该瞬间的岁差和章动改正后，分别作为 z 轴和 x 轴的指向，由此构成的空间坐标系，称为所取标准历元 t_0 的平天球坐标系或协议天球坐标系。国际大地测量协会(IAG)和国际天文学联合会(IAU)决定，从 1984 年 1 月 1 日起启用协议天球坐标系，其坐标轴的指向是以 2000 年 1 月 15 日 TDB(太阳系质心力学时)为标准历元(标以 J2000)的赤道和春分点所定义的。

将平天球坐标系或协议天球坐标系的卫星坐标转换到观测历元 t 的瞬时真天球坐标系，通常可分为两步，即首先将协议天球坐标系的坐标，换算到观测瞬间的平天球坐标系统；然后再将瞬时平天球坐标系的坐标，转换到瞬时真天球坐标系。

4. 卫星轨道平面坐标系

在卫星定位测量中，卫星的位置是根据卫星星历计算的。卫星星历是描述某一时刻卫星运动轨道及其变率的数据文件，它不能直接计算卫星在协议天球坐标系中的坐标。为了根据卫星星历确定卫星的位置，需要建立卫星轨道平面坐标系。在卫星运行的轨道平面内，以地球质心 M 为原点，以地心与升交点连线为 x_0 轴，y_0 轴与 x_0 轴垂直，这样建立的坐标系称为轨道平面坐标系，卫星轨道平面坐标系如图 2-4 所示。

由卫星星历求得某观测历元卫星的升交距角 $u=\nu+\omega$ 和向径 r 便可很容易地得到卫星在轨道平面坐标系中的坐标。在卫星定位测量中，先将卫星在轨道平面坐标系中的坐标转换为天球坐标系中的坐标，再将其转换到地球坐标系中的坐标。

（二）地球坐标系

地球坐标系常见有两种：空间直角坐标系与大地坐标系，地球空间直角坐标系和大地坐标系的建立如图 2-5 所示。

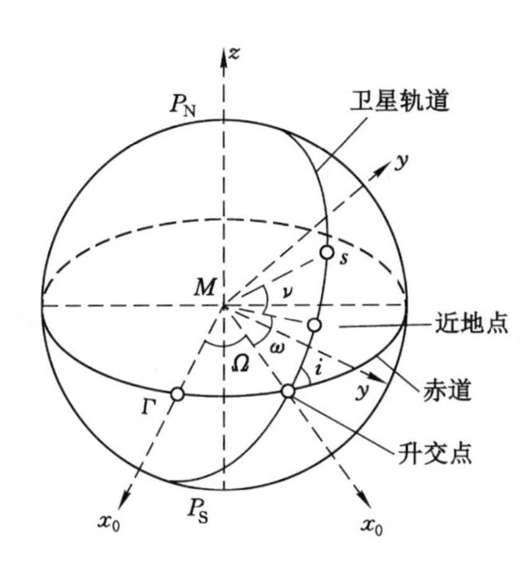

图 2-4 卫星轨道平面坐标系

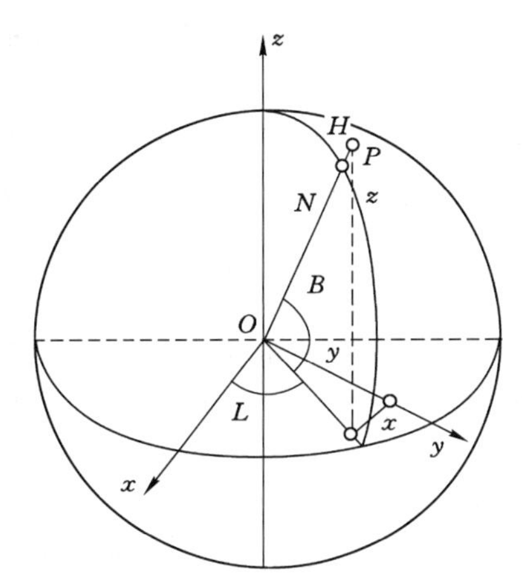

图 2-5 地球空间直角坐标系与大地坐标系

空间直角坐标系的坐标系原点位于地球质心（地心坐标系）或参考椭球中心（参心坐标系），z 轴指向地球的北极，x 轴指向起始子午面与赤道的交点，y 轴位于赤道面上，且按右手系与 x 轴呈 90°夹角。

大地坐标系采用大地经度（L）、大地纬度（B）和大地高（H）来描述空间点位置。过地面点 P 的子午面与起始子午面间的夹角叫 P 点的大地经度。由起始子午面起算，向东为正，叫东经（0°～180°）；向西为负，叫西经（0°～180°）。过 P 点的椭球法线与赤道面的夹角叫 P 点的大地纬度。由赤道面起算，向北为正，叫北纬（0°～90°），向南为负，叫南纬（0°～90°）。从地面点 P 沿椭球法线到椭球面的距离叫大地高。

1. 极移与协议地球坐标系

地球自转轴与地球表面的交点连线叫地极。由于地球不是刚体，在地幔对流以及其他物质迁移的影响下，地球自转轴相对于地球体发生移动，这种现象叫地极移动，简称极移。地极的移动将使地球坐标系坐标轴的指向发生变化，这样一来，将对实际工作造成许多困扰。因此，在 1967 年国际天文学联合会和国际大地测量学与地球物理学联合会共同召开的 32 次讨论会上，建议平均地极的位置用国际纬度服务站 5 个台站的"1900～1905 年"的平均纬度来确定。这个平均地极位置相对于"1900～1905 年"的平均历元（1903.0），叫作国际协议原点（Conventional International Origin，CIO）。与之相应的地球赤道面，称为协议赤道而或平赤道面。

在实际工作中，至今仍普遍采用 CIO 作为协议地极（CTP）。以协议地极作为基准点的地球坐标系称为协议地球坐标系（CTS）。而与瞬时地极相应的坐标系称为瞬时地球坐标系。在 GNSS 测量中，为确定地面点的位置，需要将导航卫星在协议天球坐标系中的坐标转换为协议地球坐标系中的坐标，其转换过程为：协议天球坐标系→瞬时平天球坐标系→瞬时天球坐标系→瞬时地球坐标系→协议地球坐标系。

2. 地心坐标系

地心坐标系中的“地心”指地球质心。地心坐标系有地心空间直角坐标系和地心大地坐标系两种形式，地面点位在地心空间直角坐标系中以(X,Y,Z)表示，在地心大地坐标系中以(B,L,H)表示。地心空间直角坐标可以通过卫星大地测量的方式获取，不涉及椭球及其定位；而地心大地坐标则要涉及椭球的大小和定位。所以地心空间直角坐标系是 GNSS 定位中采用的基本坐标系。

地心空间直角坐标系：原点 O 与地球质心重合，Z 轴指向地球北极，X 轴指向格林尼治平均子午面与地球赤道的交点 E，Y 轴指向垂直于 XOZ 平面，构成右手坐标系。地面上任意一点 P 在空间直角坐标中表示为(X_P,Y_P,Z_P)。

地心大地坐标系：地球椭球的中心与地球质心重合，椭球的短轴与地球自转轴重合，大地经度 L 为过地面点的椭球子午面与格林尼治平均大地子午面之间的夹角，大地纬度 B 为过地面点的椭球法线与椭球赤道面的夹角，大地高 H 为地面点沿椭球法线至椭球面的距离。地面上任意一点 P 在大地坐标中表示为(B_P,L_P,H_P)。

3. 参心坐标系

在经典大地测量中，为了处理观测成果和换算地面控制点坐标，通常需选取一参考椭球面作为基本参考面，选取一参考点作为大地测量的起算点（即大地原点），利用大地原点的天文观测量来确定参考椭球在地球内部的位置和方向。参心坐标系中的“参心”指参考椭球的中心，也是参心坐标系的原点。参心坐标系与参考椭球密切相关，参考椭球中心与地心无法重合。所以参心坐标系又称为非地心坐标系。参心坐标系按其应用分为参心直角坐标系和参心大地坐标系。

参心直角坐标系$(X,Y,Z)_T$：原点位于参考椭球的中心，即接近于地球质心的一点 O_T，Z_T 轴平行于地球的旋转轴，X_T 轴指向起始大地子午面和参考椭球赤道的交点，Y_T 轴垂直于 $X_TO_TZ_T$ 平面，构成右手坐标系。

参心大地坐标系$(B,L,H)_T$ 的建立必须解决以下问题：① 确定椭球的形状和大小；② 确定椭球中心的位置，即进行参考椭球的定位；③ 确定椭球中心为原点的空间直角坐标系坐标轴的方向，即定向；④ 确定大地原点。因此，参心大地坐标系的定义为：原点位于参考椭球的中心，椭球的短轴与地球地轴平行，大地经度 L 为过地面点的椭球子午面与起始大地子午面（格林尼治大地平）子午面之间的夹角，大地纬度 B 为过地面点的椭球法线与椭球赤道面的夹角，大地高 H 为地面点沿椭球法线至椭球面的距离。地面上任意一点 P 在大地坐标系中表示为$(B,L,H)_T$。

在由 GNSS 定位结果（地心空间直角坐标系）计算参心大地坐标系时，参心空间直角坐标系通常是作为一种换算的过渡坐标系。参心大地坐标系应用非常广泛，根据地图投影理论，参心大地坐标系可以通过高斯投影计算转换为平面直角坐标系，为地形测量和工程测量提供控制基础。

4. 地方与工程独立坐标系

由控制测量学知道，许多城市测量和工程测量中，若直接采用国家坐标系，可能会因为远离中央子午线或测区平均高程较大，从而导致长度投影变形较大，难以满足工程或实用上的精度要求。另一方面，对于一些特殊的工程测量，如大桥、大坝、滑坡监测等，有时采用国家坐标系在使用上很不方便。因此，当测区高程大于 160 m 或离中央子午线大于 45 km 时，不应采用国家统一坐标而应建立适合本地区或本工程的独立坐标系统。这些坐标系统称为地方独立坐标系或工程坐标系。因此，为了实用、科学和方便的目的，将地方独立测量控制网建立在当地的平均海拔高程面上，并以测区当地中心子午线作为中央子午线进行高斯投影计算求得平面坐标，这样建立的坐标系统称为地方独立坐标系统。

5. 高斯平面直角坐标系

各种测绘图纸都是平面图纸，为了建立各种比例尺地形图和工程测量控制，需要将椭球面上各点的大地坐标按照一定的数学规律投影到平面上，并以相应的平面直角坐标表示。因此，1952 年我国根据国内具体的地理情况，采用高斯投影，建立了高斯平面直角坐标系。根据高斯投影原理，参考椭球面上的点均可投影到高斯平面上，中央子午线投影后长度不变，离中央子午线越远，长度变形越大。在高斯投影中，每一个投影带的中央子午线和赤道的投影均为正交直线，选择它们作为平面坐标系的纵横坐标轴，中央子午线的投影为纵坐标轴 X，赤道的投影为横坐标轴 Y，其交点为坐标原点 O，X 轴向北为正，向南为负；Y 轴向东为正，向西为负。

二、GNSS 测量中常用坐标系

（一）常用参心地球（地固）坐标系

1. 1954 年北京坐标系

20 世纪 50 年代，我国天文大地网建立初期，采用克拉索夫斯基椭球元素，以苏联普尔科沃天文台为大地原点，通过联测和计算建立了我国大地坐标系并定名为 1954 年北京坐标系。该坐标系采用的参考椭球是克拉索夫斯基椭球，椭球的参数为：

$$a = 6\ 378\ 245\ \text{m}$$

$$f = 1/298.3$$

由于当时条件的限制，1954 年北京坐标系存在着很多缺点，主要表现在以下几个方面：

（1）克拉索夫斯基椭球参数同现代精确的椭球参数的差异较大，并且不包含表示地球物理特性的参数，因而给理论和实际工作带来了许多不便。

（2）椭球定向不十分明确，椭球的短半轴既不指向国际通用的 CIO 极，也不指向目前我国使用的 JYD 极。参考椭球面与我国大地水准面呈西高东低的系统性倾斜，东部高程异常超过 60 m，最大达 67 m。

（3）该坐标系统的大地点坐标是经过局部分区平差得到的，因此，全国的天文大地控制点实际上不能形成一个整体，区与区之间有较大的隙距，如在有的接合部，同一点在不同区的坐标值相差 1～2 m。

（4）不同分区的尺度差异很大，坐标传递是从东北到西北和西南，后一区以前一区的最弱部作为坐标起算点，具有明显的坐标积累误差。

2. 1980 年西安大地坐标系

为了弥补 1954 年北京坐标系的不足，1978 至 1982 年间我国在进行国家天文大地网整体平差的同时，采用 IAG-1975 椭球参数，并进行新的地球椭球定位和定向后，建立了 1980 年国家大地坐标系。该大地坐标系原点设在我国中部陕西省泾阳县永乐镇北洪流村（西安以北 60 km)，简称西安原点。1980 年国家大地坐标系又称为 1980 年西安大地坐标系。1980 年西安大地坐标系统所采用的地球椭球参数的四个几何和物理参数采用了 IAG-1975 年的推荐值，它们是：

$$a = 6\ 378\ 140\ \text{m}$$

$$GM = 3.986\ 005 \times 10^{14}\ \text{m}^3/\text{s}^2$$

$$J_2 = 1.082\ 63 \times 10^{-3}$$

$$\omega = 7.292\ 115 \times 10^{-5}\ \text{rad/s}$$

$$f = 1/298.257$$

椭球的短轴平行于地球的自转轴(由地球质心指向 1968.0 JYD 地极原点方向)，起始子午面平行于格林尼治平均天文子午面，椭球面同似大地水准面在我国境内符合最好，高程系统以 1956 年黄海平均海水面为高程起算基准面。

1980 年西安坐标系定义：椭球短轴平行于由地心指向我国定义的 1968.0 地极原点(JYD)的方向；大地起始子午面平行于格林尼治平均天文台子午面，X 轴在大地子午面内与 Z 轴垂直指向经度零方向；Y 轴与 Z、X 轴构成右手坐标系。大地点高程采用 1956 年黄海高程系统。

(二) 常用地心地球(地固)坐标系

1. WGS-84

WGS-84 坐标系所采用的坐标系统，是所发布卫星星历参数采用的坐标系统。WGS-84 坐标系统的全称是 World Geodical System-84(世界大地坐标系-84)，它是一个地心地固坐标系统。

WGS-84 坐标系的坐标原点位于地球的质心，Z 轴指向 BIH1984.0 定义的协议地球地极方向，X 轴指向 BIH1984.0 的起始子午面和赤道的交点，Y 轴与 X 轴和 Z 轴构成右手系。

WGS-84 系所采用椭球参数为：

$$a = 6\ 378\ 137\ \text{m}$$

$$f = 1/298.257\ 223\ 563$$

$$\bar{C}_{20} = -484.166\ 885 \times 10^{-6}$$

$$\omega = 7.292\ 115 \times 10^{-5}\ \text{rad/s}$$

$$GM = 398\ 600.5\ \text{km}^3/\text{s}^2$$

2. CGCS2000 坐标系

北斗卫星导航系统(BeiDou Navigation Satellite System，BDS)系统采用 2000 国家大地坐标系，英文名为 China Geodetic Coordinate System 2000，缩写为 CGCS2000。CGCS2000 坐标系是通过中国连续运行基准站、空间大地控制网以及天文大地网与空间地网联合平差建立的地心大地坐标系统。CGCS2000 坐标系以 ITRF97 参考框架为基准，参考框架历元为 2000.0。

CGCS2000 坐标系原点为包括海洋和大气的整个地球的质量中心；CGCS2000 坐标系的 Z 轴由原点指向历元 2000.0 的地球参考极的方向，该历元的指向由国际时间局给定的 1984.0 历元作为初始指向来推算，定向的时间演化保证相对于地壳不产生残余的全球旋转；X 轴由原点指向格林尼治参考子午线与地球赤道面(历元 2000.0)的交点；Y 轴与 Z 轴、X 轴构成右手正交坐标系。2000 国家大地坐标系的尺度为在引力相对论意义下的局部地球框架下的尺度。

2000 国家大地坐标系采用的地球椭球参数数值为：

$$a = 6\ 378\ 137\ \text{m}$$

$$f = 1/298.257\ 222\ 101$$

$$GM = 3.986\ 004\ 418 \times 10^{14}\ \text{m}^3/\text{s}^2$$

$$\omega = 7.292\ 115 \times 10^{-5}\ \text{rad/s}$$

CGCS2000 的定义与 WGS-84 实质一样，采用的参考椭球非常接近。扁率差异引起椭球面上的纬度和高度变化最大达 0.1 mm，两者相容至厘米级水平。

三、坐标系统的转换

GNSS 定位测量采用的地球坐标系与经典大地测量坐标系不同。经典大地测量坐标系是根据我国的大地测量数据进行参考椭球体定位、定向，以参考椭球体中心为原点建立的参心坐标系。而 GNSS 定位的地球坐标系是原点在地球的质量中心，以 ITRF 参考框架为基准，通过连续运行基准站、空间大地控制网以及天文大地网与空间地网联合平差建立的地心大地坐标系统。因此，进行 GNSS 测量时，常需进行地心坐标系与参心坐标系的转换。GNSS 定位测量中，无论测区多么小，都会涉及 GNSS 系统采用的地球地心坐标系与当地参心坐标系的转换问题。

坐标系转换分为坐标系变换（同一基准下不同坐标形式的转换）和椭球基准变换（不同基准间的坐标系转换）两类。它指在测量数据处理过程中，采用适用的转换模型和转换方法，空间点从某一参考椭球基准下的坐标转换到另一坐标系统下的坐标。坐标转换过程就是转换参数的求解过程。

同一基准下不同坐标形式的转换包含空间直角坐标（X,Y,Z）与大地坐标（B,L,H）的转换、大地坐标（B,L）与高斯平面直角坐标（x,y）间的转换（高斯投影坐标正反算）及空间直角坐标系与站心坐标系间的转换。不同基准间的坐标转换包含不同空间直角坐标系的转换、不同大地坐标系的转换。不同空间坐标系的转换包含不同参心空间直角坐标系的转换、参心空间直角坐标系的转换和地心空间直角坐标系的转换。不同大地坐标系的转换包含不同参心大地坐标系的转换、参心大地坐标系的转换和地心大地坐标系的转换。

（一）坐标系转换

坐标系转换是指在同一椭球基准下，空间点的不同坐标表示形式间进行变换。在相同的基准下，将空间大地坐标转换为空间直角坐标公式为：

$$X = (N + H)\cos B\cos L \tag{2-1}$$

$$Y = (N + H)\cos B\sin L \tag{2-2}$$

$$Z = [N(1 - e^2) + H]\sin B = \left[N \cdot \frac{a^2}{b^2} + H\right]\sin B \tag{2-3}$$

式中，a 为地球椭球长半轴；b 为地球椭球的短半轴；N 为卯酉圈的半径：

$$N = \frac{a}{\sqrt{1 - e^2\sin^2 B}} \tag{2-4}$$

$$e^2 = \frac{a^2 - b^2}{a^2} \tag{2-5}$$

在相同的基准下，将空间直角坐标转换成为空间大地坐标的公式为：

$$L = \arctan\left(\frac{Y}{X}\right) \tag{2-6}$$

$$B = \arctan\left[\frac{Z(N+H)}{\sqrt{(X^2+Y^2)[N(1-e^2)+H]}}\right] \tag{2-7}$$

$$H = \frac{A}{\sin B} - n(1-e^2) \tag{2-8}$$

在采用上式进行转换时，需要采用迭代的方法，先求出 B 的初值。然后，利用该初值再求定 H、N 的初值，再利用所求出的 H 和 N 的初值再次求定 B 值。将空间直角坐标转换成为空间大地坐标，也可以采用如下的直接算法：

$$L = \arctan\left(\frac{Y}{X}\right) \tag{2-9}$$

$$B = \arctan\left(\frac{Z + e'^2 b \sin^3 \theta}{\sqrt{X^2+Y^2} - e^2 a \cos^3 \theta}\right) \tag{2-10}$$

$$H = \frac{\sqrt{X^2+Y^2}}{\cos B} \tag{2-11}$$

其中：

$$e'^2 = \frac{a^2 - b^2}{b^2} \tag{2-12}$$

$$\theta = \arctan\left(\frac{Z \cdot a}{\sqrt{X^2+Y^2} \cdot b}\right) \tag{2-13}$$

空间坐标系与平面直角坐标系间的转换采用的是投影变换的方法，在我国一般采用的是高斯投影。关于高斯投影正反算相关计算模型，请参见有关文献。

（二）椭球基准变换

不同坐标系之间的坐标转换主要是根据同时拥有两种坐标系坐标的大地点（又称重合点），选择适当（具有一定密度且分布均匀）的重合点，利用所选重合点不同坐标系中的两套坐标，采用适当的坐标转换模型和方法计算两坐标系之间的坐标转换参数，再将坐标转换参数代回模型计算其他非重合点在目标坐标系中的坐标，并对坐标转换进行精度评定。

坐标转换通常有以下两种方法。

1. 整体转换法

整体转换法是以转换区域内所有的重合点为研究对象，从中选出若干个转换点参与转换，并采用适当 的转换方法计算两个坐标系统的转换参数，整个转换区域计算一套转换参数，进而获得点转 换后的坐标。这种方法的优点是精度高、连续（无缝）、不受区域与比例尺的限制。

2. 分区转换法

分区转换法是将整个转换区域划分成若干个分区，分别对各分区计算转换参数。在计算各分区转换参数时，为了保持各分区在接边处转换参数的连续性，需要各分区之间相互重叠一部分重合点并重复使用以求取转换参数。分区坐标转换的优点是各个分区计算简单，易于实现。缺点是工序复杂，需分区计算；精度无法随着控制点的增多而及时提高；各分区间转换参数不一样，需接边处理。

（三）椭球基准变换的常见模型

不同坐标系统的转换本质上是不同基准间的转换，不同基准间的转换方法有很多，其中最为常用的有布尔沙模型，又称为七参数转换法。七参数转换法有7个转换参数，即3个平移参数、3个旋转参数和1个尺度参数，图2-6为七参数转换示意图。

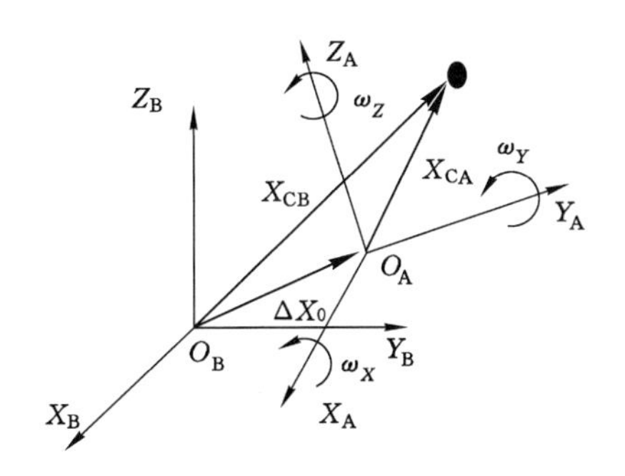

图2-6　三维空间直角坐标系七参数转换法

若$(X_A, Y_A, Z_A)^T$为某点在空间直角坐标系A的坐标，$(X_B, Y_B, Z_B)^T$为该点在空间直角坐标系B的坐标，$(\Delta X_O, \Delta Y_O, \Delta Z_O)^T$为空间直角坐标系A转换到空间直角坐标系B的平移参数，$(\omega_X, \omega_Y, \omega_Z)$为空间直角坐标系A转换到空间直角坐标系B的旋转参数，m为空间直角坐标系A转换到空间直角坐标系B的尺度参数，则由空间直角坐标系A到空间直角坐标系B的转换关系为：

$$\begin{bmatrix} X_B \\ Y_B \\ Z_B \end{bmatrix} = \begin{bmatrix} \Delta X_O \\ \Delta Y_O \\ \Delta Z_O \end{bmatrix} + (1+m)R(\omega)\begin{bmatrix} X_A \\ Y_A \\ Z_A \end{bmatrix} \tag{2-14}$$

其中：

$$R(\omega_X) = \begin{pmatrix} 1 & 0 & 0 \\ 0 & \cos\omega_X & \sin\omega_X \\ 0 & -\sin\omega_X & \cos\omega_X \end{pmatrix} \tag{2-15}$$

$$R(\omega_Y) = \begin{pmatrix} \cos\omega_Y & 0 & -\sin\omega_Y \\ 0 & 1 & 0 \\ \sin\omega_Y & 0 & \cos\omega_Y \end{pmatrix} \tag{2-16}$$

$$R(\omega_Z) = \begin{pmatrix} \cos\omega_Z & \sin\omega_Z & 0 \\ -\sin\omega_Z & \cos\omega_Z & 0 \\ 0 & 0 & 1 \end{pmatrix} \tag{2-17}$$

一般ω_X、ω_Y和ω_Z均为小角度，将$\cos\omega$和$\sin\omega$分别展开成泰勒级数，仅保留一阶项，$\cos\omega \approx 1, \sin\omega \approx \omega$则有：

$$R(\omega) = R(\omega_Z) \cdot R(\omega_Y) \cdot R(\omega_X) = \begin{bmatrix} 1 & \omega_Z & -\omega_Y \\ -\omega_Z & 1 & \omega_X \\ \omega_Y & -\omega_X & 1 \end{bmatrix} \tag{2-18}$$

也可将转换公式表示为：

$$\begin{bmatrix} X_B \\ Y_B \\ Z_B \end{bmatrix} = \begin{bmatrix} X_A \\ Y_A \\ Z_A \end{bmatrix} + \begin{bmatrix} \Delta X_A \\ \Delta Y_A \\ \Delta Z_A \end{bmatrix} + K \begin{bmatrix} \omega_X \\ \omega_Y \\ \omega_Z \\ m \end{bmatrix} \tag{2-19}$$

其中：

$$K = \begin{bmatrix} 0 & -Z_A & Y_A & X_A \\ Z_A & 0 & -X_A & Y_A \\ -Y_A & X_A & 0 & Z_A \end{bmatrix} \tag{2-20}$$

（四）坐标转换步骤

1. 坐标转换重合点的选取

要实现不同坐标系的转换目的，首先必须选取足够数量且满足精度要求的坐标重合点（公共点）来计算坐标转换参数。

重合点的获取：一方面通过实测获取，另一方面通过收集获取。重合点选取原则：依据外业技术总结、点之记与坐标差比较等方法选取足够的高等级、高精度、分布均匀、覆盖整个转换区域、局部变形小的点作为坐标转换的重合点。采用二维转换模式至少选取 2 个以上的重合点，采用三维转换模式至少选取 3 个以上的重合点，重合点的分布要覆盖整个转换区域且尽量分布均匀。

当两种不同坐标系进行转换时，坐标转换的精度除取决于坐标转换的数学模型和求解转换参数的公共点（重合点）坐标精度外，还与公共点（重合点）的多少、几何形状结构有关。因此，应对参与求解转换参数的重合点进行认真分析、筛选、试算，剔除局部变形点（粗差点），采用不含粗差、分布均匀且能包围转换区域的一定密度的重合点来求解转换参数。

2. 坐标转换实施步骤

（1）收集、整理转换区域内重合点成果。

（2）分析、选取用于计算坐标转换参数的重合点。

（3）确定坐标转换参数计算方法与坐标转换模型。

（4）两坐标系下重合点坐标形式的转换。

（5）根据确定的转换方法与转换模型，利用最小二乘法初步计算坐标转换参数。

（6）分析重合点坐标转换残差，根据转换残差剔除粗差点。一般来说，若残差大于 3 倍残差中误差，则认为是粗差，予以剔除，然后重新计算坐标转换参数。

（7）重复上述（5）～（6）的计算过程，直至重合点坐标残差均小于 3 倍点位中误差；最终用于计算转换参数的重合点数量与转换区域大小有关，但不得少于 6 个。

（8）坐标转换残差满足精度要求（合格）时，计算最终的坐标转换参数并估计坐标转换参数精度。

（9）根据计算的转换参数，转换待转换点的目标坐标系坐标。

四、时间系统

在天文学和空间科学技术中，时间系统是精确描述天体和卫星运行位置及其相互关系的重要基准，也是利用卫星进行定位的重要基准。在卫星定位中，时间系统的重要性则主要表现在以下几点：

（1）卫星作为高空观测目标，位置不断变化，在给出卫星运行位置同时，必须给出相应

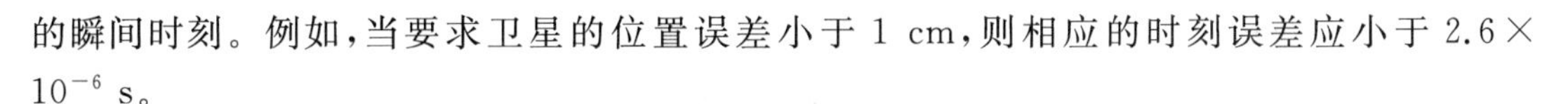

的瞬间时刻。例如，当要求卫星的位置误差小于 1 cm，则相应的时刻误差应小于 2.6×10^{-6} s。

（2）准确地测定观测站至卫星的距离，必须精密地测定信号的传播时间。若要距离误差小于 1 cm，则信号传播时间的测定误差应小于 3×10^{-11} s。

（3）由于地球的自转现象，在天球坐标系中地球上点的位置是不断变化的，若要求赤道上一点的位置误差不超过 1 cm，则时间测定误差要小于 2×10^{-5} s。

显然，利用进行精密导航和定位，尽可能获得高精度的时间信息是至关重要的。

时间包含了“时刻”和“时间间隔”两个概念。时刻是指发生某一现象的瞬间。在天文学和卫星定位中，与所获取数据对应的时刻也称历元。时间间隔是指发生某一现象所经历的过程，是这一过程始末的时间之差。时间间隔测量称为相对时间测量，而时刻测量相应称为绝对时间测量。

测量时间必须建立一个测量的基准，即时间的单位（尺度）和原点（起始历元）。其中，时间的尺度是关键，而原点可根据实际应用加以选定。符合下列要求的任何一个可观察的周期运动现象，都可用作确定时间的基准：

① 运动是连续的、周期性的。

② 运动的周期应具有充分的稳定性。

③ 运动的周期必须具有复现性，即在任何地方和时间，都可通过观察和实验，复现这种周期性运动。

在实践中，因所选择的周期运动现象不同，便产生了不同的时间系统。下面就介绍几种与测量相关的时间系统，即世界时、原子时、力学时、协调世界时及系统时，它们之间的关系如图 2-7 所示。

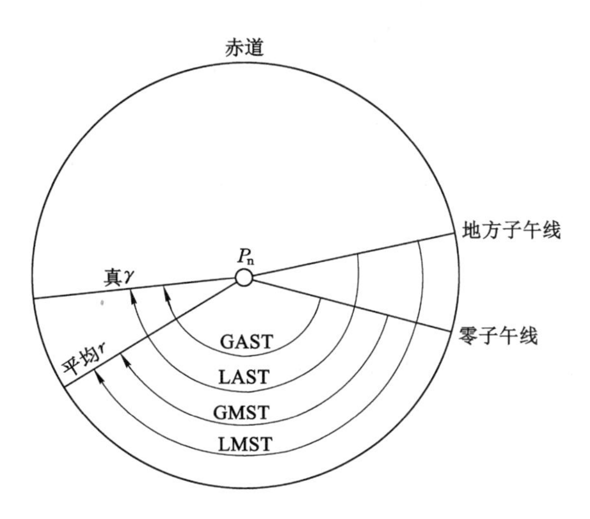

图 2-7　各种时角关系图

（一）世界时系统

由于地球的自转运动是连续的，且比较均匀，所以最早建立的时间系统是以地球自转运动为基准的世界时系统。由于观察地球自转运动时所选取的空间参考点不同，世界时系统包括恒星时、平太阳时和世界时。

1. 恒星时(Sidereal Time,ST)

以春分点为参考点,由春分点的周日视运动所确定的时间称为恒星时。春分点连续两次经过本地子午圈的时间间隔为一恒星日,含 24 个恒星时。恒星时以春分点通过本地子午圈时刻为起算原点,在数值上等于春分点相对于本地子午圈的时角,同一瞬间不同测站的恒星时不同,具有地方性,也称地方恒星时。

由于岁差和章动的影响,地球自转轴在空间的指向是变化的,春分点在天球上的位置也不固定。对于同一历元,所相应的真北天极和平北天极,也有真春分点和平春分点之分。相应的恒星时就有真恒星时和平恒星时之分。真恒星时等于真春分点的地方时角(LAST),平恒星时等于平春分点的地方时角(LMST),真春分点的格林尼治时角(GAST)、平春分点的格林尼治时角(GMST)与 LAST、LMST 的关系如图 2-7 所示。其数学表达式如下:

$$\begin{cases}\mathrm{LAST}-\mathrm{LMST}=\mathrm{GAST}-\mathrm{GMST}=\Delta\varphi\cos\varepsilon \\ \mathrm{GMST}=1.002\,737\,909\,3\ \mathrm{s}\times \mathrm{UT}_1+24\,110.548\,41\ \mathrm{s}+8\,640\,184.812\,866\ \mathrm{s}T+ \\ \qquad 0.093\,104\ \mathrm{s}T^2-6.2\times10^{-6}T^3 \\ \mathrm{GMST}-\mathrm{LMST}=\mathrm{GAST}-\mathrm{LAST}=\lambda\end{cases} \tag{2-21}$$

式中,$\Delta\varphi$ 为黄经章动;ε 为黄赤交角;T 为 J2000.0 至计算历元间的儒略世纪数。

恒星时是以地球自转为基础,并与地球的自转角度相对应的时间系统,在天文学中有着广泛的应用。

2. 平太阳时(Mean Solar Time,MT)

以太阳的视运动确定的时间基准,称为太阳时,地球相对于太阳自转一周叫真太阳日。但是由于地球公转的轨道为椭圆,根据天体运动的开普勒定律可知,太阳的视运动速度是不均匀的,一年中最长与最短的真太阳日相差 51 s,所以按照真太阳日来计时就很不准确。此外,如果以真太阳作为观察地球自转运动的参考点,也不符合建立时间系统的基本要求。

假设一个参考点的视运动速度等于真太阳周年运动的平均速度,且在天球赤道上做周年视运动,这个假设的参考点在天文学中称为平太阳。平太阳连续两次经过本地子午圈的时间间隔(即地球相对平太阳自转一周的时间)为一平太阳日,包含 24 个平太阳时,这就是我们日常生活中采用的计时单位——小时(h)。平太阳时也具有地方性,常称为地方平太阳时或地方时,平太阳时和恒星时的差异如图 2-8 所示。

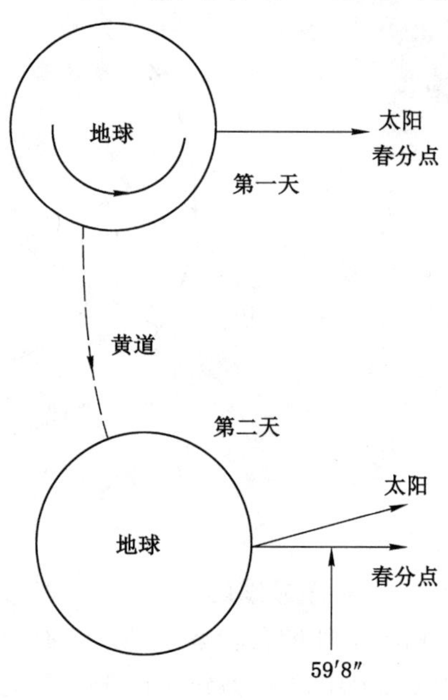

图 2-8 平太阳时与恒星时的差异

天文学上的测量表明,地球绕太阳公转一周需要 365.242 2 个平太阳日。由于地球除自转外,还有绕太阳的公转,对应平太阳连续两次经过同一子午圈的时间间隔,地球的自转量超过一圈,而一个恒星日正好对应于地球自转一周，如图2-8所示。若地球绕太阳公转一周，则以平太阳为参考点时地球自转了365.242 2周，以春分点为参考点时地球共自转了366.242 2周。所以有：

$$365.242\ 2\ \text{平太阳日} = 366.242\ 2\ \text{恒星日}$$

同理有：

$$1\ \text{恒星日} = 0.997\ 269\ 6\ \text{太阳日} = 23\ \text{h}\ 56\ \text{min}\ 4.1\ \text{s}$$

$$1\ \text{平太阳日} = 1.002\ 737\ 9\ \text{恒星日}$$

$$1\ \text{平太阳时} = 1.002\ 737\ 9\ \text{恒星时}$$

平太阳日由平正午开始，即平正午为0时，平子夜为12时。1925年国际天文学联合会决定，改平太阳日由平子夜开始，即平子夜为0时，平正午为12时，简称平时或民用时。

3. 世界时(Universal Time，UT)

以平子夜为0时起算的格林尼治平太阳时称为世界时。世界时是以平太阳时为基准的。它基于假想的平太阳，是从经度为0°的格林尼治子午圈起算的一种地方时，这种地方时属于包含格林尼治的0时区，所以称为世界时。

世界时与平太阳时的时间尺度相同，起算点不同。如果以θ_{GM}代表平太阳相对格林尼治子午圈的时角，则世界时可表示为：

$$UT_0 = \theta_{GM} + 12(\text{h}) \tag{2-22}$$

由天文学理论知道，世界时与恒星时、真太阳时都是以地球的自转周期为基本单位的一种时间系统，其均匀性达10^{-8} s，因此在经典测量中都认为它是一种均匀的时间系统。由于原子钟的发明和观测精度的提高，发现地球自转速度并不均匀，存在长周期变化、季节性短周期变化和不规则变化，且地球的自转轴在地球的位置也不固定，存在极移现象。地球自转的这种不稳定性，导致了由它所确定的时间也不均匀。为了弥补这一缺陷，1955年9月，国际天文学联合会决定，在世界时中引入极移改正。若未经任何改正的世界时用UT_0表示，经过极移改正的世界时用UT_1表示，进一步经过地球自转速度的季节性改正后的世界时用UT_2表示。它们之间的关系如下：

$$\begin{cases} UT_1 = UT_0 + \Delta\lambda \\ UT_2 = UT_1 + \Delta T \\ \Delta\lambda = \dfrac{1}{15}(X_P \sin\lambda - Y_P \cos\lambda)\tan\varphi \\ \Delta T = 0.022''\sin(2\pi \cdot t) - 0.012''\cos(2\pi \cdot t) - 0.006''\sin(4\pi \cdot t) + 0.007''\cos(4\pi \cdot t) \end{cases} \tag{2-23}$$

式中，$\Delta\lambda$为观测瞬间地极相对国际协议地极原点(CIO)的极移改正；X_P、Y_P为观测瞬间的极移分量；λ、φ为观测站的天文经度和天文纬度；ΔT为地球自转速度的季节性变化(其计算式为1962年起国际上采用的经验公式)；t为从本年1月1日起算的年小数。

由式(2-23)可以看出，世界时UT_1经过极移改正后，仍含有地球自转速度变化的影响，而UT_2虽经地球自转季节性变化的改正，但仍含有地球自转角速度长期变化和不规则变化的影响，所以UT_2仍然不是一个严格均匀的时间系统。在测量中，主要用于天球坐标系和地球坐标系之间的转换计算。

平太阳连续两次经过平春分点的时间间隔为一回归年，等于365.242 198 79个平太阳日，在民用中则采用整数 365 天，每四年一个闰年，为 366 天。为了便于计算两个给定日期的天数而引入了儒略日(JD)，其起点是公元前 4713 年 1 月 1 日格林尼治时间平午(世界时 12:00)，即 JD_0 指定为公元前 4713 年 1 月 1 日 12:00 UT 到公元前 4713 年 1 月 2 日 12:00 UT 的 24 h，以平太阳日连续计算，1900 年 3 月以后的格林尼治午正的儒略日计算方法如下：

$$JD = 367 \times Y - 7 \times [Y + (M + 9)/12]/4 + 275 \times M/9 + D + 1\ 721\ 014 \quad (2\text{-}24)$$

式中，Y、M、D 分别表示年、月、日；"/"表示整除。

由于儒略日数字很大，通常采用约化儒略日 MJD，MJD＝JD－2 400 000.5，MJD 相应的起点是 1858 年 11 月 17 日世界时 0 时，36 525 个平太阳日称为一个儒略世纪。

(二) 原子时(Atomic Time，AT)

空间科学技术、现代天文学和大地测量学的发展，要求时间系统的准确度和稳定度不断提高。以地球自转为基础的世界时系统，已难以满足要求。为此，人们在 20 世纪 50 年代便建立了以物质内部原子运动的特征为基础的原子时时间系统。因为物质内部的原子跃迁所辐射和吸收的电磁波频率具有很高的稳定性和复现性，所以由此而建立的原子时便成为当代最理想的时间系统。

原子时的基本单位是原子时秒，原子时秒长的定义为：在零磁场下，位于海平面上的铯-133原子基态的两个超精细能级间跃迁辐射振荡 9 192 631 770 周所持续的时间为 1 原子时秒。1967 年第十三届国际计量大会把海平面实现的原子时秒作为国际参照时标，规定为国际制秒(SI)的时间单位，作为三大物理量的基本单位之一。这一定义严格确定了原子时的尺度。原子时的起点定在 1958 年 1 月 1 日 0 时 0 分 0 秒(UT_2)，即规定在这一瞬间原子时时刻与世界时时刻重合。但事后发现，在该瞬间原子时与世界时的时刻之差为 0.003 9 s。这一差值就作为历史事实而保留了下来。所以，原子时的起点可由下式确定：

$$AT = UT_2 + 0.003\ 9\ \text{s} \quad (2\text{-}25)$$

在确定了原子时起点后，由于地球自转速度的不均匀性，世界时与原子时之间的时差便逐年积累。

原子时系统出现后，得到了迅速的发展和广泛的应用，许多国家都建立了各自的地方原子时系统。但不同的地方原子时之间存在差异，为此，国际时间局利用国际上大约 100 座原子钟，通过相互比对，经数据处理推算出统一的原子时系统，称为国际原子时(International Atomic Time，IAT)。

由于原子时是通过原子钟来守时和授时的，其精度高达 10～12 s，因此，在人造卫星和弹道制导、空间跟踪、数字通信、甚长基线射电干涉技术、相对论效应的验证、地球自转的不均匀性研究等方面，原子钟都是一种重要的仪器。在测量中，原子时作为高精度的时间基准，普遍用于精密测定卫星信号的传播时间。

(三) 历书时(Ephemeris Time，ET)与力学时(Dynamical Time，DT)

地球自转速度不均匀，导致用其测得的时间不均匀。于是人们考虑以地球绕太阳公转为基础建立一种新的时间系统。1952 年国际天文学协会(IAU)第八届大会决定自 1960 年起开始建立一种以地球公转周期为标准的时间系统，称为历书时(ET)。历书时的秒长规定为 1900 年 1 月 1 日 12 时整回归年长度的 1/315 569 25.974 7，起始历元定在 1900 年 1 月 1 日 12 时。历书时虽比世界时的精度大为提高，但仍不能满足现代需要高精度时间部门的要求，而且计算和提供结果比较迟缓，不能及时投入使用，故该时间系统的使用受到一定的局限。

历书时对应的地球运动的理论框架是牛顿力学。根据广义相对论，太阳质心系和地心系的时间将不相同，1976 年国际天文学联合会(IAU)又分别定义了这两个坐标系的时间：太阳系质心力学时(Barycentric Dynamic Time，BDT)和地球质心力学时(Terrestrial Dynamic Time，TDT)，合称为力学时(Dynamic Time，DT)。太阳系质心力学时(BDT)和地球质心力学时(TDT)可以看作是历书时(ET)分别在两个坐标系中的体现，地球质心力学时(TDT)代替了过去的历书时 ET。

地球质心力学时(TDT)的基本单位是国际制秒(SI)，与原子时的尺度一致。国际天文学联合会(IAU)决定，与 1977 年 1 月 1 日国际原子时(IAT)0 时与地球质心力学时的严格关系定义如下：

$$\mathrm{TDT} = \mathrm{IAT} + 32.184\ \mathrm{s} \tag{2-26}$$

若以 ΔT 表示地球质心力学时(TDT)与世界时(UT_1)之差，则由上式可知：

$$\Delta T = \mathrm{TDT} - \mathrm{UT_1} = \mathrm{IAT} - \mathrm{UT_1} + 32.184\ \mathrm{s} \tag{2-27}$$

该差值可通过国际原子时与世界时的对比而确定，通常载于天文年历中。在测量中，地球质心力学时作为一种严格均匀的时间尺度和独立的变量而用于描述卫星的运动。

(四) 协调世界时(Coordinate Universal Time，UTC)

由世界时(UT) 和原子时的定义可知，它们的时间尺度分别基于地球自转速率和原子跃迁，而天文导航、卫星定轨中既需要以地球自转为基础，又需要原子时秒长的高精度，为此，从 1972 年开始采用一种以原子秒长为基础，在时刻上尽量接近世界时折中的时间系统，即协调世界时。

协调世界时的秒长严格等于原子时的秒长，采用闰秒或跳秒的方法，使协调时与世界时的时刻相接近。即当协调时与世界时的时刻差超过 ±0.9 s 时，便在协调时中引入 1 闰秒(如果引入负闰秒，就把世界时向前拨 1 s，最后一分钟为 59 s。如果引入正闰秒，就把世界时向后拨 1 s，最后一分钟为 61 s)。一般在 12 月 31 日最后 1 min 进行。如果一年内闰 1 s 还不够，就在 6 月 30 日末再闰 1 s。具体日期由国际地球自转服务组织(IERS)安排并通告。到目前为止，由于地球转速越来越慢，都是拨慢 1 s，60 s 改为 61 s。出现负闰秒的情况还没有发生过。

UTC 与 IAT 的关系如下：

$$\mathrm{IAT} = \mathrm{UTC} + 1\ \mathrm{s} \times n \tag{2-28}$$

式中，n 为调整参数，其值由国际地球自转服务组织(IERS)发布。

为了使采用世界时的用户得到精度较高的 UT_1 时刻，时间服务部门在发播协调世界时(UTC)时号的同时，还给出了 UT_1 与 UTC 的差值。这样用户便可容易地由 UTC 得到相应的 UT_1。

目前，几乎所有国家时号的发播，均以 UTC 为基准，时号发播的同步精度约为 ±0.2 ms，这主要是考虑到当存在电离层折射影响时，在同一个台站上接收世界各国的时号，其互差将不会超过 ±1 ms。

(五) GNSS 时间系统

每个 GNSS 系统在建立时，都有自己的时间系统，全球四大导航卫星系统的时间系统描述如下：

1. GPS 时间(GPS Time，GPST)

GPS 时间是 GPS 测量系统的专用时间系统，由 GPS 主控站的原子钟控制，GPS 的几种主要时间关系如图 2-9 所示。其时间尺度与原子钟相同，但原点不同，比国际原子时(IAT)早 19 s，即：

$$GPST = IAT - 19\ s \tag{2-29}$$

此外，为了保证 GPS 时间的有效性，采取了与协调时一样的闰秒办法，规定 1980 年 1 月 6 日 0 时与世界协调时时刻相一致。此后，随着时间积累，两者差别表现为秒的整数倍。

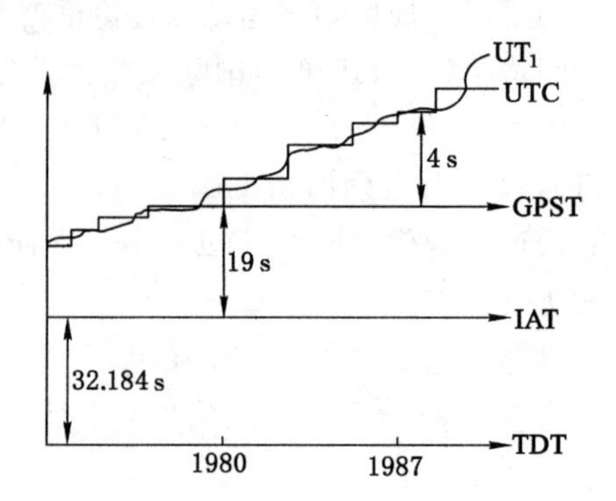

图 2-9　GPS 几种主要时间系统的关系

IAT 与 UTC 的关系式为：

$$IAT = UTC + 1\ s \times n \tag{2-30}$$

式中，n 为 IAT 与 UTC 间不断调整的参数。

从式(2-29)、式(2-30)可知，GPST 与 UTC(USNO)的关系式为：

$$GPST = UTC(USNO) + 1\ s \times n - 19\ s \tag{2-31}$$

2. GLONASS 时间(GLONASS Time，GLONASST)

GLONASS 时间系统属于 UTC 时间系统，采用原子时 AT 1 s 长作为时间基准，是基于俄罗斯莫斯科的协调世界时 UTC(SU)。GLONASST 的产生基于的是 GLONASS 同步中心 CS(Central Synchronize) 时间。GLONASS 控制部分的特性使 GLONASST 与俄罗斯维持的协调世界时 UTC(SU)存在 3 h 的整数差，此外还存在有 1 ms 以内的系统差，GLONASST 与 UTC(SU)的关系式为：

$$GLONASST = UTC(SU) + 3\ h - \tau_r \tag{2-32}$$

3. GALILEO 时间(GALILEO Time，GST)

GALILEO 系统时间简称 GST，它和 GPS 时间类似，与 IAT 的估计偏差将在伽利略导航信息中广播。GALILEO 系统采用主钟控制的方法产生基准时间。主控站装备两台主动型氢钟和 4 台高性能的铯原子钟形成时间系统(PTF)。这样的小型系统主要利用了氢钟的稳定性能和铯钟的准确度性能。两台氢钟实时比对测量，一台作为主钟，一台作为备份，以便实现无缝切换。4 台铯钟实时循环比对测量，形成 GST 自由时间，经与欧洲各个时间实验室的 UTC(k)比对测量后，修正氢钟时间，形成真正的 GST。各个监测站的时间通过通信网络，以 GST 为参考实现同步。

GALILEO 时间系统是一个连续的时标，与国际原子时(IAT)保持偏差小于 28 ns，所以有：

$$GST = IAT \pm 28\ ns \tag{2-33}$$

GST 时和 IAT 的偏差、GST 和 UTC 时间的偏差应当通过各种服务的空间信号广播给用户。

4. BDS 时间(BD Time，BDT)

BDS 时间基准采用北斗时(BDT)，BDT 以国际单位制(SI)“秒”为基本单位，与 GPST 一样同属于原子时(AH)，无闰秒，以周和周内秒为单位连续计数，通过 BDS 导航电文播发，但BDT的起算历元为2006年1月1日0时0分0秒(星期日)的协调世界时UTC,BDT通过中国维持的协调世界时UTC(NTSC)与国际UTC建立联系。由于闰秒的影响,从1980年1月6日0时到2006年1月1日0时间共有正闰秒14 s,所以BDT与GPST间相差14 s的整数差。BDT与UTC(NTSC)间的关系式为:

$$\text{BDT}=\text{UTC(NTSC)}+1\ \text{s}\times n-19\ \text{s}-14\ \text{s} \tag{2-34}$$

任务二　GNSS测量的高程系统

GNSS测量技术也可以用于测定空间点的高程值。根据GNSS测量定位原理,GNSS接收机可以直接测定空间点以地球参考椭球面为基准面,以地球参考椭球法线为基准线的大地高高程值及高差。"大地高"高程是在空间几何意义上最规范的高程。但是,在思维上和实用上空间点习惯采用从海平面上起算的高程值,即所谓"海拔高",而椭球面不是代表海平面的大地水准面,大地高也就不是海拔高,因而大地高不能作为实用高程系统。

在实际工作中,我们主要使用的是具有物理意义的,以似大地水准面为起算面的正常高系统(由于以大地水准面为起算面的正高无法准确求得)。目前,地面空间点的正常高主要通过几何水准测量的方法测得,这种方法的主要特点是可以获得较高的高程精度,但是它的外业工作量较大,尤其是在一些山区地方其工作效率较低。因此,如果能把GNSS接收机测得的各点的大地高高程值转换为实用的正常高高程值,将为获得各点正常高提供一种高效的高程测量方法,具有重要的现实意义。对于这个问题,世界上已经有很多专家学者进行了大量的相关研究,并取得了重要的成果。实验表明,在条件较理想的一些平坦地区,由GNSS大地高求得正常高的精度已经能达到二等水准测量的精度要求。

一、常用高程系统

空间点的高程值同点的坐标值一样,空间同一点若采用不同的高程系统就对应地有不同的高程值,不同系统的高程值可以相互转换。空间同一点可以以不同的基准线、基准面建立不同的高程系统。比较常用的高程系统有大地高系统、正高系统和正常高系统,如图2-10所示。

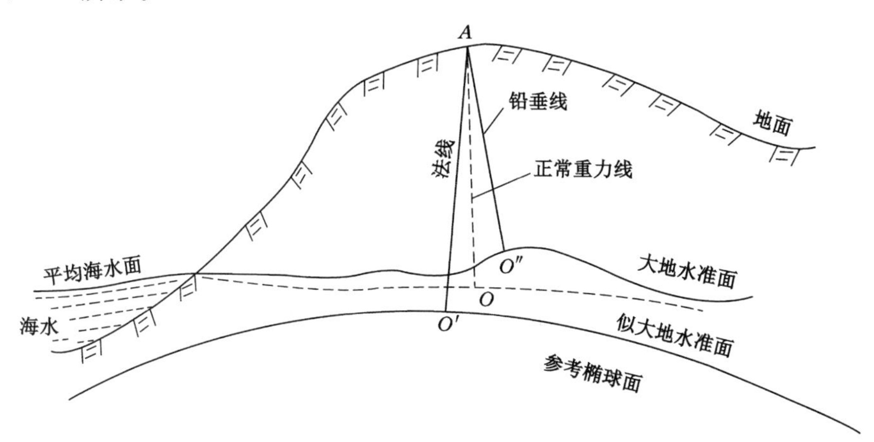

图2-10　正高、正常高、大地高关系图

1. 大地高系统

以参考椭球面为高程基准面，以参考椭球面法线为高程基准线的高程系统，称为大地高系统，简称为大地高，用 H 表示。这个系统点的高程值，是地面点沿法线方向到参考椭球面的法线距离。它是在空间几何意义上最规范的高程。现在广泛采用的卫星定位测量所获得的高程就是大地高高程。如图 2-10 中的 AO' 就是地面点 A 的大地高。

2. 正高系统

以大地水准面为高程基准面，以铅垂线为高程基准线的高程系统，称为正高系统，简称正高，用 $H_{正}$ 表示。这个系统的点高程值，是地面点沿铅垂线方向到大地水准面的铅垂距离。如图 2-10 中的 AO'' 就是地面点 A 的正高。由图 2-10 可以看出，大地水准面将大地高分为两部分，即正高($H_{正}$)和大地水准面至参考椭球面的距离——大地水准面差距 N。但因为陆地上无法精确测定大地水准面的位置(形状)，故地面点 A 的正高不可能精确测得。

3. 正常高系统

由于地面点 A 的正高不可能精确测得，因此我们在实际工作中采用正常高高程系统，实际工作中点的高程起算面是似大地水准面而非大地水准面，基准线是正常重力线而非铅垂线。以似大地水准面为高程基准面，以正常重力线为高程基准线的高程系统，称为正常高系统，简称为正常高，用 $H_{常}$ 表示。这个系统的点高程值，是地面点沿正常重力线方向到似大地水准面的距离。现在广泛采用的水准测量所获得的高程就是正常高高程。如图 2-10 中的 AO 就是地面点 A 的正常高。由图 2-10 可以看出，似大地水准面将大地高分为两部分，即正高($H_{常}$)和似大地水准面至参考椭球面的距离——高程异常值 ξ。

我们把地面各点向下量取该点的正常高而获得的点组成的连续曲面称作似大地水准面。这样，我们可以说正常高的起算面是似大地水准面。似大地水准面是一个计算辅助面，它不是大地水准面，但与大地水准面十分接近。在海洋上，似大地水准面与大地水准面重合，在沿海低平原地区，两者相差甚微，在高山地区也只相差若干米。

4. 高程基准

高程基准是推算国家所有高程的起算依据，它包括一个高程基准面和一个永久性高程基准点。高程基准面要求与地球自然表面接近的表面，而且能够测定出其实际位置。如前所述，正高系统和正常高系统的基准面分别是大地水准面和似大地水准面，这两个基准面在海洋上均与平均海水面一致。因此，可以用平均海水面作为高程基准面——高程起算面。确定平均海水面的方法是：在沿海港湾建立验潮站，通过验潮测定出海水面位置，经过成年累月的验潮，取其平均值，即得到该地区的平均海水面的实地位置。为了稳固地确定平均海水面的位置，还必须建立一个与平均海水面相联系的永久性高程基准点，即水准原点，以此作为推算国家所有高程的起算点。我国的永久性高程基准点(水准原点)埋设在青岛市观象山。我国以青岛验潮站 1950～1956 年 7 年的验潮资料推求的平均海水面建立了“1956 年黄海高程系统”，该高程基准使用至 1987 年。新的国家高程基准面是根据青岛验潮站 1952～1979 年 27 年间的验潮资料计算确定，根据这个高程基准面作为全国高程的统一起算面，建立了“1985 国家高程基准”。

二、常用高程系统转换

GNSS 测得的地面点高程是以 WGS-84 椭球面为高程基准面的大地高高程值，而我国的“1956 年黄海高程系统”和“1985 国家高程基准”是以似大地水准面为高程基准面的正常

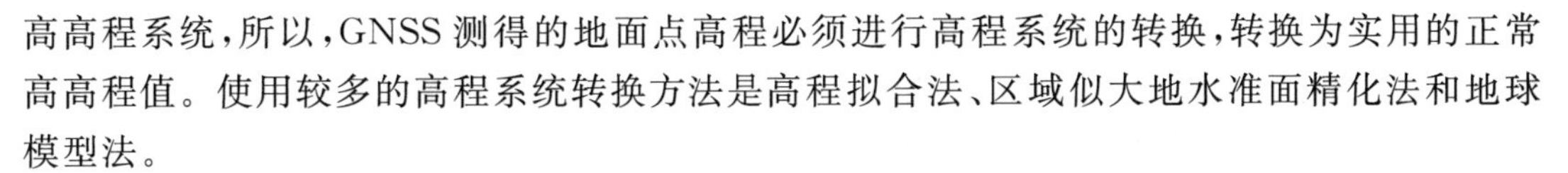

高高程系统，所以，GNSS 测得的地面点高程必须进行高程系统的转换，转换为实用的正常高高程值。使用较多的高程系统转换方法是高程拟合法、区域似大地水准面精化法和地球模型法。

1. GNSS 大地高与正常高的关系

似大地水准面到椭球面的距离称为高程异常值，用 ξ 表示；大地水准面到椭球面的距离称为大地水准面差距，用 N 表示。高程异常和大地水准面差距在海平面处相等，在平坦地区相差很小，即使在高山、深海等地区最大也只相差若干米。对于任一地面点 A，其大地高 H 与正常高 $H_{常}$ 有以下几何关系：

$$H = H_{常} + \xi \tag{2-35}$$

显然，如果知道了各 GNSS 点的高程异常值 ξ，则不难由各 GNSS 点的大地高 H 求得各 GNSS 点的正常高 $H_{常}$ 值。如果同时知道了各 GNSS 点的大地高 H 和正常高 $H_{常}$，则可以求得各点的高程异常 ξ。

2. 高程拟合法

虽然似大地水准面与椭球面之间的距离变化极不规则，但在小区域内，用斜面或二次曲面拟合来确定似大地水准面与椭球面之间的距离（高程异常值 ξ）是可行的。

(1) 斜面拟合法

高程异常值 ξ 在小区域内可看成平面位置 (x, y) 的一次函数，即：

$$\xi = ax + by + c \tag{2-36}$$

或

$$H - H_{常} = ax + by + c \tag{2-37}$$

如果已知至少 3 个点的正常高 $H_{常}$，并测出其大地高 H，则可解出式(2-34)中的系数 a、b、c，然后可以根据任一点的大地高按式(2-34)求得相应的正常高。

$$H_{常} = H - ax - by - c \tag{2-38}$$

(2) 二次曲面拟合法

二次曲面拟合法的方程式为：

$$H - H_{常} = ax^2 + by^2 + acy + dx + ey + f \tag{2-39}$$

如已知至少 6 个点的正常高并测得大地高，便可解出 6 个参数，然后根据任一点的大地高，便可求得相应的正常高。

3. 区域似大地水准面精化法

区域似大地水准面精化法就是在一定区域内采用精密水准测量、重力测量及 GNSS 测量，先建立区域内精确的似大地水准面模型，然后根据模型快速准确地进行高程系统的转换。我国高精度省级似大地水准面精化工作正在部分省市展开。如山东青岛、广东深圳、江苏等省市已经建成厘米级的区域似大地水准面模型。在高精度的似大地水准面模型的地区，用 GNSS 高程测量可以代替三等水准测量。

任务三　GNSS 卫星运动与星历

卫星在空间运行的轨迹称为轨道，而描述卫星轨道位置和状态的参数称为轨道参数。在利用 GNSS 进行导航和定位时，GNSS 卫星作为位置已知的高空观测目标。在进行绝对定位时，必须首先求解出卫星的瞬间位置。同时，卫星轨道上的任何误差都会直接影响到用户定位的精度。在相对定位时，卫星轨道误差影响减弱，但当基线较长且精度要求较高时，误差影响不可忽视。为满足精密定位要求，卫星的轨道必须具有足够的精度。另外，为制订GNSS 测量的观测计划，快速捕获卫星信号，也需要知道卫星的轨道参数。

卫星在空间绕地球运行时，除了受地球重力场的引力作用外，还受到太阳、月亮和其他天体的引力影响，以及太阳光压、大气阻力和地球潮汐力等因素影响。卫星实际运行轨道十分复杂，难以用简单而精确的数学模型加以描述。在各种作用力对卫星运行轨道的影响中，以地球引力场的影响为主，其他作用力的影响相对要小得多。若假设地球引力场的影响为1，其他引力场的影响均小于 10^{-5}。

为了研究工作和实际应用方便，通常把作用于卫星上的各种力按其影响的大小分为两类：一类是假设地球为均质球体的引力（质量集中于球体的中心），称为中心力，决定着卫星运动的基本规律和特征，由此决定的卫星轨道可视为理想轨道，是分析卫星实际轨道的基础。在中心力作用下的卫星运动称为无摄运动，相应的卫星轨道称为无摄轨道。另一类是摄动力或非中心力，包括地球非球形对称的作用力、日月引力、大气阻力、光辐射压力以及地球潮汐力等。摄动力使卫星的运动产生一些小的附加变化而偏离理想轨道，同时偏离量的大小随时间而改变。在摄动力作用下的卫星运动称为受摄运动，相应的卫星轨道称为受摄轨道。

一、GNSS 卫星运动

（一）卫星的无摄运动

假定地球为匀质球体的地球引力，称为中心力，它决定着卫星运动的基本规律和特征，由此决定卫星的轨道，可视为理想的轨道。只考虑地球质心引力作用的卫星运动称为卫星的无摄运动。卫星在地球引力场中做无摄运动，也称开普勒运动，其规律可通过开普勒定律来描述。

1. 卫星运动的开普勒定律

（1）开普勒第一定律

开普勒第一定律是卫星运行的轨道是一个椭圆，而该椭圆的一个焦点与地球的质心重合。这一定律表明，在中心引力场中，卫星绕地球运行的轨道面，是一个通过地球质心的静止平面。轨道椭圆一般称为开普勒椭圆，其形状和大小不变。在椭圆轨道上，卫星离地球质心（简称地心）最远的一点称为远地点，而离地心最近的一点称为近地点，它们在惯性空间的位置也是固定不变的，如图 2-11 和图 2-12 所示。

卫星绕地球质心运动的轨道方程为：

$$r=\frac{a_s\mid 1-e_s^2\mid}{1+e_s\cos\nu} \tag{2-40}$$

式中，r 为卫星的地心距离；a_s 为开普勒椭圆的长半径；e_s 为开普勒椭圆的偏心率；ν 为真近点角，它描述了任意时刻卫星在轨道上相对近地点的位置，是时间的函数。

这一定律阐明了卫星运行轨道的基本形态及其与地心的关系。

（2）开普勒第二定律

开普勒第二定律是卫星的地心向径，即地球质心与卫星质心间的距离向量，在相同的时间内所扫过的面积相等，如图 2-13 所示。

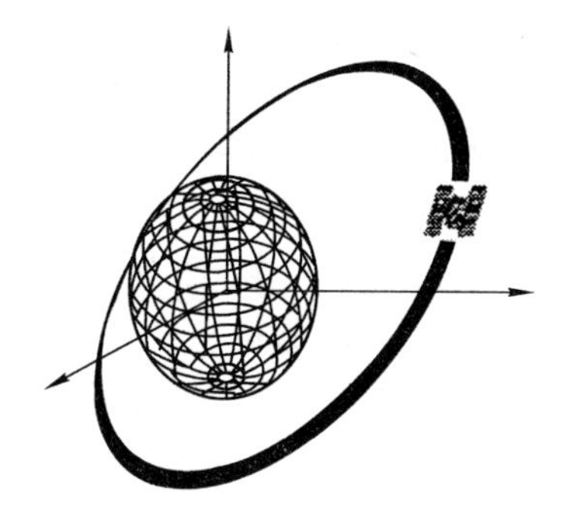

图 2-11　卫星绕地球运行的轨道

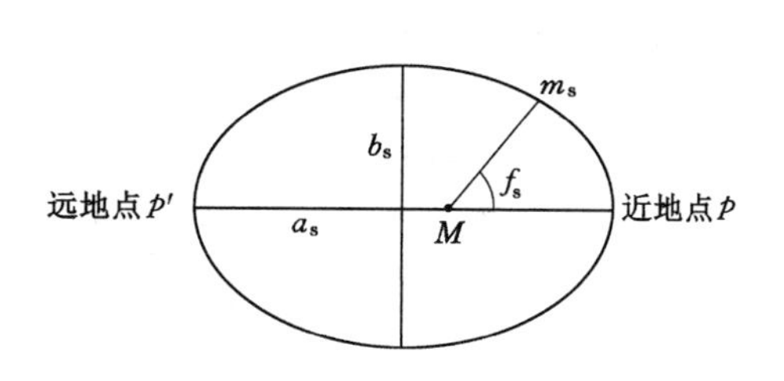

图 2-12　开普勒椭圆

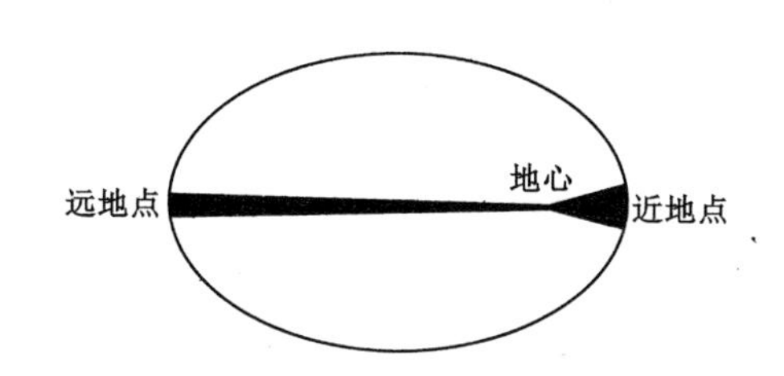

图 2-13　卫星地心向径在相同时间扫过的面积示意图

与任何其他运动物体一样，在轨道上运行的卫星，也具有两种能量，即位能和动能。位能仅受地球重力场的影响，其大小和卫星在轨道上所处的位置有关，在近地点其位能最小，而在远地点时为最大。卫星在任一时刻 t 所具有的位能为 GMm_s/r（G 为地球引力常数）。动能是由卫星的运动所引起的，其大小是卫星运动速度的函数。如果取卫星的运动速度为 v，则其动能为 $m_s v_s^2/2$。根据能量守恒定理，卫星在运动过程中，其位能和动能之总和应保持不变，即：

$$\frac{1}{2}m_s v_s^2 - \frac{GMm_s}{r} = \text{常量} \tag{2-41}$$

因此，卫星运行在近地点时，其动能最大，在远地点时最小。由此，开普勒第二定律所包含的内容是：卫星在椭圆轨道上的运行速度是不断变化的，在近地点处速度为最大，而在远地点时速度为最小。

(3) 开普勒第三定律

开普勒第三定律是卫星运行周期的平方，与轨道椭圆长半径的立方之比为一常数，而该常数等于地球引力常数 GM 的倒数。开普勒第三定律的数学形式为：

$$\frac{T_s^2}{a_s^3} = \frac{4\pi^2}{GM} \tag{2-42}$$

式中，T_s 为卫星运动的周期，即卫星绕地球运行一周所需的时间；其余符号意义同前。

若假设卫星运动的平均角速度为 n，则有：

$$n = \frac{2\pi}{T_s} \quad (\text{rad/s}) \tag{2-43}$$

于是，开普勒第三定律可写为：

$$n=\left(\frac{GM}{a_s^3}\right)^{\frac{1}{2}} \tag{2-44}$$

显然，当开普勒椭圆的长半径确定后，卫星运行的平均角速度随之确定，且保持不变。

2. 卫星运动轨道参数描述

由开普勒定律可知，卫星运动的轨道是通过地心平面上的一个椭圆，且椭圆的一个焦点与地心相重合。确定椭圆的形状和大小至少需要两个参数，即椭圆的长半径及其偏心率 e_s（或椭圆的短半径 b_s）。另外，为确定任意时刻卫星在轨道上的位置，需要 1 个参数，一般取真近点角 ν。

参数 a_s、e_s 和 ν 唯一地确定了卫星轨道的形状、大小以及卫星在轨道上的瞬时位置。但是，这时卫星轨道平面与地球体的相对位置和方向还无法确定。确定卫星轨道与地球体之间的相互关系，可以表达为确定开普勒椭圆在天球坐标系中的位置和方向。因为根据开普勒第一定律，轨道椭圆的一个焦点与地球质心相重合，所以为了确定该椭圆在上述坐标系中的方向，尚需 3 个参数。

卫星的无摄运动一般可通过一组适宜的参数来描述，但是，这组参数的选择并不是唯一的。其中一组应用最广泛的参数（$a, e, \nu, \Omega, i, \omega$）称为开普勒轨道参数（图 2-14），或称开普勒轨道根数。现将这组参数的惯用符号及其定义简介如下。

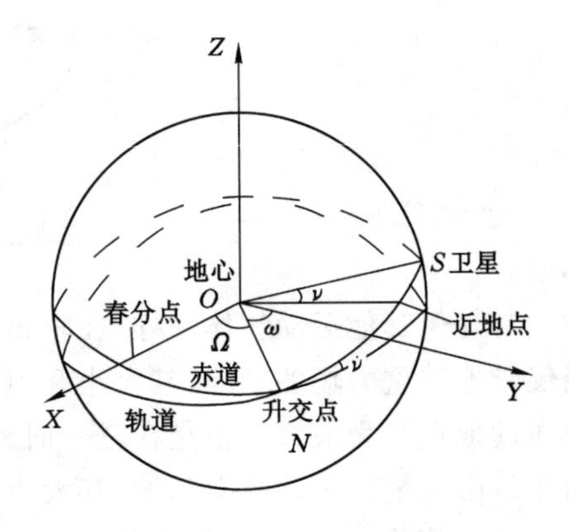

图 2-14 开普勒轨道参数

(1) a——轨道椭圆的长半径。

(2) e——轨道椭圆的偏心率。

以上两个参数确定了开普勒椭圆的形状和大小。

(3) Ω——升交点的赤经，即在地球赤道平面上，升交点与春分点之间的地心夹角。升交点即当卫星由南向北运行时，其轨道与地球赤道的一个交点。

(4) i——轨道面的倾角，即卫星轨道平面与地球赤道面之间的夹角。

以上两个参数唯一地确定了卫星轨道平面与地球体之间的夹角。

(5) ω——近地点角距，即在轨道平面，升交点与近地点之间的地心夹角。

这一参数表达了开普勒椭圆在轨道平面上的定向。

(6) ν——卫星的真近点角，即在轨道平面上，卫星与近地点之间的地心角距。该参数为时间的函数，它确定了卫星在轨道上的瞬时位置。

一般而言，选用上述 6 个参数来描述卫星运动的轨道是合理而必要的。但在特殊情况下，如当卫星轨道为一圆形轨道（即 $e=0$）时，参数 ω 和 ν 便失去了意义。对于 GPS 卫星来说，$e=0.01$，所以采用上述 6 个轨道参数是适宜的。参数 a、e、Ω、i、ω，的大小，是由卫星的发射条件来决定的。

3. 真近点角 ν 的计算

在描述卫星无摄运动的 6 个开普勒轨道参数中，只有真近点角 ν 是时间的函数，其余均为一般参数。所以，计算卫星瞬时位置的关键在于计算参数 ν，并由此确定卫星的空间位置与时间的关系。为此，需要引进有关计算真近点角的两个辅助参数 E_s 和 M_s。

(1) E_s——偏近点角。如图 2-15 所示，假设过卫星质心 M，作平行于椭圆短半轴的直线，则 m''为该直线与近地点至椭圆中心连线的交点，m''为该直线与以椭圆中心为原点并以 a_s 为半径的大圆的交点。E_s 就是椭圆平面上近地点 P 至 m''点的圆弧所对应的圆心角。

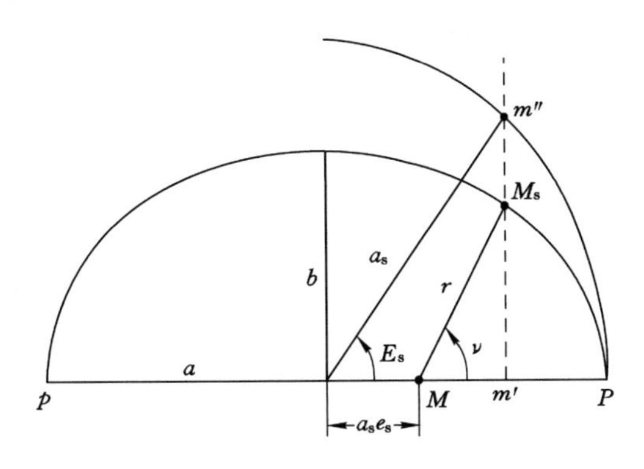

图 2-15 真近点角与偏近点角

(2) M_s——平近点角。它是一个假设量，若卫星在轨道上运动的平均速度为 n，则平近点角定义为：

$$M_s = n_0(t - t_0) \tag{2-45}$$

式中，n_0 为卫星运行的平均角速度，对某一卫星而言是个常数；t_0 为卫星过近地点的时刻；t 为观测卫星的时刻。

由式(2-45)可知，平近点角仅为卫星平均速度与时间的线性函数。对于任一确定的卫星而言，其平均角速度是一个常数。所以，卫星于任意时刻 t 的平近点角便可由式(2-45)唯一地确定。

平近点角 M_s 与偏近点角 E_s 之间有以下重要关系：

$$E_s = M_s + e_s \sin E_s \tag{2-46}$$

式(2-46)称为开普勒方程，它在卫星轨道计算中具有重要的意义。为了根据平近点角 M_s 计算偏近点角 E_s，通常采用迭代法。迭代法的初始值可近似取 $E_s = M_s$。

其次，为了计算卫星的瞬时位置，还需要确定卫星运行的真近点角 ν 与偏近点角 E_s 的关系：

$$a_s \cos E_s = r\cos \nu + a_s e_s \tag{2-47}$$

$$\cos \nu = \frac{a_s}{r}(\cos E_s - e_s) \tag{2-48}$$

若将式(2-48)代入开普勒椭圆方程，则可得到：

$$r = a_s(1 - e_s \cos E_s) \tag{2-49}$$

综合式(2-47)和式(2-48)，则有：

$$\begin{cases} \cos \nu = \dfrac{\cos E_s - e_s}{1 - e_s \cos E_s} \\ \sin \nu = \dfrac{(1 - e_s^2)^{\frac{1}{2}} \sin E_s}{1 - e_s \cos E_s} \end{cases} \tag{2-50}$$

根据以上两式，写成常用形式为：

$$\tan\left(\frac{\nu}{2}\right)=\left(\frac{1+e_s}{1-e_s}\right)^{\frac{1}{2}}\tan\left(\frac{E_s}{2}\right) \tag{2-51}$$

因此，根据卫星的平近点角 M_s，首先按式(2-46)确定相应的偏近点角 E_s，再利用式(2-51)即可计算出相应的真近点角。

（二）卫星的受摄运动

1. 卫星运动的摄动力

由于受到多种非地球中心引力的影响，卫星的运行轨道实际上是偏离开普勒轨道的。对于 GPS 卫星来说，仅地球的非球性影响在 3 h 的弧段上就可能使卫星的位置偏差达 2 km，而在 2 d 弧段上达 14 km。显然，这种偏差对于任何用途的定位工作都是不容忽视的。为此，必须建立各种摄动力模型，对卫星的开普勒轨道加以修正，以满足精密定轨和定位的要求。卫星在空中运动时，考虑了摄动力对卫星运动状态的影响的运动称为卫星的受摄运动。在受摄运动中，卫星轨道参数不再是常数，而是随时间变化的轨道参数，卫星在地球质心引力和各种摄动力总的影响下的轨道参数称为瞬时轨道参数。卫星运动的真实轨道称为卫星的摄动轨道或瞬时轨道。卫星的瞬时轨道不再是椭圆，轨道在空间的方向也不是固定不变的。

卫星在空中运行时所受到的各种摄动力如图 2-16 所示。图中，f_c 为地球引力；f_{nc} 表示地球的非球性与非均质性引起的作用力，即地球的非质心引力；f_s 表示太阳的引力；f_m 表示月球的引力；f_r 表示太阳的光辐射压力；f_a 表示大气阻力（地球潮汐作用力 f_p 未在图中标出）。

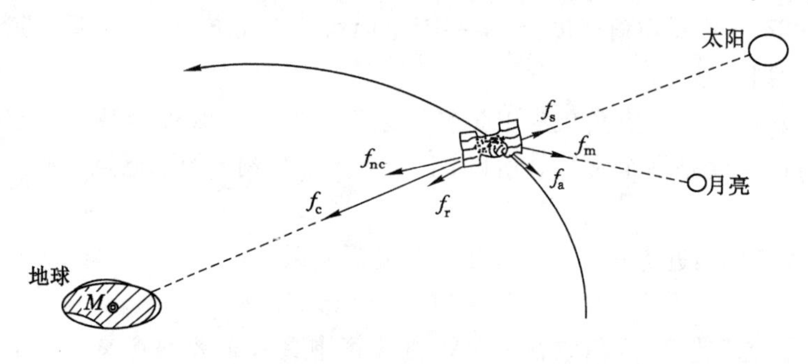

图 2-16　卫星所受的各种摄动力

由表 2-2 的数据可以看出，在 GPS 导航定位中，各种摄动力加速度所引起的卫星位置偏差对任何用途的导航与定位工作都是不能接受的。为此，必须建立卫星运行的受摄运动方程，修正卫星运动的正常轨道。如果以向量 F 表示地球质心引力与各种摄动力的总和，则：

$$F=f_c+f_{nc}+f_s+f_m+f_r+f_a+f_p \tag{2-52}$$

表 2-2　　各种摄动力对 GPS 卫星的影响

摄动源	加速度 /(m/s²)	轨道摄动/m	
		3 h 弧段	2 d 弧段
地球的非对称性			
C20	5×10^{-5}	≈2 km	≈14 km
其他调和相	3×10^{-7}	5～80	100～1 500

续表 2-2

摄动源	加速度 /(m/s^2)	轨道摄动/m	
		3 h 弧段	2 d 弧段
日、月引力影响	5×10^{-6}	5～150	1 000～3 000
地球潮汐位 固体潮 海洋潮汐	 1×10^{-9} 1×10^{-9}	 — —	 0.5～1.0 0.0～2.0
太阳辐射压	1×10^{-7}	5～10	100～800
反照压	1×10^{-8}	—	1.0～1.5

2. 地球引力场摄动力的影响

地球引力场对卫星的引力包括地球中心引力和地球引力场摄动力，而后者主要是由于地球形状不规则及其质量不均匀而引起的。它对卫星轨道的影响主要有以下三点：

(1) 引起轨道平面在空间的旋转。这一影响会使升交点沿地球赤道产生缓慢的推动，进而使升交点的赤经 Ω 产生周期性的变化。

(2) 引起近地点在轨道面内旋转。近地点的变化，说明开普勒椭圆平面内定向的改变，从而引起了卫星轨道近地点角距 ω 的缓慢变化。

(3) 引起平近点角 M_s 的变化。

3. 日、月引力的影响

日、月引力对卫星轨道的影响，是由太阳和月亮的质量对卫星所产生的引力加速度而产生的。由日、月引力加速度引起的卫星轨道摄动，主要是长周期的。对 GPS 卫星而言，日、月引力对 GPS 卫星产生的摄动加速度约为 5×10^{6} m/s^2。若忽略这项影响，将可能使 GPS 卫星在 3 h 的弧段上产生 50～150 m 的位置误差。虽然太阳的质量远较月球大，但其距离太远，所以太阳引力的影响仅约月球引力影响的 0.46 倍。至于太阳系其他行星对 GNSS 卫星轨道的影响，远较太阳引力的影响力小，一般均可忽略。

4. 太阳光压的影响

卫星在运行中，除直接受到太阳光辐射压力的影响外，还将受到由地球反射的太阳光间接辐射压力的影响(图 2-17)。

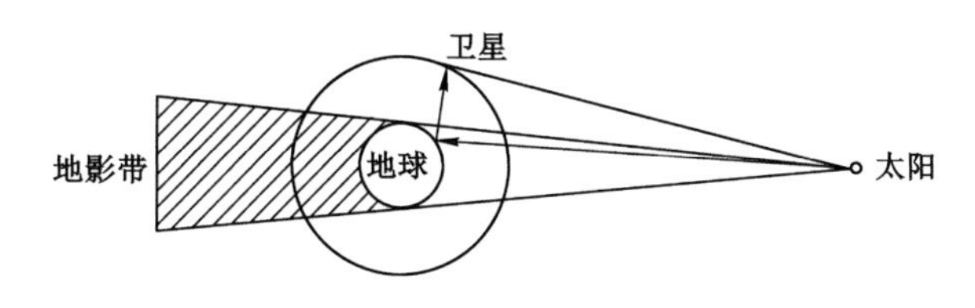

图 2-17　太阳光压

不过，间接辐射压对 GNSS 卫星运动的影响较小，一般只有直接辐射压影响的 1%～2%。对 GPS 卫星而言，太阳光压对 GPS 卫星产生的摄动加速度约为 10^{-7}/m 存量级，将使卫星轨道在 3 h 的弧段上产生 5～10 m 的偏差。所以，对于基线大于 50 km 的精密相对定位而言，这一轨道偏差一般也是不能忽略的。

二、GNSS 卫星星历

卫星的星历就是描述卫星运行轨道和状态的各种参数值，它是计算卫星瞬时位置的依据。前面我们介绍了一系列轨道参数，这些参数的数值确定着卫星的运行轨道和运行状态，所以卫星星历其实就是赋值后的轨道参数及其变率。根据卫星星历可以计算出任一时刻的卫星位置及其速度。GNSS 卫星星历按其来源的不同，可以分为预报星历（广播星历）和精密星历（后处理星历）。

（一）预报星历

预报星历是通过卫星发射的含有轨道信息的导航电文传递给用户，经解码获得所需的卫星星历，也称广播星历，包括相对某一参考历元的开普勒轨道参数和必要的轨道摄动项改正参数。参考历元的卫星开普勒轨道参数称为参考星历（或密切轨道参数）。参考星历只代表卫星在参考历元的瞬时轨道参数（或密切轨道参数）。在摄动力的影响下，卫星的实际轨道将偏离其参考轨道。偏离的程度主要取决于观测历元与所选参考历元间的时间差。一般来说，如果用轨道参数的摄动项对已知的卫星参考星历加以改正，可以外推出任意观测历元的卫星星历。

如果观测历元与所选参考历元间的时间差很大，为了保障外推轨道参数具有必要的精度，就必须采用更严密的摄动力模型和考虑更多的摄动因素，由此带来了建立更严格摄动力模型的困难，因而可能降低预报轨道参数的精度。

实际上，为了保证卫星预报星历的必要精度，一般采用限制预报星历外推时间间隔的方法。为此，GNSS 跟踪站每天利用观测资料，更新用以确定卫星参考星历的数据，计算每天卫星轨道参数的更新值，每天按时将其注入相应的卫星并存储。据此 GNSS 卫星发播的广播星历每小时更新一次。

如果将计算参考星历的参考历元 t_{oe} 选在两次更新星历的中央时刻，则外推时间间隔最大不会超过 0.5 h，从而可以在采用同样摄动力模型的情况下，有效地保持外推轨道参数的精度。预报星历的精度，目前一般估计为 20～40 m。

由于预报星历每小时更新一次，在数据更新前后，各表达式之间将会产生小的跳跃，其值可达数分米，一般可利用适当的拟合技术（如切比雪夫多项式）予以平滑化。

对 GPS 定位系统而言，GPS 用户通过卫星广播星历可以获得的有关卫星星历参数共 16 个，其中包括 1 个参考时刻，6 个相应参考时刻的开普勒轨道参数和 9 个反映摄动力影响的参数。如图 2-18 所示。

导航电文中的星历参数主要有：

(1) t_{0e}——参考历元；

(2) M_{s0}——参考时刻的平近点角(rad)；

(3) e_s——轨道偏心率；

(4) $\sqrt{a_s}$——轨道长半径的平方根(0.5 m)；

(5) Ω_0——参考时刻的升交点赤经(rad)；

(6) i_0——参考时刻的轨道倾角(°)；

(7) ω_s——近地点角距(rad)；

(8) $\dot{\Omega}$——升交点赤经变化率(rad/s)；

(9) $\dot{i}$——轨道倾角变化率(rad/s)；

(10) Δn——由精密星历计算得到的卫星平均角速度与按给定参数计算所得的平均角

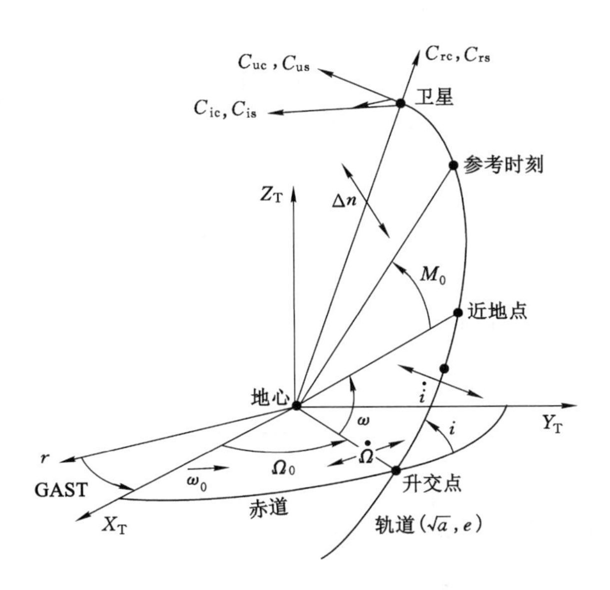

图 2-18 预报星历参数示意图

速度之差(rad);

(11) C_{uc}、C_{us}——升交距角的余弦、正弦调和改正项振幅(rad);

(12) C_{rc}、C_{rs}——卫星地心距的余弦、正弦调和改正项振幅(rad);

(13) C_{ic}、C_{is}——轨道倾角的余弦、正弦调和改正项振幅(rad);

(14) $AODE$——星历数据的龄期(外推星历的外推时间间隔);

(15) a_0——卫星钟差(s);

(16) a_1——卫星钟速(频率偏差系数);

(17) a_2——卫星钟速变化率(漂移系数)。

卫星的预报星历是用跟踪站以往时间的观测资料推求的参考轨道参数为基础,并加入轨道摄动项改正而外推的星历。用户在观测时可以通过导航电文实时得到,对导航和实时定位十分重要。但对精密定位服务则难以满足精度要求。

(二) 后处理星历及其获取

卫星的预报星历具有实时获取的特点,这对于导航或实时定位是非常重要的。但是,对于某些精密定位工作的用户来说,其精度尚难以满足要求,尤其当预报星历受到人为干预而降低精度时,就更难以保障精密定位工作的要求。

后处理星历是一些国家的某些部门根据各自建立的跟踪站所获得的精密观测资料,应用与确定预报星历相似的方法计算的卫星星历。它可以向用户提供在用户观测时间的卫星星历,避免了预报星历外推的误差。

由于这种星历通常是在事后向用户提供的在其观测时间的卫星精密轨道信息,因此称为后处理星历或精密星历。该星历的精度,目前可达分米级。国际 GNSS 服务(简称 IGS)精密星历采用 sp3 格式,其存储方式为 ASCⅡ 文本文件,内容包括表头信息以及文件体,文件体中每隔 15 min 给出 1 个卫星的位置,有时还给出卫星的速度。它的特点就是提供卫星精确的轨道位置。采样率为 15 min,实际解算中可以进行精密钟差的估计或内插,以提高其可使用的历元数。以“igr”开头的星历文件为快速精密星历文件，以“igu”开头的星历文件为超快速精密星历文件。三种精密星历文件的时延、精度、历元间隔等各不相同，在实际工作中，根据工程项目对时间及精度的要求，选取不同的 sp3 文件类型。

三种精密星历的有关指标见表 2-3。

表 2-3　各种星历的相关指标

名称	时延	更新率	采样率	精度
事后精密星历	约 11 d	每周	15 min	<5 cm
快速精密星历	17 h	每天	15 min	<5 cm
预报精密星历	实时	12 h	15 min	约 25 cm

后处理星历一般不是通过卫星的无线电信号向用户传递的，而是利用磁盘（卡）或通过电传通信等方式，有偿地为所需要的用户服务。当然，IGS 精密星历所采用的 sp3 格式会定期把这些数据存放在网站（ftp://garner.ucsd.edu）的 FTP 服务器上。但是，建立和维持一个独立的跟踪系统，其技术比较复杂，投资也较大，所以，利用 GPS 的预报星历进行精密定位工作，仍是目前一个重要的研究和开发领域。

任务四　GNSS 卫星信号

GNSS 之所以能进行导航、定位和授时等工作，是因为 GNSS 卫星在不断地向地面发射导航定位授时卫星信号。地面用户正是利用实时接收到的 GNSS 卫星信号才能完成导航、定位和授时等工作的。地面用户包括各种 GNSS 信号接收设备，地面用户接收不到或接收信号质量不好、数量不够，都不能很好地完成导航、定位和授时等工作。

GNSS 卫星信号是 GNSS 卫星向广大用户所发播的用于导航定位的调制波，它包含载波、测距码和数据码等多种信号分量，其中载波信号一般包括两个不同频率的载波；测距码为二进制伪随机噪声码；数据码则主要包括了卫星状态参数和卫星运行轨道的相关参数。例如，GPS 卫星信号的主要内容如图 2-19 所示。GNSS 卫星信号的产生、构成和传播等，都涉及现代数字通信理论和技术方面的复杂问题，虽然 GNSS 用户一般可以不去深入研究，但了解其基本概念，对理解 GNSS 定位的原理仍是必要的。

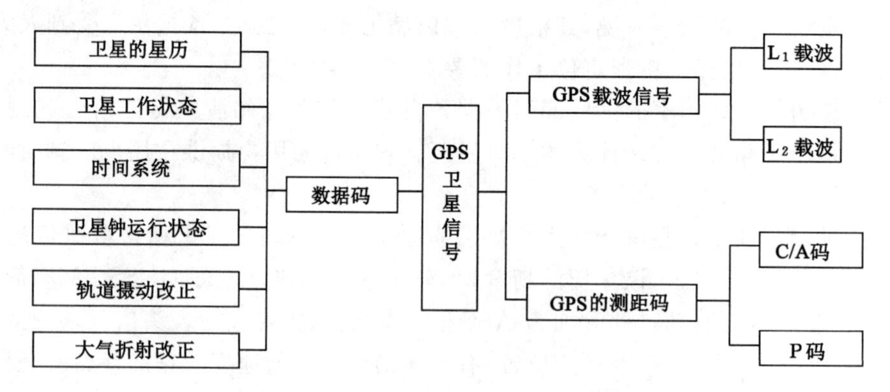

图 2-19　GPS 卫星信号的主要内容

一、码的相关概念

1. 码的概念

在现代数字通信中，广泛使用二进制数(0 和 1)及其组合，来表示各种信息。表达不同信息的二进制数及其组合，称为码。一位二进制数叫一个码元或一比特。比特是码和信息量的度量单位。

如果将各种信息如声音、图像和文字等通过量化，并按某种预定规则，表示成二进制数的组合形式，则这一过程称为编码。

在二进制数字化信息的传输中，每秒传输的比特数称为数码率，表示数字化信息的传输速度，单位 bit/s。

2. 随机噪声码

既然码是用以表达各种信息的二进制数的组合，是一组二进制的数码序列，则这一序列就可以表达成以 0 和 1 为幅度的时间函数。假设一组码序列 $u(t)$，对某一时刻来说，码元是 0 或 1 完全是随机的，但出现的概率均为 1/2。这种码元幅度的取值是完全无规律的码序列，称为随机码序列(或随机噪声码序列)。它是一种非周期性序列，无法复制，但其自相关性好。而相关性对提高利用 GNSS 卫星码信号测距精度极其重要。

为了说明随机码的自相关性，现将随机序列 $u(t)$ 平移 k 个码元，得到一个新的随机序列 $u'(t)$，如果两随机序列 $u(t)$ 和 $u'(t)$ 所对应的码元中，相同的码元数(同为 0 或 1)为 A_u，相异的码元数为 B_u，则随机序列 $u(t)$ 的自相关系数 $R(t)$ 定义为：

$$R(t)=\frac{A_u-B_u}{A_u+B_u} \tag{2-53}$$

显然，当平移的码元数 $k=0$，说明两个结构相同的随机码序列相应的码元相互对齐，$B_u=0$，自相关系数 $R(t)=1$。

当 $k\neq0$ 时，由于码序列的随机性，当序列中码元数充分大时，则 $A_u\approx B_u$，即自相关系数 $R(t)\approx0$。于是，根据码序列自相关系数的取值，可以判断两个随机码序列的相应码元是否对齐。

假设 GNSS 卫星发射的是一个随机码序列 $u(t)$，而 GNSS 接收机在接收到该测距码信号后若能同时复制出结构与之相同的随机码序列 $u'(t)$，则由于卫星信号时间传播延迟的影响，被接收的 $u(t)$ 与 $u'(t)$ 之间产生了平移，即相应的码元错开，因而 $R(t)\approx0$。如果通过一个时间延迟器来调整 $u'(t)$，使之与 $u(t)$ 的码元相互完全对齐，即有 $R(t)=1$，则可以从接收机的时间延迟器中测出卫星信号到达用户接收机的准确传播时间，从而准确测定站星距离。如图 2-20 所示。

3. 伪随机噪声码

尽管随机码具有良好的自相关性，但却是一种非周期序列，不服从任何编码规则，实际中无法复制和利用。

实际上，为了充分利用随机码的良好相关性，GNSS 采用了一种伪随机噪声码(Pseudo Random Noice，PRN)，简称伪随机码或伪码。它具有随机码的良好自相关性，又具有某种确定的编码规则，是周期性的，容易复制。

伪随机码是由一个叫“多极反馈移位寄存器”的装置产生的。移位寄存器由一组连接在一起的存储单元组成，每个存储单元只有 0 或 1 两种状态。移位寄存器的控制脉冲有两个：

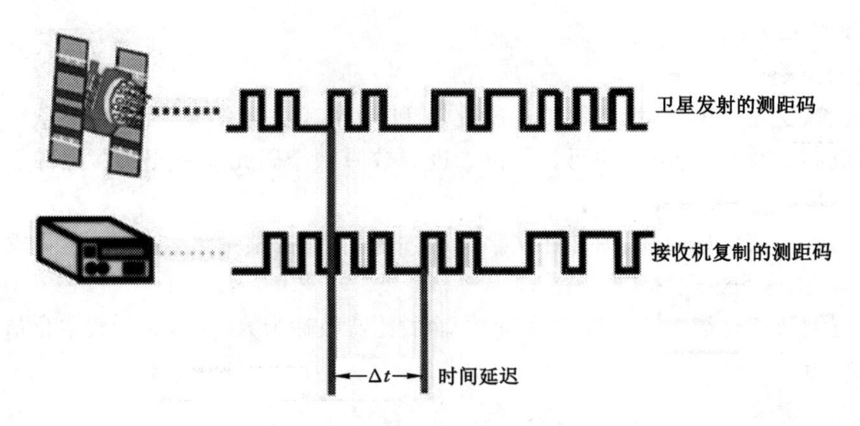

图 2-20　GNSS 信号传播时间测量原理

钟脉冲和置 1 脉冲。移位寄存器是在钟脉冲的驱动和置 1 脉冲的作用下而工作的。

假设移位寄存器是由 4 个存储单元组成的四级反馈移位寄存器，当钟脉冲加到该移位寄存器后，每个存储单元的内容都顺序地由上一单元转移到下一单元，与此同时，将其中某几个单元，如单元 3 和单元 4 的内容进行模 2 相加（是二进制数的一种加法运算，常用符号⊕表示，其运算规则是 1⊕1=0，0⊕1=1，1⊕0=1，0⊕0=0），反馈给第一个单元。如图 2-21 所示。

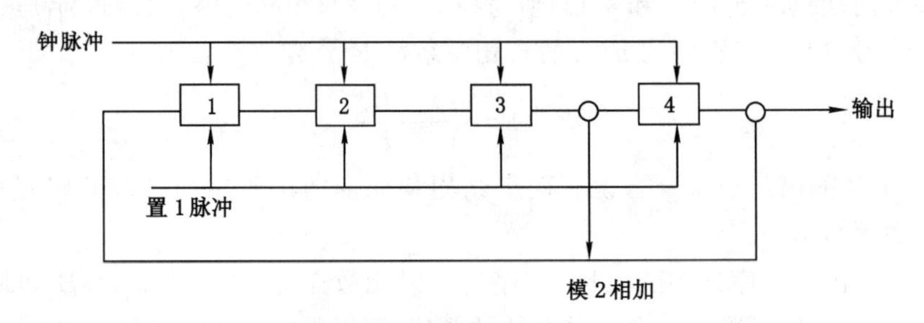

图 2-21　四级反馈移位寄存器

二、载波

由于导航卫星离地面比较高，低频调制信号（如导航电文和测距码）很难传输到地面附近，为了确保测距码和导航电文等调制信号传输成功，GNSS 载波（高频信号）可以作为测距码和导航电文传送信号的载体。因此，将可运载调制信号的高频振荡波称为载波。

此外，在 GNSS 定位系统中，载波除了能很好地传送测距码和导航电文这些有用信息外，在载波相位测量中它又被当作一种测距信号来使用。GNSS 定位系统一般采用两个不同频率载波，这样能较完善地消除电离层延迟距离测量误差，其测距精度比测距码伪距测量的精度高 2～3 个数量级。因此，载波相位观测值常被用来进行高精度定位服务，而测距码常被用来进行导航服务。

1. GPS 载波信号

GPS 卫星现代化前，发射两种频率的载波信号：f_1 = 1 575.42 MHz，f_2 = 1 227.60 MHz。它们由卫星上的原子钟所产生的基准频率 f_0 = 1.023 MHz 倍频 154 倍和 120 倍产生，波长分别为 19.03 cm 和 24.42 cm。由于它们均位于微波的 L 波段，故分别称为 L_1 载波和 L_2 载波。

随着科技的发展,GPS 自身固有缺陷逐渐暴露出来。更为重要的是,美国为确保其在全球的政治、经济、军事等领域的绝对优势,对 GPS 系统进行了重大革新,这就是 GPS 现代化。

美国 GPS 现代化中,发射 BlockⅡR 卫星更换 BlockⅡ/ⅡA 卫星。与 BlockⅡ/ⅡA 相比,BlockⅡR 卫星在 L_2 载波上增设 C/A 码;在 L_1 和 L_2 载波上各增设一个军用伪噪声码(M 码);可根据指令增强 L_2 载波上的 P 码、L_1 载波上的 P 码和 C/A 的功率。BlockⅡR M 卫星的功能更强:能进行卫星间的距离测量;能在轨自主更新和精化 GPS 卫星的广播星历;能进行星间在轨数据通信;在无地面监控系统干预的情况下,可自主导航。而 BlockⅡF 卫星除具有 BlockⅡR 卫星的全部功能外,增加第三民用信号(1 176.45 MHz),并增加了卫星间的数据通道。

2. GLONASS 载波信号

GLONASS 载波信号与美国 GPS 系统不同,采用频分多址(FDMA)方式,根据载波频率来区分不同卫星,则第 i 颗卫星发射的两种载波的频率(MHz)分别为:$f_1=1\ 602+0.562\ 5(i-1)$ 和 $f_2=1\ 246+0.437\ 5(i-1)$。其中,$i=0\sim24$ 为每颗卫星的频率编号(其中 0 号卫星用作试验)。

由于 GLONASS 卫星根据载波频率区分不同卫星,占用的频率较多,受到国际无线电咨询委员会的置疑。由此,GLONASS 卫星在新一代发射的 GLONASS-K1 卫星上,增发了 L_3 频段的首个 CDMA 导航信号,这是 GLONASS 现代化的开始,此后 CDMA 信号的发射主要集中在 L_1、L_2 频段。作为 GLONASS-K1 卫星的改进,GLONASS-K2 卫星增加 3 个 CDMA 导航信号,GLONASS-KM 卫星将增加 L_5 载波,CDMA 信号达到 8 个。

3. GALILEO 卫星信号

GALILEO 卫星信号和 GPS 类似,采用 4 种位于 L 波段的多频来发射,其频率分别为 E5a:1 176.45 MHz;E5b:1 207.14 MHz;E6:1 278.75 MHz;E2-LI-El(简称 LI):1 575.42 MHz。

GALILEO 卫星采用扩频技术发射导航定位信号,发射的 6 种导航定位信号分别为 L1F(民用信号)、LIP(约束信号)、E6C(控制信号)、E6P(约束信号)、E5A(民众信号)、E5B(民众信号)。可见,GALILEO 信号分为公用信号和专用信号,其目的在于采用数据压缩技术进行某些分量的编码,提高导航卫星的多用性,缩短首次导航定位的时间。

4. 北斗卫星载波信号

北斗卫星发射的信号为 1 561.098 MHz 和 1 589.742 MHz,码速率为 2.046 cps,带宽为 4.092 MHz 的 B1(Ⅰ)和 B1-2(Ⅰ)公开服务信号;中心频点为 1 207.14 MHz,码速率为 2.046 cps,带宽为 24 MHz 的 B2(Ⅰ)信号;中心频点为 1 268.52 MHz 的授权信号 B3。信号复用方式为码分多址(CDMA)。

三、测距码

GNSS 测量中,采用了伪随机噪声码(Pseudo Random Noice,PRN)进行卫星到接收机距离的测量,伪随机码是一种貌似随机但实际上是有规律的周期二进制序列,具有良好的自相关性和特定的编码规则,并具有周期性、可复制性,便于测量。

(一) GPS 测距码

根据性质和用途的不同,GPS 卫星发射的测距码信号中包含了 C/A 和 P 码两种伪随机噪声码信号,各卫星所用的测距码互不相同。

1. C/A 码

C/A 码是用于初测码和捕获 GPS 卫星信号的伪随机码。它是由两个 10 级反馈移位寄存器相组合而产生的，其构成如图 2-22 所示。

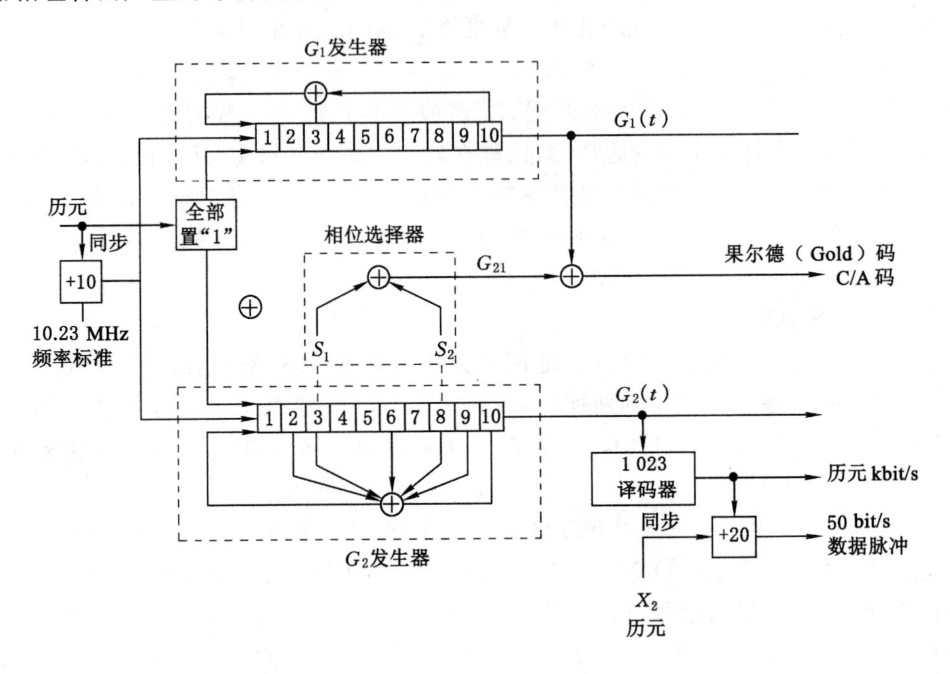

图 2-22　C/A 构成示意图

C/A 码的码长很短，易于捕获。在 GPS 定位中，为了捕获 C/A 码，以测定卫星信号传播的时延，通常需要对 C/A 码逐个进行搜索。因为 C/A 码总共只有 1 023 个码元，所以若以每秒 50 码元的速度搜索，只需要约 20.5 s 便可达到目的。由于 C/A 码易于捕获，而且通过捕获的 C/A 码所提供的信息，又可以方便地捕获 GPS 的 P 码。所以，通常 C/A 码也称为捕获码。C/A 码的码元宽度较大。假设两个序列的码元对齐误差为码元宽度的1/100，则这时相应的测距误差可达 2.9 m。由于其精度较低，所以 C/A 码也称为粗码。

2. P 码

P 码是卫星的精测码，码率为 10.23 MHz。GPS 卫星发射的 P 码，其产生的基本原理与 C/A 码相似，但其发生电路是由两组各两个 12 级反馈移位寄存器构成的，情况更为复杂，而且线路设计的细节目前也均是保密的。

通过精心设计，P 码的特征为码长 $N_u \approx 2.35 \times 10^{14}$ bit；码元宽为 $t_u \approx 0.097\ 752\ \mu s$；（相应距离为 29.3 m）；周期 $T_u = N_u t_u \approx 267$ 天；数码率＝10.23 Mbit/s。

P 码周期如此之长，以致约 267 天才重复一次。因此，实用上 P 码周期被分为 38 部分（每一部分周期为 7 天，码长约为 6.19×10^{12} bit），其中有 1 部分闲置，5 部分给地面监控使用，32 部分分配给不同的卫星。这样，每颗卫星所使用 P 码的不同部分，便都具有相同的码长和周期，但结构不同。

因为 P 码的码长约为 6.19×10^{12} bit，所以如果仍采用搜索 C/A 码的办法来捕获 P 码，即逐个码元依次进行搜索，当搜索的速度仍为每秒 50 码元时，那将是无法实现的（约需 1.4

$\times 10^6$ 天）。因此，一般都是先捕获 C/A 码，然后根据导航电文中给出的有关信息捕获 P 码的。另外，由于 P 码的码元宽度为 C/A 码的 1/10，这时若取码元的对齐精度仍为码元宽度的 1/100，则由此引起的相应距离误差约为 0.29 m，仅为 C/A 码的 1/10。所以 P 码可用于较精密的定位，故通常也称为精码。目前，由于美国政府对 P 码进行保密，不提供民用，因此一般的 GPS 用户实际上只能接收到 C/A 码。

（二）GLONASS 测距码

GLONASS 卫星信号与美国 GPS 系统不同，采用频分多址（FDMA）方式，根据载波频率来区分不同卫星[GPS 是码分多址（CDMA），所有 GPS 卫星的载波频率是相同的，根据调制码来区分卫星]，所有卫星发射相同的测距码。

GLONASS 测距码与 GPS 类似，包含 C/A 码和 P 码两种伪随机噪声码。

1. C/A 码

GLONASS 卫星的 C/A 码测距码仅长 511 个码元，周期为 1 ms，码率为 0.511 Mbit/s，一个码片长 586.7 m。由于 GLONASS 卫星的 C/A 码比 GPS 卫星的 C/A 码（1 023 bit）短一半，因此对 GLONASS 卫星的捕获能更快完成。

2. P 码

GLONASS 卫星的 P 码是一个截短伪随机序列。截短后，P 码长 1 s，含 5 110 000 个码片，码率为 5.11 Mbit/s，是 C/A 码码率的 10 倍。P 码没有加密，但俄罗斯官方并没有公布其可靠性，因此 P 码的使用含有潜在的风险。

（三）GALILEO 测距码

GALILEO 采用扩频技术发送信息，GALILEO 卫星信号由测距码和数据信息构成，使用较 GPS 信号更复杂的信号结构。

GALILEO 每颗卫星在每个频率上所播发的每个信号分量均调制了一个不同的测距码序列。与 GPS 信号上的测距码不同，GALILEO 信号上的测距码全部为阶梯码。该阶梯码由主码和副码两个伪码距构成，长度可以很长。信号强时，只对主码或副码进行搜索和捕获，必要时才对整个测距码进行搜索和捕获。

（四）BDS 测距码

北斗卫星导航系统公开服务信号为 B1 Ⅰ 信号测距码，码速率为 2.046 Mbit/s，码长为 2 046 码片。

四、GNSS 卫星导航电文

（一）导航电文及其格式

GNSS 卫星的导航电文（简称卫星电文）是用户用来定位和导航的数据基础。它主要包括卫星星历、时钟改正、电离层时延改正、卫星工作状态信息以及 C/A 码转换到捕获 P 码的信息。这些信息以二进制的形式，依规定格式组成，按帧向外播送。

每帧电文含有 1 500 bit，播送速度为每秒 50 bit。所以播送一帧电文的时间需要 30 s。每帧导航电文含有 5 个子帧（图 2-23），而每个子帧分别含有 10 个字，每个字 30 bit，故每一子帧共含有 300 bit，其持续播发时间为 6 s。为了记载多达 25 颗卫星的星历，子帧 4、5 各含有 25 页。子帧 1、2、3 与子帧 4、5 的每一页，均构成一个主帧。在每一主帧的帧与帧之间，1、2、3 子帧的内容每小时更新一次，而子帧 4、5 的内容仅在给卫星注入新的导航数据后才得以更新。

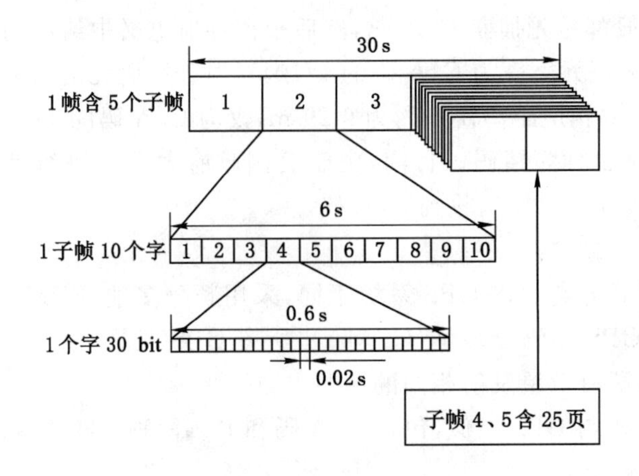

图 2-23 导航电文格式

（二）导航电文的内容

每帧导航电文中，各子帧的主要内容如图 2-24 所示。

图 2-24 一帧导航电文的内容

1. 遥测码

遥测码位于各子帧的开头，它用来表明卫星注入数据的状态。遥测码的 1～8 bit 是同步码，使用户便于解释导航电文；9～22 bit 为遥测电文，其中包括地面监控系统注入数据时的状态信息、诊断信息和其他信息；23、24 bit 是连接码；25～30 bit 为奇偶检验码，用于发现和纠正错误。

2. 转换码

转换码紧接着各子帧开头的遥测码，主要是向用户提供用于捕获 P 码的 Z 计数（图 2-25），是从每星期六/星期日子夜零时起算的时间计数，它表示下一子帧开始瞬间的 GPS 时。但为了实用方便，Z 计数一般表示为从每星期六/星期日子夜零时开始发播的子帧数。因为每一子帧播送延续的时间为 6 s，所以，下一子帧开始的瞬间即为 $6\times Z$。通过交接字，可以实时地了解观测瞬时在 P 码周期中所处的准确位置，以便迅速地捕获 P 码。

3. 数据块Ⅰ

数据块Ⅰ含有关于卫星钟改正参数及其数据龄期、星期的周数编号、电离层改正参数和

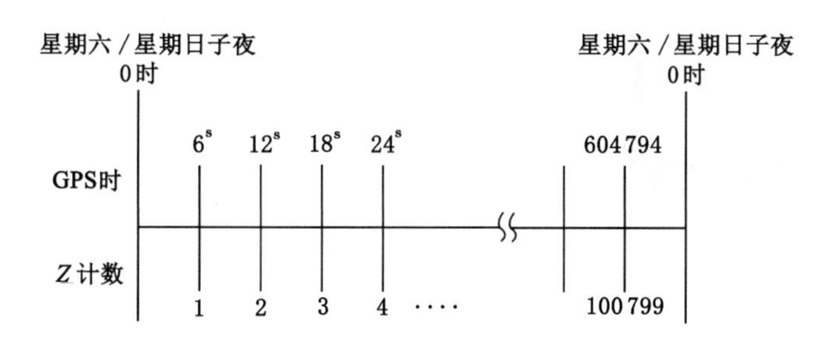

图 2-25 Z 计数

卫星工作状态等信息。现对其中的主要内容介绍如下：

(1) 卫星钟改正参数 a_0、a_1、a_2，分别表示该卫星的钟差、钟速及钟速的变化率。当已知这些参数后，便可按下式计算任意时刻 t 的钟差改正数 Δt：

$$\Delta t = a_0 + a_1(t - t_{0e}) + a_2(t - t_{0e})^2 \tag{2-54}$$

(2) 参考历元 t_{0e} 为数据块Ⅰ的基准时间，从 GPS 时每星期六/星期日子夜零时开始起算，变化于 0～604 800 s。

(3) 钟数据龄期 AODE，表示基准时间 t_{0e} 和最近一次更新星历数据的时间 t_L 之差，即：AODE$=t_{0e}-t_L$。由于随着时间的推移，所给出的卫星钟改正参数的精度将会随之下降，所以，钟数据龄期主要用于评价钟改正数的可信程度。

(4) 现时星期编号 WN，表示从 1980 年 1 月 6 日协调时零点起算的 GPS 时星期数。

4. 数据块Ⅱ

数据块Ⅱ包含在 2、3 两个子帧里，主要向用户提供有关计算卫星运行位置的信息。该数据块一般称为卫星星历，其包括的主要参数及符号见前文。数据块Ⅱ提供了用户利用 GPS 实时定位的基本数据。

5. 数据块Ⅲ

数据块Ⅲ包含在第 4、5 两个子帧中，主要向用户提供 GPS 卫星的概略星历及卫星工作状态的信息，所以称为卫星的历书。

当用户捕获到一颗卫星后，便可从其导航电文的数据块Ⅲ中知道其他所有卫星的概略位置、卫星钟的概略改正数及其工作状态等信息。这对于选择适宜的观测卫星，并构成最佳的几何图形，以提高定位的精度是非常重要的，同时也有助于缩短搜捕卫星信号的时间。

五、GPS 卫星信号的调制与解调

1. GPS 卫星信号的调制

前面已指出，GPS 卫星信号包含有三种信号分量，即载波、测距码和数据码。所有这些信号分量，都是在同一个基本频率 $f_0=10.23$ MHz 的控制下产生的(图 2-26)。

GPS 卫星取 L 波段的两种不同频率的电磁波为载波，即：

L_1 载波，其频率 $f_1=154\times f_0=1\ 575.42$ MHz，波长 $\lambda_1=19.03$ cm；

L_2 载波，其频率 $f_2=120\times f_0=1\ 227.60$ MHz，波长 $\lambda_2=24.42$ cm。

在载波 L_1 上，调制有 C/A 码、P 码(或 Y 码)和数据码，而在载波 L_2 上，只调制有 P 码(或 Y 码)和数据码。

在无线电通信技术中，为了有效地传播信息，一般均将频率较低的信号加载到频率较高

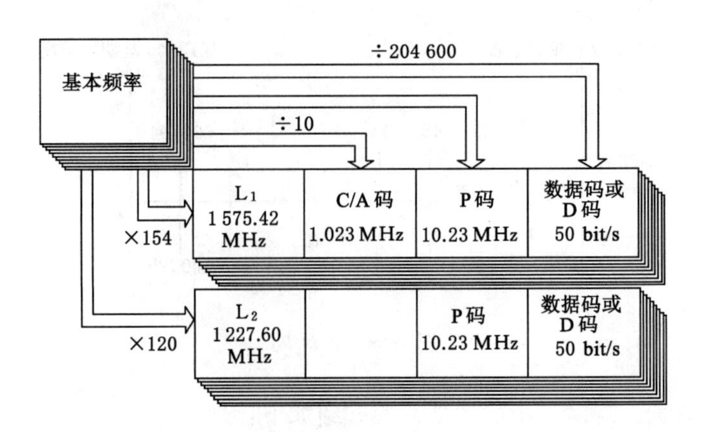

图 2-26　GPS 卫星信号示意图

的载波上，而这时频率较低的信号称为调制信号。

GPS 卫星的测距码和数据码，是采用调相技术调制到载波上的，且调制码的幅值只取 0 或 1。如果当码值取 0 时，对应的码状态取为+1，而码值取 1 时，对应的码状态为−1，那么载波和相应的码状态相乘后，便实现了载波的调制，也就是说，码信号被加到载波上去了。

这时，当载波与码状态+1 相乘时，其相位不变，而当与码状态−1 相乘时，其相位改变 180°。所以，当码值从 0 变为 1，或从 1 变为 0 时，都将使载波相位改变 180°。图 2-27 描绘了调制后载波相位的变化情况。

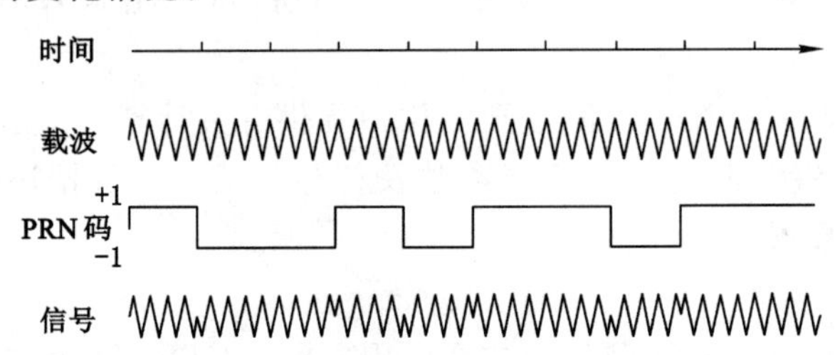

图 2-27　GPS 卫星载波信号的调制示意图

GPS 卫星信号如图 2-28 所示。由图中可以看出，卫星发射的所有信号分量，都是根据同一基本频率 f_0(图中 A 点)产生的，其中包括载波 L_1(B 点)、L_2(C 点)，调制在载波上的调相信号 C/A 码(D 点)，P 码(F 点)和数据码(G 点)。经卫星发射天线(H 点)发射的信号分量包括：C/A 码信号(J 点)、L_1-P 码信号(K 点)和 L_2-P 码信号(L 点)。

2. GPS 卫星信号的解调

GPS 用户在进行 GPS 卫星导航定位时，接收到的卫星信号是经过调制后的信号。为了从信号中提取测距码、导航电文等信息，或者在进行载波相位测量时，需要恢复调制前的载波，就必须对 GPS 信号进行解调。当用户接收到卫星发播的信号后，可通过以下两种解调技术来恢复载波相位。

(1) 复制码与卫星信号相乘(码相关法)

由于调制码的码值是用±1 的码状态来表示的，当把接收的卫星码信号与用户接收机产生的复制码(结构与卫星测距码信号完全相同的测距码)，在两码同步的条件下相乘，即可

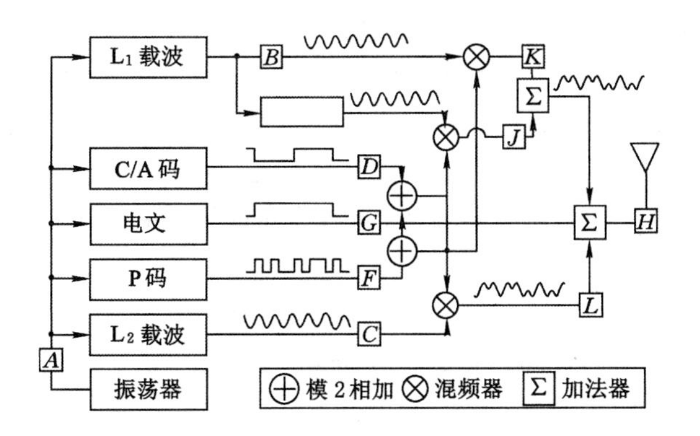

图 2-28 GPS 卫星信号示意图

去掉卫星信号中的测距码而恢复原来的载波，但此时恢复的载波尚含有数据码（即导航电文）。这种解调技术的条件是必须掌握测距码的结构，以便产生复制码。

(2) 平方解调技术

将接收到的卫星信号进行平方，由于处于±1 状态的调制码经过平方后均为+1，而+1 对载波相位不产生影响，故卫星信号平方后，可达到解调目的。采用这种方法，可不必知道调制码的结构，但平方解调后，不仅去掉了卫星信号中的测距码，而且也同时去掉了导航电文。

职业技能训练

【技能训练 2-1】 GNSS 卫星星历文件的获取。

1. 训练目的

(1) 了解各卫星星历的文件类型。

(2) 了解卫星星历数据文件内容，理解它与 GNSS 卫星运动的关系。

2. 训练内容

(1) 选用学校实训室的 GNSS 测量接收机进行至少 30 min 的静态观测。

(2) 从观测的 GNSS 测量接收机导出观测数据，并采用 GNSS 数据处理软件将数据文件格式转换为 RINEX 标准数据格式，获取导航定位卫星广播星历 P 文件。

(3) 认识广播星历 P 文件数据内容，了解它与卫星运动及其轨道的关系。

(4) 从网上免费下载事后 IGS 精密星历，并认识其数据格式、命名规则、数据内容等。下载地址为：http://igscb.jpl.nasa.gov/components/prods.html。

3. 所需仪器

GNSS 测量接收机一台（套）、能够上网的计算机一台。

4. 上交实训成果

广播星历文件、IGS 精密星历文件、实训总结。

项目小结

GNSS 卫星导航定位基础理论对于 GNSS 卫星导航定位系统具有重要的现实意义。本项目从分析 GNSS 卫星导航定位基本原理、基本过程入手，主要介绍 GNSS 测量涉及的坐标系统类型及其转换原理，GNSS 测量涉及的时间系统及其关系、高程系统及其转换原理，GNSS 卫星运动状态、轨道、星历及其相互关系，GNSS 卫星信号内容、传输与接收等具体内容。通过本项目的学习，我们要理解 GNSS 卫星导航定位基础理论知识的重要现实意义，以及它们在 GNSS 测量系统中的重要应用，为后续知识技能的学习打下坚实的基础。

练习与思考题

1. 简述 GNSS 测量涉及哪些坐标系统类型和哪些高程系统类型。
2. 简述坐标转换、高程转换的步骤。
3. 简述协议天球坐标系到协议地球坐标系的转换过程及步骤。
4. 简述世界时、协调世界时、原子时及 GPS 时之间的关系。
5. 简述大地高、正常高、正高三种高程系统的区别与联系。
6. 简述 GNSS 卫星运动的各种作用力有哪些及其对卫星运动的影响。
7. 简述开普勒卫星轨道有哪些基本轨道参数。
8. 简述 GNSS 卫星信号内容及其传输接收过程。

项目三　GNSS 定位的基本原理

项目概述

GNSS 的观测量是用户利用 GNSS 进行导航和定位的重要依据之一。本项目将在前两个项目的预备知识基础上，介绍利用 GNSS 进行定位的基本方法和观测量的类型，并着重阐述与测码伪距和载波相位观测量相应的观测方程及其线性化形式，最后介绍载波相位观测值的线性组合及几种定位方法的定位原理，为最后分析 GNSS 测量的误差来源打基础。

学习目标

1. 掌握 GNSS 定位的基本原理。
2. 了解 GNSS 定位的分类原则与方法。
3. 掌握测码伪距测量和载波相位测量。
4. 了解整周模糊度和周跳现象。
5. 掌握 GNSS 绝对定位的原理。
6. 掌握 GNSS 相对定位的原理。
7. 了解差分定位的基本原理与分类。
8. 掌握载波相位双差观测基本方程。
9. 了解 GNSS 测量的误差来源与分类。
10. 掌握多路径效应的内容与预防措施。

任务一　GNSS 定位原理与方法

一、GNSS 定位原理

测量学中有测距交会定点的方法，GNSS 定位原理与其相似，也是利用测距交会的方法确定点位。

GNSS 卫星发射测距信号和导航电文，导航电文中包含卫星的位置信息。用户用 GNSS 接收机在某时刻同时接收三颗以上的卫星信号，测出测站点与卫星之间的距离并解算出该时刻卫星的空间坐标，由此通过距离交会的方法解算出测站点位的坐标。如图 3-1 所示，设在时刻 t_i 在测站点 P 用 GNSS 接收机同时测得 P 点到三颗卫星 S_1、S_2、S_3 的距离 l_1、l_2、l_3，通过 GNSS 电文解译出该时刻卫星的三维坐标(X_i，Y_i，Z_i)，$i=1,2,3$。采用距离交会的方法求出 P 点的三维坐标(X_P，Y_P，Z_P)的观测方程为：

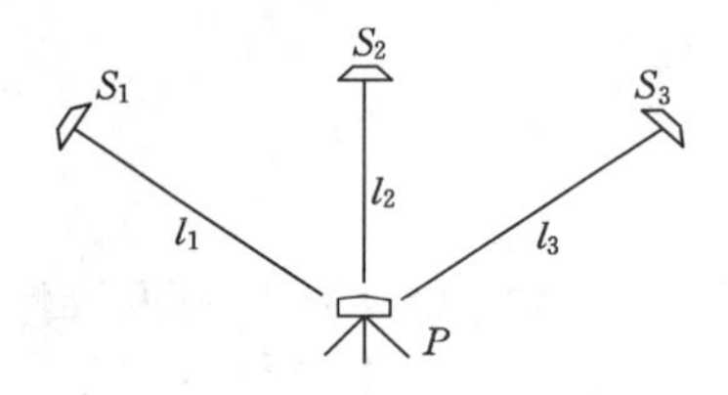

图 3-1　GNSS 卫星定位原理

$$\begin{cases} l_1^2 = (X_P - X_1)^2 + (Y_P - Y_1)^2 + (Z_P - Z_1)^2 \\ l_2^2 = (X_P - X_2)^2 + (Y_P - Y_2)^2 + (Z_P - Z_2)^2 \\ l_3^2 = (X_P - X_3)^2 + (Y_P - Y_3)^2 + (Z_P - Z_3)^2 \end{cases} \tag{3-1}$$

在 GNSS 定位过程中，卫星是高速运转状态，其坐标值也是随时发生变化的，因此为实时获取由卫星信号测量出测站点至卫星的距离，就需时刻由卫星的导航电文解算出卫星的坐标值，并进行测站点位的确定。

二、GNSS 定位方法分类

1. 按测距原理分类

依据测距原理，其定位方法可分为伪距法定位、载波相位测量定位、差分定位等。为了减弱卫星轨道误差、卫星钟差、接收机钟差以及电离层和对流层折射误差的影响，常采用载波相位观测的各种线性组合（差分值）作为观测值，获取两点之间高精度 GNSS 基线向量（坐标差）。

2. 按接收机天线状态分类

GNSS 定位方法按照接收机天线在测量过程中的状态来分，可分为静态测量和动态测量；若按定位结果来分，可分为绝对定位和相对定位。在静态测量中，GNSS 接收机天线位置相对周围地面点处于静态；在动态测量中，定位过程时 GNSS 接收机天线处于运动状态，其定位结果是连续变化的。绝对定位是利用 GNSS 独立确定接收机天线在 WGS-84 坐标系统的绝对位置；而相对定位则是确定接收机天线与参考点在该坐标系统中的相对位置。各种方法之间可以进行组合，如静态绝对定位、静态相对定位、动态绝对定位、动态相对定位等。就目前而言，应用于工程测量领域的方法主要为静态相对定位和动态相对定位。

3. 按解算实时性分类

按照相对定位数据解算过程是否具有实时性来分，可分为后处理定位和实时动态定位（RTK）两种方式，后处理定位又可以分为静态（相对）定位和动态（相对）定位。

任务二　GNSS 定位的基本观测量

利用 GNSS 定位，无论取何种方法都是通过观测 GNSS 卫星而获得的某种观测量来实现的。GNSS 卫星信号中含有多种定位信息，根据不同的要求可以从中获得不同的观测量，目前广泛采用的基本观测量主要有两种，即码相位观测量和载波相位观测量。载波相位观测过程中还需要解决整周模糊度的问题。如果卫星信号被阻挡或受到干扰，接收机对卫星的跟踪便可能中断，因此还需解决周跳的问题。

一、测码伪距测量

由于全球定位系统采用了单程测距原理，所以要准确地测定卫星至观测站的距离，就必须使卫星钟与用户接收机钟保持严格同步，但在实践中这是难以实现的。因此，实际上通过上述码相位观测和载波相位观测所确定的卫星至观测站的距离，都不可避免地含有卫星钟和接收机钟非同步误差的影响。为了与上述的几何距离相区别，这种含有钟差影响的距离通常均称为“伪距”，并把它视为 GNSS 测量的基本观测量。

伪距法定位是由 GNSS 接收机在某一时刻测出得到四颗以上卫星的伪距以及一致的卫星位置，采用距离交会的方法确定接收机天线所在点的三维坐标。由于存在卫星钟、接收机钟的误差，以及无线电信号经过电离层和对流层的延迟过程，实际测量出的距离 ρ' 与接收机的几何距离 ρ 有一定的差值，因此一般称量测出的距离为伪距。所测的伪距是由卫星发射的测距码信号到达 GNSS 接收机的传播时间乘以光速所得的量测距离。卫星发射出的测距码是按照某一规律排列的，在一个周期内每个码对应某一特定的时间。可以说识别出每个码的形状特征，用每个码的某一标志即可推算出时延值，再进行伪距测量。但是在实际过程中每个码产生时都带有随机误差，且信号经过长距离传送后也会产生变形，所以根据码的某一标志来推算时延值会产生较大的误差。虽然伪距定位一次性定位的精度不够高，但是其定位速度快且无多值性问题等优点，仍是定位系统进行导航的最基本方法。同时，所测的伪距可以作为载波相位测量中解决载波数不确定问题的辅助数据，因此，有必要了解伪距测量以及伪距定位的基本原理与方法。

为了叙述的方便，我们将由码相位观测所确定的伪距简称为测码伪距，而由载波相位观测确定的伪距简称为测相伪距。所谓码相位观测，即测量 GNSS 卫星发射的测距码信号(C/A 码或 P 码)到达用户接收机天线(观测站)的传播时间，因此这种观测方法也称为时间延迟测量。

在卫星钟与接收机钟完全同步并且忽略大气折射影响的情况下，所得到的时间延迟乘以光速便为所测卫星的信号发射天线至用户接收机天线之间的几何距离，通常简称为所测卫星至观测站之间的几何距离。

伪距测量和码相位测量是以测距码为量测信号的。量测精度是一个码元长度的百分之一。对 C/A 码来说，由于其码元宽度约为 293 m，所以其观测精度约为 2.9 m；而 P 码的码元宽度为 29.3 m，所以其观测精度约为 0.3 m，比 C/A 码的观测精度约高 10 倍。

时间延迟实际为信号的接收时刻与发射时刻之差，即使不考虑大气折射延迟，为得出卫星至测站间的正确距离，要求接收机钟与卫星钟严格同步，且保持频标稳定。实际上，这是难以做到的，在任一时刻，无论是接收机钟还是卫星钟，相对于 GNSS 时间系统下的标准时(以下简称 GNSS 标准时)都存在着 GNSS 钟差，即钟面时与 GNSS 标准时之差。卫星根据自己的时钟发出的某一结构的测距码，该测距码经过一段时间 T 传播到接收机。接收机在自己的时钟控制下产生一组结构完全一致的测距码，并通过时延器使其延迟时间 t' 将这两组测距码进行相关处理，若自相关系数 $R(t')\neq 1$，则继续调整延迟时间直至自相关系数 $R(t')=1$ 为止。使接收机的复制码与卫星测距码完全对齐，那么其延迟时间 t' 即为卫星信号从卫星传播到接收机所用的时间 t。这样可以最大限度地消除各种随机误差引起的影响，以达到提高精度的目的。

设接收机 p_1 在某一历元接收到卫星信号的钟面时为 t_{p_1}，与此相应的标准时为 T_{p_1}，则接收机钟钟差为：

$$\delta t_{p_1}=t_{p_1}-T_{p_1} \tag{3-2}$$

若该历元第 i 颗卫星信号发射的钟面时为 t^i，相应的 GNSS 标准时为 T^i，则卫星钟钟差为：

$$\delta t^i=t^i-T^i \tag{3-3}$$

若忽略大气折射的影响，并将卫星信号的发射时刻和接收时刻均化算到 GNSS 标准时，则在该历元卫星 i 到测站 p_1 的几何传播距离可表示为：

$$\rho_{p_1}^i=c(T_{p_1}-T^i)=c\tau_{p_1}^i \tag{3-4}$$

上式中的 τ 为相应的时间延迟。顾及对流层和电离层引起的附加信号延迟 $\Delta\tau_{\text{trop}}$ 和 $\Delta\tau_{\text{ion}}$，则正确的卫地距为：

$$\rho_{p_1}^i=c(\tau_{p_1}^i-\Delta\tau_{\text{trop}}-\Delta\tau_{\text{ion}}) \tag{3-5}$$

由以上各式可得：

$$\rho_{p_1}^i=c(t_{p_1}-t^i)-c(\delta t_{p_1}-\delta t^i)-\delta\rho_{\text{trop}}-\delta\rho_{\text{ion}} \tag{3-6}$$

式(3-6)中，左端的卫地距中含有测站 p_1 的位置信息，右端的第一项实际上为伪距观测值，因此可将伪距观测值表示为：

$$\tilde{\rho}_{p_1}^i=\rho_{p_1}^i+c\delta t_{p_1}-c\delta t^i+\delta\rho_{\text{trop}}+\delta\rho_{\text{ion}} \tag{3-7}$$

式(3-7)中，$\delta\rho_{\text{trop}}$ 和 $\delta\rho_{\text{ion}}$ 分别为对流层和电离层的折射改正。设测站 p_1 的近似坐标为 $(X_{p_1}^0,Y_{p_1}^0,Z_{p_1}^0)$，其改正数为 $(\delta X_{p_1},\delta Y_{p_1},\delta Z_{p_1})$，利用近似坐标将式(3-7)线性化可得伪距观测方程：

$$\frac{X_{p_1}^0-X^i}{\rho_{p_1,0}^i}\delta X_{p_1}+\frac{Y_{p_1}^0-Y^i}{\rho_{p_1,0}^i}\delta Y_{p_1}+\frac{Z_{p_1}^0-Z^i}{\rho_{p_1,0}^i}\delta Z_{p_1}\delta Z_{p_1}-c\delta t_{p_1}-\rho_{p_1,0}^i+$$

$$(\tilde{\rho}_{p_1}^i+c\delta t^i-\delta\rho_{\text{trop}}-\delta\rho_{\text{ion}}+h_{p_1}\cdot\sin\theta_{p_1}^i)=0 \tag{3-8}$$

式(3-8)中，(X^i,Y^i,Z^i) 为卫星 i 的瞬时坐标，而

$$\rho_{p_1,0}^i=\sqrt{(X^i+X_{p_1}^0)^2+(Y^i-Y_{p_1}^0)^2+(Z^i-Z_{P_1}^0)^2} \tag{3-9}$$

为由测站近似坐标和卫星坐标计算得到的伪距 ρ；h 为天线高；θ 为测站 p_1 到卫星 i 的高度角，$h_{p_1}\cdot\sin\theta_{p_1}^i$ 为将卫星到天线相位中心的距离改正到至测站标石中心距离的改正项。

二、载波相位测量

载波相位测量的观测量是 GNSS 接收机接收到的、具有多普勒频移的载波信号，与接收机产生的参考载波信号之间的相位差。载波的波长远小于码的波长，在分辨率相同(1%)的情况下，载波相位的观测精度远较码相位的观测精度要高。对于 L_1 和 L_2 载波，其波长分别为 0.19 m 和 0.24 m，则相应的观测精度为 1.9 mm 和 2.4 mm。

图 3-2 为载波相位测量观测的原理图，以 GNSS 标准时为准，以 $\varphi'(T^i)$ 表示测站 p_1 的接收机在接收机钟面时刻 T^i 所接收到的 i 卫星载波信号的相位值 $\varphi_{p_1}(T_{p_1})$ 表示接收机在钟面时刻 T_{p_1} 时所产生的本次参考载波信号相位值，则 p_1 接收机在接收机钟面时刻 T_{p_1} 时观测卫星取得的相位观测量为：

$$\Phi_{p_1}^i(T)=\varphi_{p_1}(T_{p_1})-\varphi^i(T^i) \tag{3-10}$$

通常的相位或相位差测量只是测量出一周以内的相位值，实际测量过程中，如果对整周进行计数，则自某一初始取样时刻以后就可以取得连续的相位测量值。

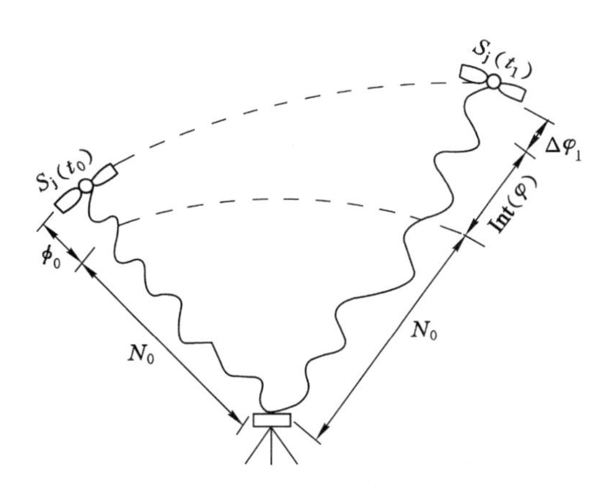

图 3-2　载波相位测量原理

对于一个稳定性良好的振荡器来说，相位与频率之间的关系为：

$$\varphi(t+\Delta t)=\varphi(t)+f\cdot\Delta t \tag{3-11}$$

式中，f 为信号频率；Δt 为某一微小时间间隔。

则有：

$$\varphi_{p_1}(T_{p_1})=\varphi^i(T^i)+f(T_{p_1}-T^i) \tag{3-12}$$

于是由式(3-10)可得：

$$\Phi^i_{p_1}(T)=\varphi_{p_1}(T_{p_1})-\varphi^i(T^i)=f(T_{p_1}-T^i)=f\cdot\tau^i_{p_1} \tag{3-13}$$

式中，τ 为在卫星钟和接收机钟同步的情况下卫星信号的传播时间。

由于卫星信号的发射历元是未知的，因此需要根据已知的观测历元 t_{p_1}（顾及对流层和电离层延迟改正）按下式计算信号的传播时间：

$$\tau^i_{p_1}=\frac{1}{c}\rho^i_{p_1}\left(1-\frac{1}{c}\dot{\rho}^i_{p_1}\right)-\frac{1}{c}\dot{\rho}^i_{p_1}\delta t_{p_1}+\frac{1}{c}(\delta_{\text{trop}}+\delta_{\text{ion}}) \tag{3-14}$$

式中，ρ 为卫星与测站间的几何距离。

由于卫星钟和接收机钟都不可避免地含有钟差的影响，在处理多测站、多历元对不同卫星的同步观测结果时，必须统一时间标准。由相位差的定义可得卫星在历元 t^i 发射的载波信号相位 $\varphi^i(t^i)$ 与测站 p_1 的在接收历元 t_{p_1} 的参考载波信号相位 $\Phi^i_{p_1}(t_{p_1})$ 之间的相位差为：

$$\Phi^i_{p_1}(t_{p_1})=\Phi^i_{p_1}(T)+f(\delta t_{p_1}-\delta t^i) \tag{3-15}$$

考虑到式(3-13)则有：

$$\Phi^i_{p_1}(t_{p_1})=f\cdot\tau^i_{p_1}+f(\delta t_{p_1}-\delta t^i) \tag{3-16}$$

将式(3-14)代入式(3-16)得以观测历元为基础的载波相位差为：

$$\Phi^i_{p_1}(t_{p_1})=\frac{f}{c}\rho^i_{p_1}\left(1-\frac{1}{c}\dot{\rho}^i_{p_1}\right)\delta t_{p_1}-f\delta t^i+\frac{f}{c}(\delta_{\text{trop}}+\delta_{\text{ion}}) \tag{3-17}$$

因为通过测量接收机振荡器所产生的参考载波信号与接收到的卫星载波信号之间的相位差，只能测定其不足一整周的小数部分。若假设 $\delta\varphi^i_{p_1}(t_0)$、$N^i_{p_1}(t_0)$ 为起始历元 t_0 时相位差的小数部分及整周数，则起始历元 t_0 时的总相位差为：

$$\Phi^i_{p_1}(t_0)=\delta\varphi^i_{p_1}(t_0)+N^i_{p_1}(t_0) \tag{3-18}$$

当卫星于历元 t_0 被锁定以后，载波相位变化的整周数便被自动计数，所以对其后任一历元 t_{p_1} 的总相位差为：

$$\Phi_{p_1}^i(t_{p_1})=\delta\varphi_{p_1}^i(t_{p_1})+N_{p_1}^i(t_{p_1}-t_0)+N_{p_1}^i(t_0) \tag{3-19}$$

式(3-19)右端的第二项由接收机自动连续计数确定，为已知量。

若记：

$$\varphi_{p_1}^i(t_{p_1})=\delta\varphi_{p_1}^i(t_{p_1})+N_{p_1}^i(t_{p_1}-t_0) \tag{3-20}$$

则式(3-19)可改写成：

$$\varphi_{p_1}^i(t_{p_1})=\Phi_{p_1}^i(t_{p_1})-N_{p_1}^i(t_0) \tag{3-21}$$

$\varphi_{p_1}^i(t_{p_1})$实际上是在观测历元 t_{p_1} 接收机 p_1 对卫星的载波相位观测值。将式(3-17)代入式(3-21)即得载波相位的观测方程为：

$$\varphi_{p_1}^i(t_{p_1})=\frac{f}{c}\rho_{p_1}^i\left(1-\frac{1}{c}\dot{\rho}_{p_1}^i\right)+f\left(1-\frac{1}{c}\dot{\rho}_{p_1}^i\right)\delta t_{p_1}-f\delta t^i-N_{p_1}^i(t_0)+\frac{f}{c}(\delta_{\text{trop}}+\delta_{\text{ion}}) \tag{3-22}$$

式中，$N_{p_1}^i(t_0)$为整周未知数或整周模糊度。

因此，对于 GNSS 载波频率而言，一个整周的误差将引起 19 cm(L_1 载波)至 24 cm(L_2 载波)的误差。

三、整周模糊度的确定

载波相位观测的主要问题是，它无法直接测定卫星载波信号在传播路线上相位变化的整周数，因而存在整周不定性问题。同样，在卫星钟与接收机钟严格同步并忽略大气折射影响的情况下，如果载波的整周数已确定，则上述载波相位差乘以相应的载波波长，也可确定观测站至所测卫星之间的几何距离。常用的方法有下列几种：

(一) 伪距法

伪距法是在进行载波相位测量的同时又进行伪距测量，将伪距观测值减去实际的载波相位观测量(化为以距离为单位)，即可得到 $\lambda\cdot N_0$(λ 为波段数，N_0 为整周模糊度值)。但是由于伪距测量的精度较低，所以要有较多的 $\lambda\cdot N_0$ 取均值后方可获得正确的整波段数。

(二) 整周作为平差待定参数

把整周模糊度值作为平差计算中的待定参数，在评估和确定的过程中有以下两种方法。

1. 整数解

整周模糊度从理论上讲是一个整数，利用这一特点能够提高求解精度。短基线定位一般采用这种方法。具体操作步骤为：首先根据卫星位置和修正整周模糊度后的相位观测值进行平差，求得基线向量和整周未知数。由于各项误差的影响，使得解求的整周模糊度往往不是一个整数，我们把该解称为实数解。然后再将其固定为整数(四舍五入原则)，并重新参与平差运算。在计算整周模糊度采用整周值并视为已知量，以求得基线向量的最终数值。

2. 实数解

当基线向量较长时，误差的相关性将有所降低，许多误差在消除过程中不够完善。所以无论是基线向量还是整周模糊度，均无法准确估计。此时若再以整周模糊度固定为某一整数往往不会得出最优解，也无实际意义，所以通常将实数解作为最后解。采用该方法解算整周模糊度时，为了正确求得这些参数，往往需要观测一小时甚至更长的时间，影响了作业效率，所以本方法只有在高精度定位领域中才得以应用。

（三）多普勒法（三差法）

由于在连续跟踪的载波相位观测值中均包含了相同的整周模糊度值，所以将相邻两个观测历元的载波相位相减，即可消去该未知参数，从而直接解出坐标参数，我们把该方法称为多普勒法，又称为三差法。但是两个观测历元之间的载波相位观测值的差值往往受到此期间接收机钟及卫星钟的随机误差的影响，所以精度不是很高，因此常用于解算未知参数的初始值。该方法可以消除许多误差，所以在实际应用中相对较为广泛。

（四）快速确定整周模糊度法

该方法于20世纪90年代提出，是在进行短基线定位时，利用双频接收机，观测一分钟便能够成功地确定整周模糊度。这种方法的基本思想是：利用初始平差的解向量（接收机点的坐标和整周模糊度的实数解），并获取其精度信息；以数理统计理论的参数估计和统计假设检验为数学基础，确定在某一置信区间的整周模糊度可能的整数解组合；然后再依次将整周模糊度的每个组合作为已知数，重复进行平差运算。其中使估值的验后方差或方差和为最小的一组整周模糊度，即作为整周模糊度值的最佳估值。

实践表明，在基线长度小于15 km时，根据几分钟的双频观测成果，便可快速确定整周模糊度的最佳估值，使相对定位的精度达到厘米级，这一方法简单快捷，在快速静态定位中得到了广泛应用。

四、周跳的探测与修复

在接收机跟踪GNSS卫星进行观测的过程中，常常由于多种原因，如接收机天线被阻挡、外界噪声信号的干扰等，还可能产生整周变跳现象。虽然这些有关载波相位整周的不确定性问题通常可以通过数据的事后处理来解决，但是，这样一来将使数据处理变得复杂。

在观测过程中，如果卫星信号被阻挡或受到干扰，则接收机对卫星的跟踪便可能中断（失锁），而当卫星被重新锁定后，载波相位的小数部分是连续正确的，而这时整周数却不正确，这种现象称为周跳。如图3-3所示，在时间t段发生了整周跳变的现象，图形发生了突变。因此如何准确地确定整周模糊度及对周跳进行探测和修复，便成为利用载波相位观测值进行精密定位的关键问题。

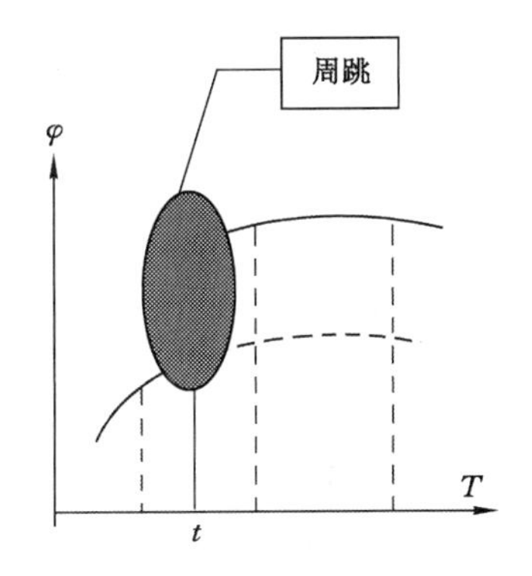

图3-3 整周变跳图

整周跳变的探测与修复时指探测出在何时发生了周跳并求出丢失的整周数，对中断后的整周记数进行改正，并将其恢复为正确的记数，使该部分的观测值仍可进行使用。如果是因为电源故障或是振荡器本身的故障使信号短暂中断，那么该中断前后的信号失去了连续性。恢复正常工作后的观测值中不但整周记数不正确，不足整周的部分也是不正确的。这时，再修复周跳都是毫无意义的，而必须将资料分为两个时段，各设一个整周未知数单独进行处理。如果是因为其他原因，如卫星信号被树木遮挡、外界干扰等造成的暂时性失锁，而不足一周的相位差部分仍是正确的，此时的探测与修复才具有意义。目前，周跳的探测与修复常用以下几种方法。

（一）屏幕扫描法

该方法是由作业人员在计算机屏幕前依次对每个站、每个时段、每个卫星的相位观测值变化率的图像进行逐段检查，观察其变化率是否连续。图 3-4(a)所示的变化率是连续的，说明未发生突变。图 3-4(b)所示出现了不规则的突变，此时说明在相应的相位观测中出现了周跳现象，可以用手工编辑的方法逐点逐段的进行修复。

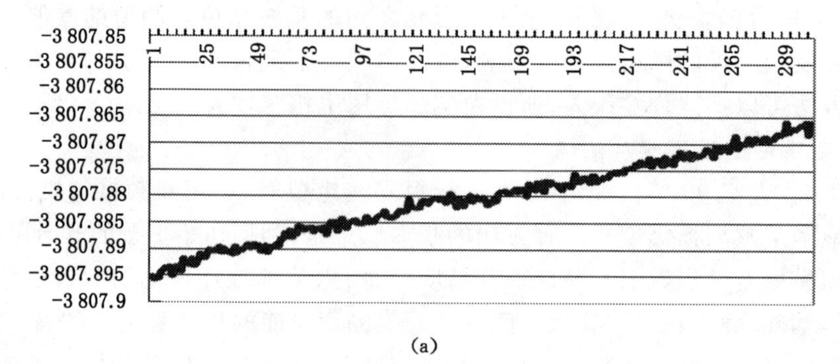

(a)

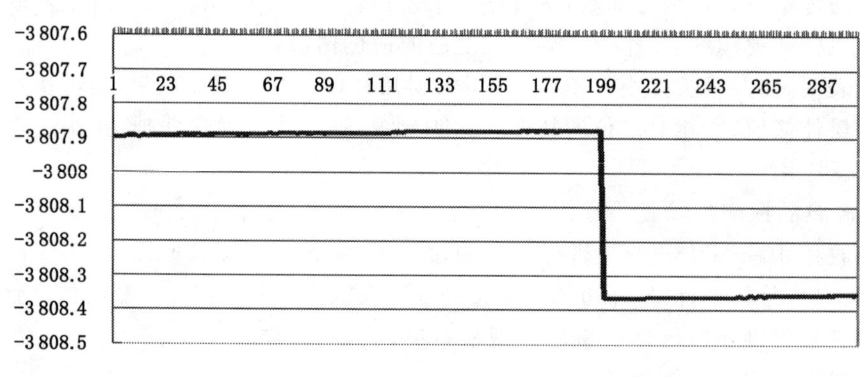

(b)

图 3-4　屏幕扫描法检查周跳

(a) 无周跳；(b) 有周跳

（二）高次差或多项式拟合

该方法是根据有周跳现象的发生会破坏载波相位测量的观测值随时间而有规律变化的特性来探测的。卫星的径向速度最大可达 0.9 km/s，因而整周记数每秒可变化数千周。因此若每 15 s 输出一个观测值的话，相邻观测值间的差值可达数万周，那么对于几十周的跳变来说不易发现。但是如果在相邻的两个观测值间依次求差而求得观测值的一次差的话，这些一次差的变化就要小得多。在一次差的基础上再求二次差、三次差、四次差、五次差时，其变化就小更多了，此时便能发现有周跳现象的时段。由于四次差或五次差一般多呈偶然误差特性，无法再用函数来加以拟合，所以用多项式拟合时通常也只需取至 4～5 阶即可。观测值可以是真正的(非差)相位观测值，也可以是经线性组合后的虚拟观测值——单差观测值和双差观测值。

一般情况下，由于振荡器的随机误差给相邻的 L_1 载波相位造成的影响为 2.4 周，因此用求差的方法一般难以探测出只有几周的小周跳数，通常采用曲线拟合的方法进行解算，根据几个相位测量观测值来拟合一个 n 阶多项式，根据此多项式来预估下一个观测值，并与实际观测值进行比较，得出周跳并修正周跳记数。在实际应用中，常利用高次插值公式，可以外推该历元的正确整周记数，也可以根据相邻的几个正确的相位观测值，用多项式拟合法推求整周记数的正确值。

（三）卫星间求差法

在 GNSS 测量中，每个瞬间都要对多颗卫星进行观测，因而在每颗卫星的载波相位测量观测值中，所受到的接收机振荡器的随机误差的影响是相同的。在卫星间求差后即可消除此项误差的影响。

（四）电离层残差法

对于双频 GNSS 接收机，有两个载波频率，用双频观测值探测和修复周跳的方法，其双频载波相位观测值的差值中，只取决于电离层残差影响，无须预先知道测站和卫星的坐标。但是该方法不能顾及多路径效应和测量噪声的影响，若两个载波相位都发生周跳时，不能采用该方法。

（五）根据平差后的残差发现和修复周跳

经过上述几种处理方法后，观测值中还是有可能存在一些未被发现的小周跳。修复后的观测值中也有可能引入 1～2 个周跳的偏差，用这些观测值来进行平差计算，求得各观测值的残差。由于载波相位测量的精度比较高，所以残差的数值一般比较小，有周跳的观测值上则会出现很大的残差，据此可以发现和修复周跳，图 3-5 即为载波相位双差观测值的残差图。

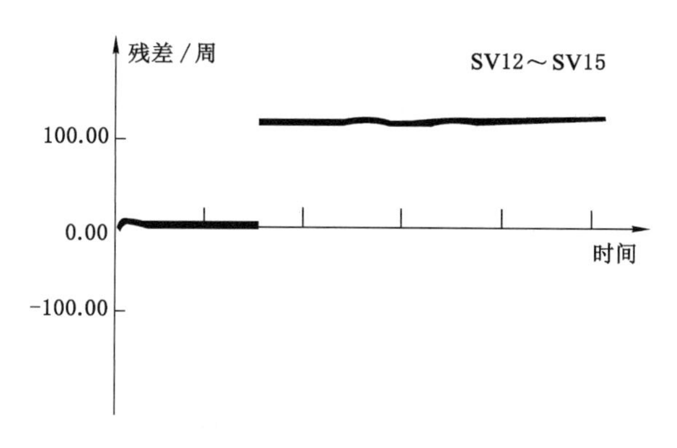

图 3-5　载波相位双差观测值的残差图

任务三　GNSS 绝对定位

绝对定位也叫单点定位，通常是指在协议地球坐标系中，直接确定观测站相对于坐标系原点（地球质心）绝对坐标的一种定位方法。“绝对”一词主要是为了区别以后将要介绍的相对定位方法。绝对定位与相对定位在观测方式、数据处理、定位精度以及应用范围等方面均有原则性区别。

GNSS 绝对定位方法的实质是空间距离后方交会。为此，在一个观测站上，原则上有三个独立的距离观测量便够了，这时观测站应位于以三颗卫星为球心，相应距离为半径的球与地面交线的交点。绝对定位的优点有：一台接收机即可独立定位，观测简单，但定位精度较差；在船舶、飞机的导航，地质矿产勘探，暗礁定位，建立浮标，海洋捕鱼及低精度测量领域应用广泛。

一、静态绝对定位

由于 GNSS 采用了单程测距原理，同时卫星钟与用户接收机钟难以保持严格同步，所以实际观测的测站至卫星之间的距离，均含有卫星钟与接收机钟同步差的影响（习惯上称之为伪距）。

在接收机天线处于静止状态的情况下，用以确定观测站绝对坐标的方法称为静态绝对定位。这时由于可以连续地测定卫星至观测站的伪距，所以可获得充分的多余观测量，以便在以后通过数据处理提高定位的精度。静态绝对定位主要用于大地测量，以精确测定观测站在协议地球坐标系中的绝对坐标。

绝对定位以卫星与观测站之间的距离观测量为基础，根据已知的卫星瞬时坐标，来确定观测站的位置，如图 3-6 所示。由于卫星钟与接收机钟难以保持严格同步，所测站星距离均包含了卫星钟与接收机钟不同步的影响，称为伪距。卫星钟差可以导航电文中给出的钟差参数加以修正，而接收机钟差通常难以准确确定。一般将接收机钟差作为未知参数，与观测站的坐标一并求解。因此进行绝对定位时，在一个观测站至少需要同步观测四颗卫星才能求出观测站三维坐标与接收机钟差四个未知参数。

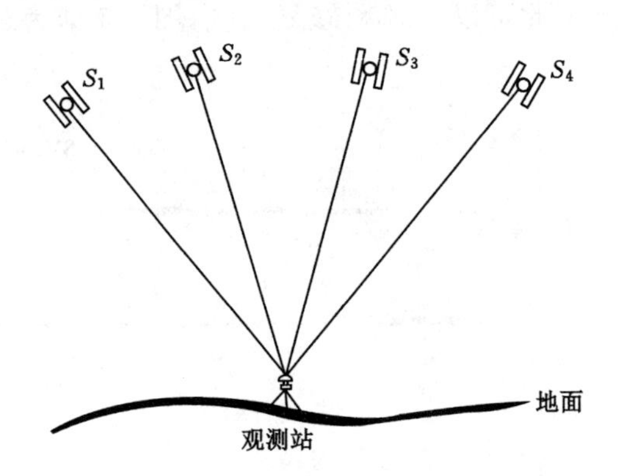

图 3-6　GNSS 绝对定位示意图

测码伪距观测方程可表示为：

$$\rho=\sqrt{(x_i-x)^2+(y_i-y)^2+(z_i-z)^2}+c(V_{t_i}-V_{t_0}) \tag{3-23}$$

式中，x、y、z 为待测点坐标的空间直角坐标；x_i、y_i、z_i（$i=1,2,3,4$）为四颗卫星在 t 时刻的空间直角坐标，由卫星导航电文求得；V_{t_i}（$i=1,2,3,4$）为四颗卫星的卫星钟钟差，由卫星星历提供；V_{t_0} 为接收机的钟差。

在图 3-6 中，若已知卫星 S_1、S_2、S_3、S_4 的坐标分别为（x_1,y_1,z_1）、（x_2,y_2,z_2）、（x_3,y_3,z_3）、（x_4,y_4,z_4），测得的距离分别为 d_1、d_2、d_3、d_4，则可以列出如下方程：

$$\begin{cases}\sqrt{(x_1-x)^2+(y_1-y)^2+(z_1-z)^2}+c(V_{t_1}-V_{t_0})=d_1\\ \sqrt{(x_2-x)^2+(y_2-y)^2+(z_2-z)^2}+c(V_{t_2}-V_{t_0})=d_2\\ \sqrt{(x_3-x)^2+(y_3-y)^2+(z_3-z)^2}+c(V_{t_3}-V_{t_0})=d_3\\ \sqrt{(x_4-x)^2+(y_4-y)^2+(z_4-z)^2}+c(V_{t_4}-V_{t_0})=d_4\end{cases} \tag{3-24}$$

由上式即可解算出待测点的坐标分量 x、y、z 和接收机的钟差 V_{t_0} 这几个未知参数。

二、动态绝对定位

关于卫星钟差我们可以应用导航电文中所给出的有关钟差参数加以修正，而接收机的钟差一般难以预先准确地确定，所以通常均把它作为一个未知参数，与观测站的坐标在数据处理中一并求解。因此，在 1 个观测站上为了实时求解 4 个未知参数(3 个点位坐标分量和 1 个钟差系数)，至少需要 4 个同步伪距观测值。也就是说，至少必须同时观测 4 颗卫星。应用 GNSS 进行绝对定位，根据用户接收机天线所处的状态，又可分为动态绝对定位和静态绝对定位。当用户接收设备安置在运动的载体上而处于动态的情况下，确定载体瞬时绝对位置的定位方法，称为动态绝对定位。

由于接收机天线处于运动状态，所以天线点位坐标也是随之变化的，因此要确定某一瞬间坐标的观测方程只有较少的多余观测量，且一般常利用测距码伪距进行动态绝对定位。这就造成了动态绝对定位的精度较低，一般精度仅有几十米，所以通常这种定位方法常用于精度要求不高的飞机、船舶、车辆等运动载体的导航。

任务四　GNSS 相对定位

相对定位是确定同步跟踪相同的 GNSS 信号的若干台接收机之间的相对位置的方法。可以消除许多相同或相近的误差，定位精度较高。但其缺点是外业组织实施较为困难，数据处理更为烦琐。在大地测量、工程测量、地壳形变监测等精密定位领域内得到广泛的应用。

一、静态相对定位

静态相对定位就是将 GNSS 接收机安置在不同的观测站上，保持各接收机固定不动，同步观测相同的 GNSS 卫星，确定各观测站在 WGS-84 坐标系统中的相对位置或基线向量的方法。图 3-7 即为相对定向的基本示意图，在两个观测站或多个观测站同步观测相同卫星的情况下，对观测量的影响具有一定的相关性，所以，利用这些观测量的不同组合进行相对定位，可以有效地消除或减弱卫星轨道误差、卫星钟差、接收机钟差、电离层折射误差和对流层折射误差等，进而提高相对定位的精度。静态相对定位一般采用载波相位观测量作为基本观测量，该方法为目前 GNSS 定位中精度最高的方法，广泛应用于大地测量、精密工程测量、地球动力学研究等领域。

图 3-7 中，假设安置于基线两端点接收机 T_1 和 T_2，于历元 t_1 和 t_2 对卫星 s^j 和 s^k 进行了同步观测，得到独立的载波相位观测量 $\varphi(t)$。在静态相对定位中，普遍应用这些独立观测量的不同差分形式。

设 $\Delta\varphi^j(t)$、$\nabla\varphi_i(t)$ 和 $\delta\varphi_i^j(t)$ 分别表示不同接收机之间、不同卫星之间和不同观测历元之间的观测量之差，即：

$$\begin{cases}\Delta\varphi^j(t)=\varphi_2^j(t)-\varphi_1^j(t)\\ \nabla\varphi_i(t)=\varphi_i^k(t)-\varphi_i^j(t)\\ \delta\varphi_i^j(t)=\varphi_i^j(t_0)-\varphi_i^j(t_1)\end{cases}\tag{3-25}$$

式中，基本观测量的一般形式为：

$$\varphi_i^j(t)=\frac{f}{c}\rho_i^j(t)+f[\delta t_i(t)-\delta t_j(t)]-N_{0i}^j(t_0)+\frac{f}{c}[\Delta_{i,\text{电离}}^j(t)+\Delta_{i,\text{对流}}^j(t)]\tag{3-26}$$

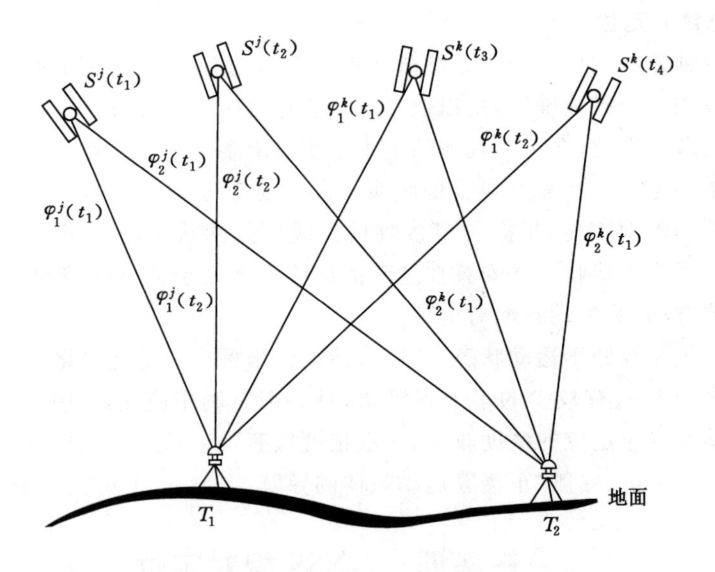

图 3-7　GNSS 相对定向示意图

在 GNSS 相对定位中，常用的三种差分是单差、双差和三差，该部分内容将在后续任务五中详细讲解。单差即在相同历元、不同观测站间同步观测相同卫星的观测量之差，其表达形式为：

$$\Delta\varphi^j(t)=\varphi_2^j(t)-\varphi_1^j(t) \tag{3-27}$$

单差观测方程的优点是消除了卫星钟差的影响，同时，有效地削弱了卫星轨道误差和大气折射误差的影响，但缺点是使观测方程的个数明显减少。

双差即在相同历元、不同观测站间同步观测的不同卫星所得观测量的单差之差，其表达式为：

$$\nabla\Delta\varphi^k(t)=\Delta\varphi^k(t)-\Delta\varphi^j(t)=\varphi_2^k(t)-\varphi_1^k(t)-\varphi_2^j(t)+\varphi_1^j(t) \tag{3-28}$$

双差观测方程进一步消除了接收机相对钟差的影响，这是双差观测方程的重要优点，但是双差观测方程的个数比单差观测方程更为减少，对测算精度可能造成不利影响。

三差即在不同历元、不同观测站间同步观测的不同卫星所得观测量的双差之差，其表达式为：

$$\begin{aligned}\delta\nabla\Delta\varphi^k(t)&=\nabla\Delta\varphi^k(t_2)-\nabla\Delta\varphi^j(t_1)\\&=[\varphi_2^k(t_2)-\varphi_1^k(t_2)-\varphi_2^j(t_2)+\varphi_1^j(t_2)]-\\&\quad[\varphi_2^k(t_1)-\varphi_1^k(t_1)-\varphi_2^j(t_1)+\varphi_1^j(t_1)]\end{aligned} \tag{3-29}$$

三差观测方程的最主要优点是进一步消除了整周未知数的影响，但是观测方程的数量比双差观测模型更为减少，且求三差后，相位观测值的有效数字大为减少，增大了计算过程的凑整误差，这些将对未知参数产生不良影响。所以，三差模型求得的基线结果精度不够高，在数据处理中只作为初解，用于协助求解整周未知数和周跳等问题。

二、动态相对定位

动态相对定位是用一台接收机安置在基准站上固定不动，另一台接收机安置在运动的载体上，两台接收机同步观测相同的卫星，以确定运动点相对基准站的位置。如图 3-8 所示，T_1 为基准站，安置于其上的接收机固定不动，另一台接收机安置于运动的载体上，其位置 T_1 是运动变化的。

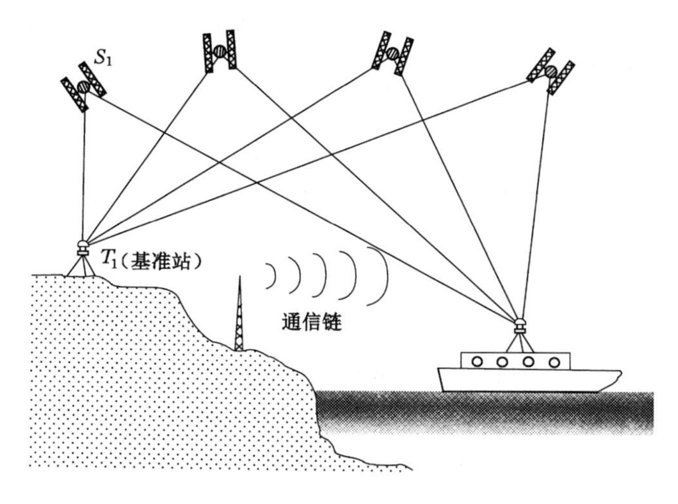

图 3-8　GNSS 动态相对定位示意图

在同步观测相同卫星的情况下，卫星轨道误差、卫星钟差、电离层折射误差和对流层折射误差等，对不同观测站的 GNSS 观测量的影响具有较强的相关性，特别是几十公里以下的短距离，其相关性更好，因此，可以利用各观测量的不同线性组合进行相对定位，来有效地消除或减弱上述各项误差对定位结果的影响，从而提高动态定位的精度，如图 3-9 所示。

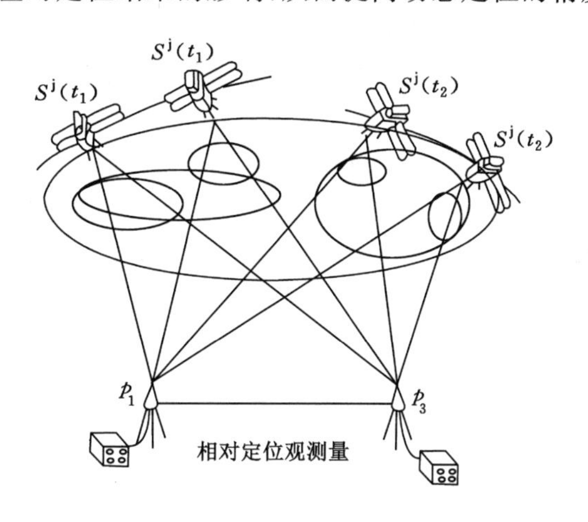

图 3-9　相对定位观测量

任务五　差分 GNSS

一、差分 GNSS 原理

差分观测值通常用于 GNSS 相对定位，相对定位时两台接收机分别安置在基线的两端，同步观测相同的 GNSS 卫星，用来确定基线端点的相对位置或是基线向量。在一个端点坐标已知的情况下，可以用基线向量推求另一端点的坐标。在两个观测站同步观测相同卫星的情况下，卫星的轨道误差、卫星钟差、接收机钟差以及电离层和对流层的折射误差等对观测量的影响具有一定的相关性，利用这些观测量进行差分运算，可以有效地消除或减弱相关误差的影响，从而提高相对定位的精度。

载波相位测量可以在卫星间求差，在接收机间求差，也可以在不同的历元间求差。载波相位测量的基本方程中包含了两种不同类型的未知参数：一种是必要参数，如测站坐标（X，Y，Z）等；另一种是多余参数，如观测瞬间接收机钟差，观测瞬间信号的电离层延迟（单频资料）等。必要参数和多余参数是相对的。

引入多余参数的目的是为了精化模型，以便求得精确的必要参数。然而多余参数的数目往往是十分惊人的。以接收机钟的信号为例，设采样间隔为 15 s，共观测 2 h。如果对这些钟差不加任何限制，而认为观测瞬间的钟差是相互独立的，那么将出现 480 个独立的钟差未知数。

方法之一：给这些多余参数一定的约束，即在这些多余参数之间建立起一种函数关系。例如，认为任一观测瞬间的接收机钟的钟差均满足下列关系式：

$$\delta t^i = a_0 + a_1(t - t_0) + a_2(t - t_0)^2 \tag{3-30}$$

这样钟差未知数便可以从 480 个减少为 3 个。然而如果接收机钟的质量不够好，观测瞬间的钟差并不完全遵循上述规律的话，进行这种取代后就会降低必要参数的精度。

方法之二：通过求差来消除多余参数。仍以接收机钟的钟差为例，如果每个观测瞬间都进行求差，就可以消除这 480 个钟差未知数，而同时使观测方程也减少 480 个，实际上这就是解算联立方程组时经常采用的“消去法”。显然消去法和对多余参数不加任何约束而直接解算的方法从数学上讲是等价的（平差计算时考虑到观测值的相关性后也是等价的），求得的必要参数是相同的。但消去法可以大大减少未知数的个数，减少计算工作量。

求差法和非差法的方法相比，计算工作量相差不多。但由于我们对一些多余参数的误差特性了解得还不够充分，建立的约束条件不能精确反映客观情况，从而将降低必要参数的精度，而且有些多余参数（如单频资料的电离层延迟）和随机误差还难以建立起约束条件。由于上述原因，求差法在实际工作中得到了广泛的应用。目前各种随机软件基本上都采取了求差法的模型。

当然事物都是一分为二的，求差法和非差法相比也有许多缺点，在许多场合下使用非差法更为适宜。

载波相位差分观测值可以按测站、卫星和历元等三要素来产生，根据求差次数的多少可分为单差观测值、双差观测值和三差观测值。这里仅讨论常用的测站和卫星间的单差和双差观测值，三差观测值仅简单叙述。

二、差分 GNSS 分类

（一）载波相位单差观测方程

将观测值（非差观测值或是零差观测值）直接求差的过程叫作求一次差，所获得的结果将被当作虚拟观测值，叫作载波相位观测值的一次差或是单差，通常求一次差应用于接收机间进行。由式（3-21）和式（3-22）可知，在观测历元 t，测站 p_1 和 p_3 对卫星 i 的载波相位观测值方程为：

$$\varphi_{p_1}^{i}=\frac{f}{c}\rho_{p_1}^{i}\left(1-\frac{1}{c}\dot{\rho}_{p_1}^{i}\right)+f\left(1-\frac{1}{c}\dot{\rho}_{p_1}^{i}\right)\delta t_{p1}-f\delta t^{i}-N_{p_1}^{i}+\frac{f}{c}(\Delta_{p_1,trop}^{i}+\Delta_{p_1,ion}^{i}) \tag{3-31}$$

$$\varphi_{p_3}^{i}=\frac{f}{c}\rho_{p_3}^{i}\left(1-\frac{1}{c}\dot{\rho}_{p_3}^{i}\right)+f\left(1-\frac{1}{c}\dot{\rho}_{p_3}^{i}\right)\delta t_{p_3}-f\delta t^{i}-N_{p_3}^{i}+\frac{f}{c}(\Delta_{p_3,trop}^{i}+\Delta_{p_3,ion}^{i}) \tag{3-32}$$

则测站 p_1 和 p_3 对卫星 i 的单差观测值方程为：

$$\begin{aligned}\varphi_{p_1,p_3}^{i}&=\varphi_{p_3}^{i}-\varphi_{p_1}^{i}=\frac{f}{c}\rho_{p_1,p_3}^{i}+f\delta t_{p_1,p_3}-N_{p_1,p_3}^{i}+\frac{f}{c}(\Delta_{p_1,p_3,trop}^{i}+\\&\Delta_{p_1,p_3,ion}^{i})-\frac{f}{c}\left[\dot{\rho}_{p_3}^{i}+\left(\frac{1}{c}\rho_{p_3}^{i}+\delta t_{p_3}\right)-\dot{\rho}_{p_1}^{i}\left(\frac{1}{c}\rho_{p_1}^{i}+\delta t_{p_1}\right)\right]\end{aligned} \tag{3-33}$$

其中：

$$\rho_{p_1,p_3}^{i}=\rho_{p_3}^{i}-\rho_{p_1}^{i},N_{p_1,p_3}^{i}=N_{p_3}^{i}-N_{p_1}^{i},\delta t_{p_1,p_3}^{i}=\delta t_{p_3}^{i}-\delta t_{p_1}^{i} \tag{3-34}$$

$$\Delta_{p_1,p_3,trop}^{i}=\Delta_{p_3,trop}^{i}-\Delta_{p_1,trop}^{i},\Delta_{p_1,p_3,ion}^{i}=\Delta_{p_3,ion}^{i}-\Delta_{p_1,ion}^{i} \tag{3-35}$$

在式(3-33)中，由于 $\dot{\rho}/c\approx1.4\times10^{-7}$，则最后一项可写成：

$$\frac{f}{c}\left[\dot{\rho}_{p_3}^{i}\left(\frac{1}{c}\rho_{p_3}^{i}+\delta t_{p_3}\right)-\dot{\rho}_{p_1}^{i}\left(\frac{1}{c}\rho_{p_1}^{i}+\delta t_{p_1}\right)\right]=1.4\times10^{-7}\left\{\frac{(\rho_{p_3}^{i}-\rho_{p_1}^{i})}{\lambda}+f\times\delta t_{p_1,p_3}\right\} \tag{3-36}$$

当测站距离较近，如小于 20 km 时，则 $(\rho_{p_3}^{i}-\rho_{p_1}^{i})<2\times10^{4}$ m，对于 L_1 载波而言，于是有：

$$1.4\times10^{-7}\times\frac{(\rho_{p_3}^{i}-\rho_{p_1}^{i})}{\lambda}<0.015\text{ 周} \tag{3-37}$$

对于 L_2 载波而言，其值约为 0.012 周。因此，对于短距离的相对定位而言，在单差观测值中该项的影响可以忽略。

式(3-36)中，两接收机的相对钟差一般不会超过 1×10^{-3} s，否则接收机钟会通过跳秒方法来保持两接收机钟的同步观测。对于 L_1 载波而言，该项影响为：

$$1.4\times10^{-7}\times f\times\delta t_{p_1,p_3}<0.22\text{ 周} \tag{3-38}$$

对于 L_2 载波而言，其值约为 0.17 周。因此，在单差观测值中，该项的影响不可忽略。因此，测站 p_1 和 p_3 对卫星 i 的单差观测值方程最终可表示为：

$$\begin{aligned}\varphi_{p_1,p_3}^{i}&=\varphi_{p_3}^{i}-\varphi_{p_1}^{i}=\frac{f}{c}\rho_{p_1,p_3}^{i}+f\delta t_{p_1,p_3}-N_{p_1,p_3}^{i}+\frac{f}{c}(\Delta_{p_1,p_3,trop}^{i}+\Delta_{p_1,p_3,ion}^{i})-\\&\frac{f}{c}(\dot{\rho}_{p_3}^{i}-\dot{\rho}_{p_1}^{i}\delta t_{p_1})\end{aligned} \tag{3-39}$$

在单差观测值中，已消除了卫星钟钟差的影响，当测站距离较近时(<20 km)，电离层、对流层的影响及卫星星历误差在很大程度上得到了削弱。

(二) 载波相位双差观测方程

1. 载波相位双差观测方程

对载波相位观测值的一次差分继续求差，所得的结果仍可以被当作虚拟观测值，叫作载波相位观测值的二次差或双差。常用的二次差是在接收机间求一次差后再在卫星间求二次差，或是在卫星间求一次差后再对接收机间求二次差，结果与求差的先后次序无关，叫作星站二次差分。设测站 p_1 和 p_3 在观测历元 t 同时观测到卫星 i 和卫星 j，由式(3-39)类似可得测站 p_1 和 p_3 对卫星 j 的单差观测值方程为：

$$\varphi_{p_1,p_3}^{j}=\varphi_{p_3}^{j}-\varphi_{p_1}^{j}=\frac{f}{c}\rho_{p_1,p_3}^{j}+f\delta t_{p_1,p_3}-N_{p_1,p_3}^{j}+\frac{f}{c}(\Delta_{p_1,p_3,\mathrm{trop}}^{j}+\Delta_{p_1,p_3,\mathrm{ion}}^{j})-\frac{f}{c}(\dot{\rho}_{p_3}^{j}-\dot{\rho}_{p_1}^{j}\delta t_{p_1}) \tag{3-40}$$

则测站 p_1 和 p_3 对卫星 i 和卫星 j 的双差观测值方程为：

$$\begin{aligned}\varphi_{p_1,p_3}^{i,j}&=\varphi_{p_1,p_3}^{j}-\varphi_{p_1,p_3}^{i}\\&=\frac{f}{c}\rho_{p_1,p_3}^{i,j}-N_{p_1,p_3}^{i,j}+\frac{f}{c}(\Delta_{p_1,p_3,\mathrm{trop}}^{i,j}+\Delta_{p_1,p_3,\mathrm{ion}}^{i,j})-\\&\quad\frac{f}{c}[(\dot{\rho}_{p_2}^{j}\delta t_{p_3}-\dot{\rho}_{p_1}^{j}\delta t_{p_1})-(\dot{\rho}_{p_3}^{i}\delta t_{p_3}-\dot{\rho}_{p_1}^{i}\delta t_{p_1})]\end{aligned} \tag{3-41}$$

其中：

$$\rho_{p_1,p_3}^{i,j}=\rho_{p_1,p_3}^{j}-\rho_{p_1,p_3}^{i},\quad N_{p_1,p_3}^{i,j}=N_{p_1,p_3}^{j}-N_{p_1,p_3}^{i} \tag{3-42}$$

$$\Delta_{p_1,p_3,\mathrm{trop}}^{i,j}=\Delta_{p_1,p_3,\mathrm{trop}}^{j}-\Delta_{p_1,p_3,\mathrm{trop}}^{i},\quad \Delta_{p_1,p_3,\mathrm{ion}}^{i,j}=\Delta_{p_1,p_3,\mathrm{ion}}^{j}-\Delta_{p_1,p_3,\mathrm{ion}}^{i} \tag{3-43}$$

由式(3-36)和式(3-38)可知，式(3-41)中的最后一项可以忽略不计，此时测站 p_1 和 p_3 对卫星 i 和卫星 j 的双差观测方程为：

$$\begin{aligned}\varphi_{p_1,p_3}^{i,j}&=\varphi_{p_1,p_3}^{j}-\varphi_{p_1,p_3}^{i}\\&=\frac{f}{c}\rho_{p_1,p_3}^{i,j}-N_{p_1,p_3}^{i,j}+\frac{f}{c}(\Delta_{p_1,p_3,\mathrm{trop}}^{i,j}+\Delta_{p_1,p_3,\mathrm{ion}}^{i,j})\end{aligned} \tag{3-44}$$

可见，对于短距离(<20 km)的相对定位而言，在测站和卫星的双差观测值中，接收机钟差、卫星钟差、卫地距变率的影响已基本消除，对流层和电离层的影响得到了进一步地削弱，其剩余残差对双差观测值将不会产生显著性的影响。

在非差法中接收机的钟差是一个较难处理的问题。因为接收机上通常采用石英钟，其稳定度较差，建立钟的误差模型较为困难。而如果不给任何约束，把每个观测历元的接收机钟差均当作一个未知数的话，又将使未知数的个数大量增加。采用二次差时可消除接收机的钟差，既不涉及钟的误差模型，又可使未知数的个数大为减少，因而在生产实践中被广泛采用。

目前接收机厂家提供的基线处理软件大多采用二次差模型。在二次差模型中未知数的个数约为 10 个左右，包括 3 个基线向量未知数和 $(n-1)$ 个整周未知数，n 为该时段中观测的卫星数，用计算机即可很方便地解算。

前面我们已经比较详细地介绍了求差法的优点，但求差法也存在一些缺点，主要是：

(1) 数据利用率较低，许多好的观测值会因为与之配对的数据出了问题而无法被利用。求差的次数越多，丢失的观测值也越多，数据利用率就越低。

(2) 在接收机间求差后，会引进基线矢量而不是原来的位置矢量作为基本未知数，这是一个新的更为复杂的概念，特别是使用多台接收机进行定位时较难处理。

(3) 求差后会出现观测值间的相关性问题，增加了计算的工作量。

(4) 在某些情况下难以求差，如两站的数据输出率不相同时。

(5) 在求差过程中有效数字将迅速减少，计算中凑整误差等影响将增大，从而影响最后结果的精度。

(6) 求差法实质上是未对多余参数做任何约束,即认为各多余参数是相互独立的。在某些情况下使用非差法的误差模型是有效的,如使用高精度的原子钟作外接频标时、在小范围内进行相对定位时、精度要求不太高时。

(7)采用求差法时多余参数已被消去,因此难以对这些参数做进一步研究,当然也可以用回代法求出,但需另增加工作量。如果采用非差法并建立多余参数间的误差模型,这些多余参数(如钟的改正模型)就可以作为副产品同时求出。

2. 载波相位双差观测方程的线性化

设在观测历元 t,测站 p_1 和 p_3 同步观测卫星 i 和卫星 j,为便于以后的应用,需对双差观测方程在 WGS-84 空间直角坐标系中进行线性化。卫星 i、j 的瞬时坐标可由星历和观测历元按公式求得,以 p_1 点坐标 $(X,Y,Z)_{p_1}$ 为已知值,以卫星 i 为参考卫星。设 p_3 点近似坐标为 $(X_0,Y_0,Z_0)_{p_3}$,其改正数为 $(\delta X,\delta Y,\delta Z)_{p_3}$,则双差观测方程式(3-44)的线性化形式为:

$$\varphi_{p_1,p_3}^{i,j}=-\frac{f}{c}\begin{bmatrix}l_{p_3}^{i,j} & m_{p_3}^{i,j} & n_{p_3}^{i,j}\end{bmatrix}\begin{bmatrix}\delta X_{p_3}\\ \delta Y_{p_3}\\ \delta Z_{p_3}\end{bmatrix}-N_{p_1,p_3}^{i,j}+ \frac{f}{c}(\rho_{p_3,0}^{j}-\rho_{p_1}^{j}-\rho_{p_3,0}^{i}+\rho_{p_1}^{i})+\frac{f}{c}(\Delta_{p_1,p_3,\mathrm{trop}}^{i,j}+\Delta_{p_1,p_3,\mathrm{ion}}^{i,j}) \tag{3-45}$$

其中:

$$\begin{bmatrix}l_{p_3}^{i,j}\\ m_{p_3}^{i,j}\\ n_{p_3}^{i,j}\end{bmatrix}=\begin{bmatrix}l_{p_3}^{j}-l_{p_3}^{i}\\ m_{p_3}^{j}-m_{p_3}^{i}\\ n_{p_3}^{j}-n_{p_3}^{i}\end{bmatrix} \tag{3-46}$$

式中,l、m、n 为由测站 p_3 的近似坐标和卫星坐标计算的测站到卫星的方向余弦。

若以卫星 i 为例,则有:

$$\begin{cases}l_{p_3}^{i}=\dfrac{X^i-X_{p_3}^0}{\rho_{p_3,0}^{i}},m_{p_3}^{i}=\dfrac{Y^i-Y_{p_3}^0}{\rho_{p_3,0}^{i}},n_{p_3}^{i}=\dfrac{Z^i-Z_{p_3}^0}{\rho_{p_3,0}^{i}}\\ \rho_{p_3,0}^{i}=\sqrt{(X^i-X_{p_3}^0)^2+(Y^i-Y_{p_3}^0)^2+(Z^i-Z_{p_3}^0)^2}\end{cases} \tag{3-47}$$

按式(3-47)的方法可得式(3-45)中相应量的结果:

$$\tilde{\rho}_{p_1,p_3}^{i,j}=\rho_{p_3,0}^{i}-\rho_{p_1}^{j}-\rho_{p_3,0}^{i}+\rho_{p_1}^{i} \tag{3-48}$$

同时略去式(3-45)中大气延迟改正项,则可得简化的线性化双差观测方程为:

$$\varphi_{p_1,p_3}^{i,j}=-\frac{f}{c}\begin{bmatrix}l_{p_3}^{i,j} & m_{p_3}^{i,j} & n_{p_3}^{i,j}\end{bmatrix}\begin{bmatrix}\delta X_{p_3}\\ \delta Y_{p_3}\\ \delta Z_{p_3}\end{bmatrix}-N_{p_1,p_3}^{i,j}+\frac{f}{c}\tilde{\rho}_{p_1,p_3}^{i,j} \tag{3-49}$$

式(3-49)就是采用载波相位观测值进行相对定位的线性化双差观测方程的基本模型。

(三) 载波相位三差观测方程

对于二次继续求差称为三次差,所得结果叫作载波相位观测的三次差或三差。常用的求三次差是对双差观测值在历元之间求差。例如,将 t_1 时刻接收机 p_1 和 p_3 对卫星 i、j 的

双差观测值与 t_2 时刻接收机 p_1 和 p_3 对卫星 i、j 的双差观测值再次求差，便得到三次差分观测值。对于三差来说，即使有周跳，也是对一个三差有影响，而对其他三差没有影响，这样周跳就类似于粗差，便于探测，这是三差的一个突出优点。对流层折射总是不随时间快速变化的，因此在三差水平上被大大减小。然而对于电离层却不是正确的，因为电离层可以随时间快速地变化，特别是在高纬度地区。

至此，常用的差分观测值的观测方程已推导完毕，上述各种差分观测值模型能够有效地消除各种偏差项。站间求差消除了卫星钟钟差，星间求差消除了接收机钟差，历元间求差消除了初始整周模糊度。大多数的 GNSS 基线向量处理软件使用双差来进行基线解算，而三差被用于数据的预处理，进行周跳探测。

三、GNSS 伪距差分定位

差分技术我们已经接触过。比如相对定位中，在一个测站上对两个观测目标进行观测，将观测值求差；或在两个测站上对同一个目标进行观测，将观测值求差；或在一个测站上对一个目标进行两次观测求差。其目的是消除公共误差，提高定位精度。利用求差后的观测值解算两观测站之间的基线向量，这种差分技术已广泛应用于静态和动态相对定位。

本任务讲述的差分 GNSS 定位技术，是将一台 GNSS 接收机安置在基准站上进行观测。根据基准站已知精密坐标，计算出基准站到卫星的改正数，并由基准站实时地将这一改正数发送出去。用户接收机在进行 GNSS 观测的同时，也接收到基准站的改正数，并对其定位结果进行改正，从而提高定位精度。

GNSS 定位中，存在着三部分误差：一是每台接收机公有的误差，如卫星钟误差、星历误差、电离层误差、对流层误差；二是传播延迟误差；三是接收机固有的误差，如内部噪声、通道延迟、多路径效应。采用差分定位，可完全消除第一部分误差，可大部分消除第二部分误差（视基准站至用户的距离）。

差分 GNSS 可分为单基准站差分、多基站的局域差分和多基站的广域差分三种类型。这里仅介绍单基准站差分，其中重点介绍伪距差分。

单基准站差分 GNSS，根据差分 GNSS 基准站发送的信息方式可分为四类，即位置差分、伪距差分、相位平滑伪距差分和相位差分。

这四类差分方式的工作原理是相同的，都是由基准站发送改正数，由用户站接收并对其测量结果进行改正，以获得精确的定位结果。所不同的是，发送改正数的具体内容不一样，其差分定位精度也不同。

（一）位置差分定位原理

位置差分原理为用户站用接收到的坐标改正数对其坐标进行改正，经过坐标改正后的用户坐标已消除了基准站与用户站的共同误差，如卫星星历误差、卫星钟差、大气折射误差等，提高了定位的精度。位置差分的优点是需要传输的差分改正数较少，计算方法较为简单，任何一种 GNSS 接收机均可以改装成这种差分系统。但是也有其相应的缺点，主要为要求基准站与用户站必须保持观测同一组卫星，由于基准站与用户站接收机配备的不完全相同，且两站观测环境也不完全相同，因此很难保证两站观测同一组卫星，并会导致定位所产生的误差可能会不匹配，从而影响定位精度；其位置差分定位效果也不如伪距差分好。

设基准站 r 的已知精密坐标为(X_r, Y_r, Z_r)，在基准站上的 GNSS 接收机测出的坐标为(X, Y, Z)，该坐标中包含了轨道误差、时钟误差、大气影响、多路径效应及其他误差，即可按下式求出其坐标改正数为：

$$\begin{cases}\Delta X = X - X_{\mathrm{r}} \\ \Delta Y = Y - Y_{\mathrm{r}} \\ \Delta Z = Z - Z_{\mathrm{r}}\end{cases} \tag{3-50}$$

基准站用数据链将这些改正数发送出去，用户接收机在解算时加入以上改正数：

$$\begin{cases}X_{\mathrm{p_3}} = X'_{\mathrm{p_3}} + \Delta X \\ Y_{\mathrm{p_3}} = Y'_{\mathrm{p_3}} + \Delta Y \\ Z_{\mathrm{p_3}} = Z'_{\mathrm{p_3}} + \Delta Z\end{cases} \tag{3-51}$$

式中，$(X'_{\mathrm{p_3}}, Y'_{\mathrm{p_3}}, Z'_{\mathrm{p_3}})$ 为用户接收机自身观测的结果；$(X_{\mathrm{p_3}}, Y_{\mathrm{p_3}}, Z_{\mathrm{p_3}})$ 为经过改正后的坐标。

顾及用户接收机位置改正值的瞬时变化，上式可进一步写成：

$$\begin{cases}X_{\mathrm{p_3}} = X'_{\mathrm{p_3}} + \Delta X + \dfrac{\mathrm{d}(\Delta X - X'_{\mathrm{p_3}})}{\mathrm{d}t} \cdot (t - t_0) \\ Y_{\mathrm{p_3}} = Y'_{\mathrm{p_3}} + \Delta Y + \dfrac{\mathrm{d}(\Delta Y - Y'_{\mathrm{p_3}})}{\mathrm{d}t} \cdot (t - t_0) \\ Z_{\mathrm{p_3}} = Z'_{\mathrm{p_3}} + \Delta Z + \dfrac{\mathrm{d}(\Delta Z - Z'_{\mathrm{p_3}})}{\mathrm{d}t} \cdot (t - t_0)\end{cases} \tag{3-52}$$

式中，t_0 为校正的有效时刻。

经过改正后的用户坐标就消去了基准站与用户站共同的误差。这种方法的优点是计算简单，适用于各种型号的 GNSS 接收机，其缺点是基准站与用户必须观测同一组卫星，这在近距离可以做到，但距离较长时很难满足。故位置差分只适用于 100 km 以内。

（二）伪距差分定位原理

伪距差分是目前应用最为广泛的差分定位技术之一，该定位技术通过在急转站上利用已知坐标求出观测站到卫星的距离，并将其与含有误差的测量距离比较，然后利用一个滤波器将此差值滤波并求出其偏差，并将所有卫星的测距误差传输给用户，用户利用此测距误差来改正测量的伪距。最后，用户利用改正后的伪距求出自身的坐标。如果基准站、用户站均观测了相同的四颗或四颗以上的卫星，即可实现用户站的定位。

由于伪距差分可提供单颗卫星的距离改正数，因此用户站可以选其中任意四颗相同卫星的伪距改正数进行改正，而不必要求两站观测的卫星完全相同，且伪距改正数是直接在 WGS-84 坐标系统中进行的，是一种直接改正数，不必先变换为当地坐标系，定位精度也更高，且使用更为方便。

由于伪距差分定位依赖于两站公共误差的抵消来提高定位精度，误差抵消的程度决定了精度的高低。而误差的公共性在很大程度上依赖于两站距离，随着两站距离的增加，其公共性逐渐减弱，如对流层、电离层误差。因此，用户和基准站之间的距离对精度有着决定性的影响，用户站离基准站的距离越大，伪距差分后的剩余误差越大，定位精度越低。

在基准站 r 上观测所有卫星，根据基准站的已知坐标 $(X_{\mathrm{r}}, Y_{\mathrm{r}}, Z_{\mathrm{r}})$ 和卫星 i 的瞬时坐标 (X^i, Y^i, Z^i) 按下述过程进行伪距差分运算。

计算基准站 r 到卫星 i 的几何距离：

$$R_r^j=\sqrt{(X^i-X_r)^2+(Y^i-Y_r)^2+(Z^i-Z_r)^2}\quad (i=1,2,\cdots,s) \tag{3-53}$$

式中，R_r^i 为基准站到卫星的几何距离；(X^i,Y^i,Z^i) 为卫星的瞬时坐标；(X_r,Y_r,Z_r) 为基准站的已知坐标。

得到基准站到卫星的几何距离后，计算基准站 r 到各卫星的伪距改正数：

$$\Delta\rho_r^i=R_r^i-\rho_r^i \tag{3-54}$$

式中，ρ_r^i 为基准站伪距观测值。

进而计算出基准站 r 伪距改正数的变化率：

$$\Delta\dot{\rho}_r^i=\Delta\rho_r^i/\Delta t \tag{3-55}$$

基准站将 $\Delta\rho_r^i$ 和 $\Delta\dot{\rho}_r^i$ 发送给用户，用户在测出的伪距观测值上加改正求出经改正后的伪距。

计算流动站 p 上的改正伪距观测值：

$$R_{p,corr}^i=\rho_p^i+\Delta\rho_r^i+\Delta\dot{\rho}_r^i(t-t_0) \tag{3-56}$$

最后利用改正后的伪距计算流动站 p 的坐标：

$$\begin{aligned}R_{p,corr}^i&=R_p^i+c\times d\tau_p+\nu\\&=\sqrt{(X^i-X_p)^2+(Y^i-Y_p)^2+(Z^i-Z_p)^2}+c\times d\tau_p+\nu\end{aligned} \tag{3-57}$$

式中，(X_p,Y_p,Z_p) 为流动站 p 待定坐标；$d\tau_p$ 为流动站 p 接收机待定钟差。

最后，按伪距绝对定位原理解算流动站 p 的位置。

伪距差分的优点是基准站提供所有卫星的改正数，用户接收机观测任意四颗卫星，就可完成定位。而且比单点定位精度和位置差分定位的精度要高，一般点位误差约±2.0 m，实施起来十分简单。但是其缺点是差分精度随基准站到用户的距离增加而降低，作用距离一般不能超过 20 km；观测过程中不出现失锁现象，虽经过外推可以获得失锁历元的位置，但精度较差。

（三）相位平滑伪距差分原理

伪距差分实际上是在测站之间求伪距观测值的一次差，因而消除了两伪距观测值中所有的共同的系统误差，但是却无法消除伪距观测值中所含的随机误差，从而限制了伪距差分定位的精度。

载波相位测量的精度较测距码伪距测量的精度高两个数量级，如果能用载波相位观测值对伪距观测值进行修正，就可以提供伪距定位的精度，但是载波相位整周数是无法直接测得的，因而难以直接利用载波观测值。

虽然整周数无法获得，但可由多普勒频率计数获得载波相位的变化信息，即可获得伪距变化率的信息，可以利用这一信息来辅助伪距差分定位，称为载波多普勒计数平滑伪距差分。另外，在同一颗卫星的两历元之间求差，可消除整周未知数，可利用历元间的相位差观测值对伪距进行修正，即所谓的相位平滑伪距差分。其基本思路为：

(1) 按伪距差分方法，利用基准站的伪距差对流动站的观测伪距进行改正，得到流动站改正后的伪距观测值。

(2) 利用流动站的载波相位观测值对改正后的伪距观测值进行平滑，得到流动站平滑后的伪距观测值。

(3) 按伪距差分方法解算流动站坐标并进行精度评定。

在基准站上观测所有卫星，根据基准站的已知坐标(X_r,Y_r,Z_r)和卫星 i 的瞬时坐标(X^i,Y^i,Z^i)按下述过程进行伪距差分运算。

由式(3-57)可知，伪距和载波相位的观测方程为：

$$\rho^i = R^i + c \cdot \mathrm{d}\tau + \nu \tag{3-58}$$

$$\lambda(\varphi^i + N^i) = R^i + c \cdot \mathrm{d}\tau + \nu \tag{3-59}$$

式中，ρ^i 为流动站经差分改正后的伪距观测值；φ^i 为流动站的载波相位观测值；N^i 为相位初始整周数；$\mathrm{d}\tau$ 为流动站接收机钟差。

取 t_1、t_2 两时刻的相位观测值之差，有：

$$\begin{aligned}\delta\rho^i(t_1,t_2) &= \lambda[\varphi^i(t_2) - \varphi^i(t_1)] \\ &= R^i(t_2) - R^i(t_1) + C[\mathrm{d}\tau(t_2) - \mathrm{d}\tau(t_1)] + \nu\end{aligned} \tag{3-60}$$

式(3-60)中已消除了载波相位初始整周数。若基准站和流动站 GNSS 相位测量的噪声电平为毫米级，对伪距而言，可视 $\nu=0$。

在 t_2 时刻的伪距观测值为：

$$\rho^i(t_2) = R^i(t_2) + c \cdot \mathrm{d}\tau(t_2) + \nu \tag{3-61}$$

由式(3-60)可得：

$$R^i(t_2) = \delta\rho^i(t_1,t_2) + R^i(t_1) - C[\mathrm{d}\tau(t_2) - \mathrm{d}\tau(t_1)] \tag{3-62}$$

将式(3-62)代入式(3-61)可得：

$$\rho^i(t_2) = \delta\rho^i(t_1,t_2) + R^i(t_1) + c \cdot \mathrm{d}\tau(t_1) + \nu \tag{3-63}$$

考虑到差分伪距观测值的噪声呈高斯白噪声，平均值为零，则由式(3-63)得 t_2 时刻的差分伪距观测值经相位变化量回推出 t_1 时刻的差分伪距观测值为：

$$\rho^i(t_1) = \rho^i(t_2) - \delta\rho^i(t_1,t_2) \tag{3-64}$$

若观测了 k 个历元，得 k 个历元的经伪距差分改正的伪距观测值，利用相位观测量可求出从 t_1 到 t_k 的相位差值。利用式(3-63)的关系，求出 t_1 时刻 k 个伪距观测值：

$$\begin{cases}\rho^i(t_1) = \rho^i(t_1) \\ \rho^i(t_1) = \rho^i(t_2) - \delta\rho^i(t_1,t_2) \\ \cdots\cdots \\ \rho^i(t) = \rho^i(t_k) - \delta\rho^i(t_1,t_k)\end{cases} \tag{3-65}$$

对由同一时刻推求的伪距值取平均值，便得到 t_1 时刻伪距平滑值为：

$$\bar{\rho}^i(t_1) = \frac{1}{k}\sum \rho^i(t_1) \tag{3-66}$$

式(3-66)即为相位平滑的伪距观测值，大大减少了噪声电平。于是，平滑后的伪距值的误差方差为：

$$\sigma^2(\bar{\rho}) = \frac{1}{k}\sigma^2(\rho) \tag{3-67}$$

求得 t_1 时刻伪距平滑值后，可推求其他时刻的平滑值为：

$$\bar{\rho}^i(t_k) = \bar{\rho}^i(t_1) + \delta\rho^i(t_1,t_k) \tag{3-68}$$

最后，利用平滑后的伪距，按伪距差分定位原理解算流动站的位置。

相位平滑伪距差分的优点是基准站提供所有卫星的改正数，用户接收机观测任意四颗卫星，就可完成定位。比伪距差分的精度要高，一般点位误差约±0.7 m。其缺点是差分精度随基准站到用户的距离增加而降低，作用距离一般不能超过 50 km；流动站的载波相位观测值中不得出现周跳。若存在周跳时，必须进行修复；观测过程中不出现失锁现象，虽经过外推可以获得失锁历元的位置，但精度较差，而且实施起来较困难。

（四）载波相位差分的定位方法

载波相位差分有两种定位方法，一种与伪距差分相同，基准站将载波相位的修正量发送给用户站，以对用户站的载波相位进行改正实现定位，该方法称为修正法。另一种是将基准站的载波相位发送给用户站，并由用户站将观测值求差进行坐标解算，这种方法称为求差法。

（五）局部区域 GNSS 差分系统

在局部区域中应用差分 GNSS 技术，应该在区域中布设一个差分 GNSS 网，该网由若干个差分 GNSS 基准站组成，通常还包含一个或数个监控站。位于该局部区域中的用户根据多个基准站所提供的改正信息，经平差后求得自己的改正数。这种差分 GNSS 定位系统称为局部区域差分 GNSS 系统。

局部区域差分 GNSS 技术通常采用加权平均法或最小方差法对来自多个基准站的改正信息（坐标改正数或距离改正数）进行平差计算，以求得自己的坐标改正数或距离改正数。其系统的构成为：有多个基准站，每个基准站与用户之间均有无线电数据通信链；用户与基准站之间的距离一般在 500 km 以内才能获得较好的精度。

（六）广域差分 GNSS 系统

为了在一个广阔的地区提供高精度的 GNSS 差分服务，将多个基准站组网。各基站并不单独地将自己所求得的距离改正数播发给用户，而是将它们送往广域差分 GNSS 网的数据处理中心进行统一处理，以便将卫星星历误差与大气传播延迟误差分离开来。然后再将各种误差估值播发给用户，由用户分别进行改正。这种差分 GNSS 系统称为广域差分 GNSS 系统。广域差分 GNSS 系统区分误差的目的就是最大限度地降低监测站与用户站间定位误差的时空相关，克服局部区域 GNSS 差分对时空的强依赖性，改善和提高实时差分定位精度。

这种系统是在一个相当大的区域中用相对来讲数量较少的基准站组成一个稀疏的差分 GNSS 网。由于目前所用的各种电离层延迟模型一般都有 8 个参数，因此广域差分 GNSS 网中至少应包括 8 个基准站，一般应包括 10 个以上的基准站，并且应有一个监测站。在基准站上应配备双频接收机，有条件的还应配备原子钟。

任务六　GNSS 测量误差

一、GNSS 测量误差的来源及分类

在 GNSS 测量中，造成 GNSS 定位误差的来源较多，一般可以分为四大类：① 与卫星有关的误差，如卫星星历误差、卫星钟误差、相对论效应等；② 与传播路径有关的误差，如大气延迟误差、多路径效应等；③ 与接收设备有关的误差，如接收机钟误差、天线高的量取误差等；④ 其他误差，如地球自转、地球潮汐等。这些误差对解算的基线向量具有不同的影响规律，有的在模型中能得到较好的消除或削弱，有的通过采用合适的改正模型其大部分影响可

以消除，有的采用一定的观测措施能限制在较小的范围内，而有的却难以改正。这些误差的细节及其影响见表3-1。

表3-1　GNSS定位误差分类及对基线测量的影响

误差来源	误差分类	对基线测量的影响/m
GNSS卫星	卫星星历误差	1.5～15
	卫星钟误差	
	相对论效应	
信号传播	电离层延迟误差	1.5～15
	对流层延迟误差	
	多路径效应	
接收机	接收机钟的钟误差	1.5～15
	接收机的位置误差	
	接收机相位中心变化引起的误差	
其他影响	地球潮汐	1
	负荷潮	

如果根据误差的性质，上述误差尚可分为系统误差与偶然误差两类。系统误差主要包括卫星的轨道误差、卫星钟差、接收机钟差以及大气折射的误差等。为了减弱和修正系统误差对观测量的影响，一般根据系统误差产生的原因而采取不同的措施，其中包括：引入相应的未知参数，在数据处理中联同其他未知参数一并解算；建立系统误差模型，对观测量加以修正；将不同观测站对相同卫星的同步观测值求差，以减弱或消除系统误差的影响；简单地忽略某些系统误差的影响。偶然误差主要包括信号的多路径效应引起的误差和观测误差等。

二、GNSS测量误差的影响及其对策

（一）与卫星有关的误差

与卫星有关的误差，包括卫星星历误差、卫星钟误差、相对论效应等。

1. 卫星星历误差

卫星的在轨位置由广播星历或精密星历提供，由星历计算的卫星位置与其实际位置之差，称为卫星星历误差。根据卫星星历就可以计算出任一时刻的卫星位置及速度。卫星作为在高空运行的动态已知点，其瞬间的位置是由卫星星历提供的。卫星星历的误差实质就是卫星位置的确定误差，即由卫星星历计算得到的卫星的空间位置与卫星实际位置之差。

（1）星历误差对定位的影响

① 星历误差对单点定位的影响

在单点定位中，卫星星历为已知数据，星历误差必然传递给测站，产生定位误差。一般广播星历误差对测站的影响为几十米。

② 星历误差对相对定位的影响

利用精密星历，可以得到优于5 m的卫星在轨位置，在取消SA后，广播星历的精度约为10～20 m。卫星星历误差对基线的影响一般可采用下式表示：

$$db = b\frac{ds}{\rho} \tag{3-69}$$

式中，b 为基线长度；ds 为卫星星历误差；ρ 为卫星与测站间的距离；db 为卫星星历误差引起的基线误差；ds/ρ 为星历的相对误差。

由式(3-69)可知，基线的精度与星历精度成正比，星历精度越高，则相对定位精度越好。表 3-2 中列出了不同星历精度对不同长度基线的影响，表中取 $\rho=20\ 000$ km。

表 3-2　星历精度对相对定位的影响

b/km	ds/m	ds/ρ/ppm	db/cm	b/km	ds/m	ds/ρ/ppm	db/cm
1	5	0.25	0.025	5	5	0.25	0.125
	10	0.5	0.05		10	0.5	0.25
	20	1.0	0.1		20	1.0	0.5
3	5	0.25	0.075	10	5	0.25	0.25
	10	0.5	0.15		10	0.5	0.5
	20	1.0	0.3		20	1.0	1.0

由于同一卫星的星历误差，对不同测站的同步观测量的影响具有系统性性质，因此在两个或多个测站上对同一卫星的同步观测值求差，可以明显地减弱卫星星历误差的影响。当基线较短时，这种效果更为明显。

采用 GNSS 进行定位时，大部分情况下需要采用广播星历，以及时提供解算成果。表 3-3 中列出了 2001 年 11 月 5 日 5 号 GNSS 卫星的两种星历坐标之差(广播星历坐标-精密星历坐标)。广播星历的卫星坐标，是利用 4 点时的星历按 15 min 的间隔向前、向后各推算 1 h 而得的，精密星历的卫星坐标直接来自精密星历。其中，广播星历是通过卫星发射的含有轨道信息的导航电文传递给用户的，用户接收机接收到这些信号，经过解码便可获得所需要的卫星星历，所以这种星历也叫预报星历，它是卫星导航电文中所携带的主要信息。广播星历包括相对于某一参考历元的开普勒轨道参数和必要的轨道摄动改正参数，目前仅凭地面监测站不能准确确定这些参数，因此，广播星历数据中存在较大误差。广播星历所得到的卫星轨道信息的位置误差约为 20～40 m，随着定轨技术和摄动力模型的改善，位置精度可以提高到 5～10 m。而精密星历是由分布在全球的地面跟踪站精密观测资料，按照一定的方法计算出来的，所以也叫后处理星历。精密星历是实测星历，不可以避免存在误差。虽然精密星历的精度可以达到厘米级，但是它需要观测后一到两个星期才可以向美国国家大地测量局购买到，只在精密精度定位中有重要作用，所以对于动态定位无任何意义。

表 3-3　广播星历和精密星历的比较　单位：m

时刻	dX	dY	dZ	ds	时刻	dX	dY	dZ	ds
3:00	−0.491	−2.874	−1.421	3.243	4:15	+1.828	−1.588	+0.267	2.436
3:15	−0.068	−2.617	−1.103	2.840	4:30	+2.262	−1.335	+0.708	2.720
3:30	+0.398	−2.376	−0.787	2.534	4:45	+2.652	−1.131	+1.194	3.120
3:45	+0.881	−2.128	−0.467	2.350	5:00	+2.987	−1.008	+1.699	3.581
4:00	+1.363	−1.862	−0.121	2.310					

在相对定位中，随着基线长度的增加，卫星星历误差将成为影响定位精度的主要因素。因此，卫星的星历误差是当前利用 GNSS 定位的重要误差来源之一。

(2) 处理星历误差的方法

在 GNSS 测量中，根据不同的要求，处理卫星星历误差的方法原则上有四种：

① 建立独立的跟踪网

建立 GNSS 卫星跟踪网，进行独立定轨，可以获得很高的定位精度。例如，我国在上海、长春、武汉、昆明和乌鲁木齐等地建立了 GNSS 跟踪网，通过跟踪检测 GNSS 卫星信号，可以使我国的用户在非常时期内不受美国政府有意降低调制在 C/A 码上的卫星星历精度的影响，而且使提供的精密星历精度可达到 10^{-7}。这将对提高精密定位的精度起到显著作用，也可为实时定位提供预报星历。为满足 1 000 km 基线条件下的相对定位精度为 1×10^{-8} 的要求，精密星历精度要达到 0.25 m。

② 采用轨道松弛法处理观测数据

这一方法的基本思想是：在数据处理中引入表征卫星轨道偏差的改正参数，并假设在短时间内这些参数为常量，将其作为待估量与其他未知参数一并求解，以校正卫星星历误差。

卫星的轨道偏差主要是由于各种摄动力的综合作用而产生的。由于摄动力对卫星轨道 6 个参数的影响并不相同(表 3-4)，而且在对卫星轨道摄动进行修正时，所采用的各摄动力模型精度也不一样，所以在以轨道改进法进行数据处理时，根据引入轨道偏差改正数的不同，又分为短弧法和半短弧法。

a. 短弧法：引入全部 6 个轨道偏差改正数作为待估参数，在数据处理中与其他待估参数一并求解。这种方法可能明显地减弱轨道偏差的影响，从而提高定位的精度。但其计算工作量较大。

b. 半短弧法：根据摄动力对轨道参数的不同影响，只对其中影响较大的参数引入相应的改正数作为待估参数，见表 3-4。

表 3-4　　摄动力对卫星轨道的影响　　单位：m

轨道参数	摄动位 J_2 项	摄动位高阶项	月球摄动	太阳光压
a_s	2 600	20	220	5
e_s	1 600	5	140	5
i	800	5	80	5
Ω	4 800	3	80	5
M_s+W_s	1 200	40	500	10

注：1987 年 05 月 14 日 4 h 积累量。

摄动力对轨道参数 a_s 和 M_s+W_s 的影响较大，也就是说，对轨道的切向和径向影响较大。所以，当采用半短弧法处理观测成果时，一般普遍引入轨道切向、径向和法向(垂直轨道面方向)三个改正数作为待估量。半短弧法计算工作量较短弧法明显减少，但同样可以有效地减弱轨道偏差的影响。根据分析，目前经半短弧法修正后的卫星轨道误差将不会超过 10 m。

轨道改进法一般用于精度要求较高的定位工作，需要测后处理过程。

③ 同步观测值求差

这一方法是利用在两个或多个观测站上，对同一卫星的同步观测值求差，以减弱卫星轨道偏差的影响。由于同一卫星的位置误差对不同观测站同步观测量的影响具有系统性质，所以通过上述求差的方法，可以明显地减弱卫星轨道误差的影响，尤其当基线较短时，其有效性甚为明显。这种方法对于精密相对定位具有极其重要的意义。

④ 忽略轨道误差

这时简单地认为，由导航电文所获知的卫星星历信息是不含误差的。很明显，这时卫星轨道实际存在的误差将成为影响定位精度的主要因素之一。这一方法广泛地应用于实时定位工作。

2. 卫星钟误差

由于卫星的位置是时间的函数，因此 GNSS 的观测量均以精密测时为依据。在 GNSS 测量中，无论是码相位观测值还是载波相位观测值，均要求卫星钟和接收机钟严格同步。尽管 GNSS 卫星均设有高精度的原子钟，但它们与标准 GNSS 时之间仍存在着偏差或漂移。我们把 GNSS 卫星上使用的原子钟的钟面时间与 GNSS 标准时间之间的误差称为卫星钟的钟误差。这些偏差的总量约在 1 ms 以内，由此引起的等效距离误差可达 300 km。因此，我们只有精确测定了卫星信号到测站的时间才能确定测站与卫星间的距离，才能提高地面点的位置精度。

(1) 卫星钟钟误差的来源

在 GNSS 测量中，无论是测距码观测还是载波相位观测，都要求卫星钟与接收机钟保持严格同步。虽然卫星上使用了高精度的原子钟（铯钟和铷钟），但是这些钟与 GNSS 时之间会有频漂、频偏，随着时间的推移，这些频漂、频偏还会发生变化，这就造成了钟误差的产生。

(2) 解决卫星钟误差的方法

卫星钟的这种偏差，可用如下的二阶多项式进行改正：

$$\delta t^i = a_0 + a_1(t - t_{0c}) + a_2(t - t_{0c})^2 \tag{3-70}$$

式中，a_0 为卫星钟在参考历元 t_{0c}时的钟差；a_1 为卫星钟在参考历元 t_{0c}时的钟速（或频率偏差）；a_2 为卫星钟在参考历元 t_{0c}时钟速的变率（或老化率）。

经此改正后，各卫星钟之间的同步误差可保持在 20 ns 以内，由此引起的等效距离误差不会超过 6 m。卫星钟钟差及其经改正后的残余误差，若在接收机间对同一卫星的同步观测值求差，则可得到进一步削弱，即为观测量差分法。

3. 相对论效应

相对论效应是由于卫星钟和接收机钟所处的状态（运动速度和重力位）不同而引起卫星钟和接收机钟之间产生相对钟误差的现象。一台在惯性坐标系中频率为 f 的钟，安置在 GNSS 卫星上后，根据狭义相对论的观点将产生 $\mathrm{d}f_1 = -0.835 \times 10^{-10} f$ 的频率偏差，根据广义相对论的观点，又将产生 $\mathrm{d}f_2 = 5.284 \times 10^{-10} f$ 的引力频移，则总的相对论效应影响为 $\mathrm{d}f = \mathrm{d}f_1 + \mathrm{d}f_2 = 4.449 \times 10^{-10} f$。

克服相对论效应的简单方法是：在厂家制造卫星钟时预先将频率降低 $4.449 \times 10^{-10} f$，这样当卫星钟进入轨道受到相对论效应的影响后，其频率正好变为标准频率。

上述数值结果是在认为卫星轨道是圆形轨道时得出的，实际上卫星运行的轨道不是一个严格的圆形轨道，由此引起一个微小的频率偏移。该频偏引起的时间偏差为：

$$\delta t_{\text{rel}}=-\frac{2\sqrt{au}}{c^{2}}e\sin E=-2\ 290e\sin E \tag{3-71}$$

式中，a 为卫星轨道长半径；u 为常数，$u=3.986\ 005\times10^{14}\ \text{m}^3/\text{s}^2$；$e$ 为卫星轨道的偏心率；E 为卫星的偏近点角。

卫星轨道的偏心率可能大至0.02，则此项影响为45.8 ns，相当于距离误差13.7 m。若采用距离表示，式(3-71)可等价表示为以下形式：

$$\delta t_{\text{rel}}=-\frac{2}{c}X^{i}\cdot\dot{X}^{i} \tag{3-72}$$

式中，X^i 为卫星的位置向量；$\dot{X}^i$ 为卫星的速度向量。

对于单点定位，卫星轨道非圆形的影响项必须按式(3-71)或式(3-72)进行改正。在采用差分观测值的相对定位中，该项的影响较小，但对精密定位仍不可忽视。

(二) 与传播路径有关的误差

对于GNSS而言，卫星的电磁波信号从距离地面约2万km的信号发射天线传播到地面GNSS接收机天线，其传播路径并非真空，而是要穿过性质与状态各异且不稳定的大气层，使其传播的方向、速度和强度发生变化，这种现象称为大气折射。大气折射对GNSS观测结果的影响，往往超过GNSS精密定位所容许的误差范围，因此在数据处理过程中必须考虑。根据对电磁波传播的不同影响，一般将大气层分为对流层和电离层，还包括了信号到达地面时产生反射信号所引起的多路径效应，图3-10即为大气层对传播路径影响的示意图。

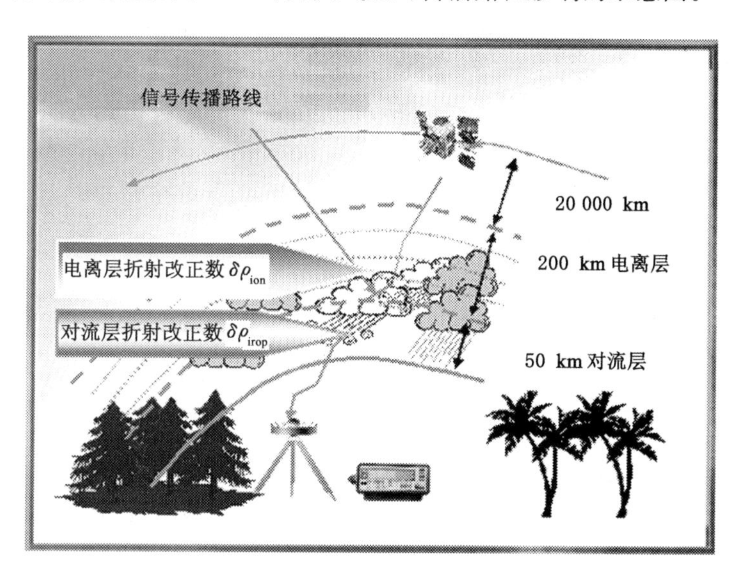

图3-10 大气层对传播路径影响示意图

1. 对流层折射改正

(1) 对流层对GNSS信号的影响

对流层延迟一般泛指非电离大气对电磁波的折射。非电离大气包括对流层和平流层，大约是大气层中从地面向上的50 km部分。该部分占整个大气层质量的99%，空气几乎都集中在该大气层中。对流层与地面接触并从地面得到辐射热量，其温度随高度的增加而降低。对流层中的少量带电粒子对电磁波的传播几乎没有影响，对流层的大气是中性的，对于电磁波的传播不属于弥散性介质，即电磁波在对流层的传播与频率无关，但是与大气的折射有关。GNSS 信号通过对流层时，使传播的路径发生弯曲，从而使距离产生偏差，由于折射80%发生在对流层，所以通常叫对流层折射。

实际测量资料表明，由于对流层折射的影响，对于一个在海平面上的中纬度站，在天顶方向的对流层对电磁波的传播延迟最大可达 2.3 m；当天顶角为 85°时，可达 25 m。因此，在精密 GNSS 测量中必须考虑对流层折射的影响。对流层折射的影响还与大气压力、温度和湿度有关。由于大气对流较强，温度、湿度等因素的变化也非常复杂，因此，大气对流层折射率的变化和影响难以精确模型化。当要求定位精度较高或基线较长(＞50 km)时，对流层折射是误差的主要来源之一。

对流层延迟由干气延迟和湿气延迟两部分组成。干气延迟占总延迟的 80%～90%，比较有规律，在天顶方向可以 1%的精度估计；但湿气延迟很复杂，影响因素较多，目前只能以10%～20%的精度估算。对流层延迟常用天顶方向的干、湿延迟分量及相应的映射函数来表示：

$$\Delta d_{\mathrm{trop}} = \Delta d_{\mathrm{z,dry}} m_{\mathrm{dry}}(E) + \Delta d_{\mathrm{z,wet}} m_{\mathrm{wet}}(E) \tag{3-73}$$

式中，$\Delta d_{\mathrm{z,dry}}$ 为天顶方向的干延迟分量；$\Delta d_{\mathrm{z,wet}}$ 为天顶方向的湿延迟分量；$m_{\mathrm{wet}}(E)$ 为与高度角 E 有关的映射函数。

(2) 消除或减弱对流层折射影响的措施

为了消除或减弱对流层折射影响，在 GNSS 定位中常用的对流层改正模型有 Hopfield(霍普菲尔德)模型、Saastamoinen(萨斯塔莫宁)模型、Black(勃兰克)模型等。目前，采用的各种对流层模型即使用实时测量的气象资料，电磁波的传播路径延迟，经过改正后的残差仍为对流层折射影响的 5%左右。

本任务仅介绍用干湿分量表示的 Saastamoinen 模型及其有关的映射函数。在 Saastamoinen 模型中，天顶方向的干湿延迟为：

$$\begin{cases} \Delta d_{\mathrm{z,dry}} = \dfrac{0.002\ 277P}{f(B,h)} \\ \Delta d_{\mathrm{z,wet}} = \dfrac{e_{\mathrm{s}}}{f(B,h)}\left(\dfrac{0.278\ 9}{T_{\mathrm{k}}} + 0.05\right) \end{cases} \tag{3-74}$$

式中，P 为测站的大气压；e_{s} 为测站的水汽压，mbar；T_{k} 为测站的绝对温度，K。

$f(B,h)$为纬度 B 和高程 h 的函数，其值为：

$$f(B,h) = 1 - 0.002\ 66\cos 2B - 0.000\ 28h \tag{3-75}$$

选择合适的映射函数后，由式(3-73)和式(3-74)即可求得传播路径上的对流层折射改正数。映射函数的种类较多，如 CFA 模型、Chao 模型、Mit 模型、Mtt 模型和 Marini 模型等，这里只介绍前三种模型。

① CFA 模型

CFA 模型的干湿分量映射函数相同，具体为：

$$m_{\mathrm{dry}}(E) = m_{\mathrm{wet}}(E) = \cfrac{1}{\sin E + \cfrac{A_1}{\tan E + \cfrac{B_1}{\sin E + C_1}}} \tag{3-76}$$

其中：

$$\begin{cases}A_1=0.001\ 185[1+6.071\times10^{-5}(P-1\ 000)-1.471\times10^{-4}e_s+3.072\times10^{-3}(T_k-20)]\\B_1=0.001\ 144[1+1.164\times10^{-5}(P-1\ 000)-2.795\times10^{-4}e_s+3.109\times10^{-3}(T_k-20)]\\C_1=-0.009\end{cases}\tag{3-77}$$

② Chao 模型

Chao 模型的映射函数形式为：

$$m(E)=\frac{1}{\sin E+\dfrac{A_1}{\tan E+B_1}}\tag{3-78}$$

对于干分量的映射函数，式(3-78)中的常数 $A_1=0.001\ 433$，$B_1=0.044\ 5$；对于湿分量，$A_1=0.000\ 35$，$B_1=0.017$。

③ Mit 模型

Mit 模型的映射函数为：

$$m_{\mathrm{dry}}(E)=\left(1+\frac{A_1}{1+\dfrac{B_1}{1+C_1}}\right)\Bigg/\left(\sin E+\frac{A_1}{\sin E+\dfrac{B_1}{\sin E+C_1}}\right)$$

$$m_{\mathrm{wet}}(E)=\left(1+\frac{A_2}{1+\dfrac{B_2}{1+C_2}}\right)\Bigg/\left(\sin E+\frac{A_2}{\sin E+\dfrac{B_2}{\sin E+C_2}}\right)\tag{3-79}$$

其中：

$$\begin{cases}A_1=1.250\ 03\times10^{-3}[1+6.295\ 8\times10^{-5}(P-1\ 000)+1.673\ 37\times10^{-5}e_s]\\B_1=3.121\ 08\times10^{-3}[1+3.845\ 0\times10^{-5}(P-1\ 000)+6.624\ 30\times10^{-5}e_s+\\\qquad 4.624\ 04\times10^{-3}(T_k-10)]\\C_1=6.945\ 748\times10^{-2}[1+3.956\times10^{-5}(P-1\ 000)+2.948\ 68\times10^{-3}(T_k-10)]\\A_2=5.741\times10^{-4},B_2=1.547\times10^{-3},C_2=4.881\ 85\times10^{-2}\end{cases}\tag{3-80}$$

在不实测气象元素时，可根据观测历元、测站纬度与高程，按有关公式进行计算。除模型推导过程中对大气层的有关假设与实际大气层不一致而导致的模型误差外，对流层折射改正误差还来自于气象元素的误差。就天顶方向而言，模型干分量的改正误差为 2～4 cm，湿分量的改正误差为 3～5 cm。当测站间距离较近时，对流层折射误差在差分观测值中能得到较好地消除。当测站间距离较远或者两测站的高差相差甚大时，两测站的大气状态不再相关，此时对流层折射的影响不可忽视。

对于对流层延迟，计算分析表明：在某一测站，随着高度角的增加，对流层延迟逐渐减小。地平方向时对流层延迟最大，天顶方向时对流层延迟最小。例如，对于测站 JG_{17}，在近地平方向(高度角 5°)时，对流层延迟约 24.5 m，当高度角为 45 °时约为 3.4 m，在天顶方向时约 2.4 m，如图 3-11 所示。对流层改正计算结果见表 3-5。

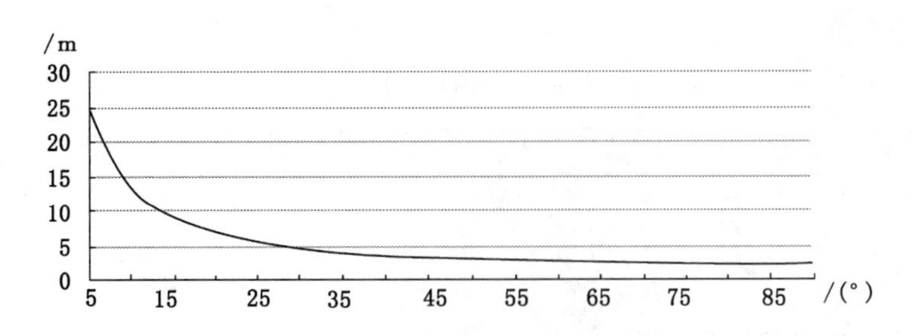

图 3-11 JG_{17}点的对流层延迟

表 3-5 **对流层改正计算结果**

测区 1($JG_{17}-JG_{18}$=5.7 km)

JG_{17}点:$B=29°51'$;$L=121°34'$;$H=16.1$ m									
高度角	5°	10°	15°	20°	25°	30°	35°	40°	45°
Marini	24.447	13.444	9.192	7.004	5.686	4.814	4.201	3.751	3.412
Chao	24.742	13.426	9.175	6.993	5.679	4.809	4.197	3.748	3.409
CFA	23.671	13.213	9.111	6.966	5.665	4.802	4.193	3.745	3.407
Mit	24.471	13.408	9.178	6.997	5.683	4.813	4.200	3.751	3.411
Mtt	24.503	13.415	9.181	6.998	5.683	4.813	4.200	3.751	3.411
Hop	24.573	13.354	9.106	6.931	5.624	4.761	4.154	3.709	3.373
高度角	50°	55°	60°	65°	70°	75°	80°	85°	90°
Marini	3.150	2.947	2.788	2.664	2.570	2.500	2.452	2.424	2.415
Chao	3.148	2.945	2.786	2.663	2.569	2.499	2.452	2.424	2.415
CFA	3.147	2.944	2.785	2.662	2.568	2.499	2.451	2.424	2.415
Mit	3.150	2.946	2.787	2.664	2.570	2.500	2.452	2.424	2.415
Mtt	3.150	2.946	2.788	2.664	2.570	2.500	2.452	2.424	2.415
Hop	3.114	2.913	2.755	2.633	2.540	2.471	2.424	2.396	2.387

在同一测区,在同一高度角的条件下(基线较短),若测站间的高程相差不大,则对流层延迟的差异较小(<1 cm);当测站间高差较大时,对流层延迟的差异也较大,其差异的大小与测站间高差有关。如若测站间高差大于 60 m,当高度角均为 45°时,对流层延迟的差异在 2~3 cm 左右。当高度角不同时,这种差异就更大。因此,对于高精度 GNSS 监测,除了要考虑监测距离要适当外,还应考虑测站间的高差不要太大。

某一测站,对流层延迟的大小与其高程(进而是气温、气压等气象要素)关系很大。在同一历元和同一高度角的条件下,不同测区对流层延迟差异仍然与高差有关,高原测区与平原测区(如测区 1,见表 3-5)间的差异可达 1 m 以上。

在 Saastamoinen 模型中,不同映射函数计算的对流层延迟的差异,随高度角的增加而减小。当高度角不低于 45°时,这种差异一般不超过 3 mm;在天顶方向时,结果相同;在地平方向时,最大差异(CFA 模型和 Chao 模型间)可达 1 m。

2. 电离层折射改正

电离层是指地球上空距离地面高度在 50~1 000 km 的大气层。由于电离层中的气体分子吸收了太阳紫外线的能量,因此,该大气层的温度随着高度的增加而迅速升高。同时,由于太阳和其他天体的各种射线作用,使得该大气层中的大气分子大部分发生电离,从而具有密度较高的带电粒子。该大气层对电磁波的传播属于弥散性介质,也就是说,这时的电磁波的传播速度与频率有关。电离层是一种微弱的电离气体,它能以多种方式影响电磁波传播。影响电磁波传播的主要因素是电子密度,按电子密度的不同,电离层可分为 D、E、F 和 H 层。

(1) 电离层对 GNSS 信号的影响

当 GNSS 信号通过电离层时,信号的传播路径会发生弯曲,使其传播速度也发生变化,其中 F 层是导致 GNSS 信号延迟的主要原因。因此产生的距离差对测量的精度影响较大,必须采取有效的措施削弱其影响。从天顶到地平,电离层引起的测距误差可从 5 m 到 150 m。电离层对 GNSS 定位的主要影响有七种,即信号调制的码群延(或称绝对测距误差)、载波相位的超前(或称相对测距误差)、多普勒频移(或称距速误差)、信号波幅衰减(或称振幅闪烁)、相位闪烁、磁暴和电离层对差分 GNSS 的影响。

电离层对相位观测值的影响为:

$$\Delta d_{\text{ion}} = -\frac{40.28c}{f^2}\int_s N_e \mathrm{d}s \tag{3-81}$$

式中,$\int_s N_e \mathrm{d}s$ 为信号在传播路径上的总电子量(TEC),$10^{16} e/\mathrm{m}^3$。

对于伪距观测值其改正量与上式相同,但符号相反。由上式可知,信号在电离层中产生的路径延迟取决于传播路径上的总电子量和电磁波频率。对于确定的频率,其总电子量是唯一的变量。电离层电子密度与太阳黑子活动强度最为密切相关,随着太阳及其他天体的辐射强度、季节、时间以及地理位置等因素的变化而发生变化。对于 GNSS 信号而言,白天正午前后,当卫星接近地平线时,电离层折射影响约为 150 m;在夜间,当卫星处于天顶方向时,电离层折射的影响会小于 5 m。

(2) 消除或减弱电离层折射影响的措施

电离层对 GNSS 测量的影响,可以采用模型改正、双频观测值组合或差分观测值等方法进行改正或消除。

① 利用同步观测值求差

当进行短距离(<20 km)相对定位时,由于两测站的电子密度的相关性很好(尤其是在晚上),卫星高度角也基本相同,即使不进行电离层改正,也可获得相当好的相对定位精度。电离层折射对基线成果的影响一般不会超过 1 ppm,因此在短基线上使用单频接收机也可以获得很好的相对定位结果,显然,对于单频接收机的用户,该方法意义明显。

② 模型改正

电离层延迟也可以用改正模型进行改正,常用的模型有 Klobachar 模型、Bent 模型、IRI 模型、ICED 模型等,在 GNSS 定位中,一般常采用 Klobachar 模型。

1987 年,美国的 Klobachar 提出了一种计算方便、实用可靠、能有效改正单频 GNSS 接收机电离层时间延迟改正的计算方法。经过以后几年的验证,世界上广泛认为这的确是一种实用而有效的算法,特别适用于中纬度地区。Klobachar 模型代表了电离层时间延迟的周日平均特征,它取决于纬度和一天内的时刻。Klobachar 将每天电离层的最大影响定为地方时的 14:00,这是符合中纬度地区的大量实验资料的。根据几年来的统计资料,Klobachar 的改正电离层时间延迟的平均有效率,在北半球中纬度地区为 50%以上。

Klobachar 模型把晚上的电离层延迟看作一个常数,而把白天的电离层延迟看作是余弦波中正的部分。该模型中,任一时刻 t 的电离层时延为:

$$T_g = D_c + A\cos\frac{2\pi}{P}(t - T_P) \tag{3-82}$$

式中,$D_c = 5$ ns,$T_P = 14$ h(地方时)。

$$A = \sum_{n=0}^{3}\alpha_n\varphi_m^n,\quad P = \sum_{n=0}^{3}\beta_n\varphi_m^n \tag{3-83}$$

式中,α_n、β_n 为由导航电文给出;φ_m^n 为传播路径与中心电离层交点的地磁纬度。

一般认为,这种模型能改正电离层影响的 50%~60%,在理想情况下可达 75%。

在计算电离层时间延迟改正时,仅涉及测站位置、卫星位置、计算历元等信息,不涉及测站的温度、湿度等信息,这一点与对流层引起的时间延迟不同。因此,当两测站相距不远(一般认为≤20 km),站星差分观测值中能很好地消除电离层延迟的影响。

③ 双频观测值改正

对于双频用户,还可以利用双频观测值进行电离层改正。由式(3-81)可知,电磁波通过电离层所产生的折射改正数与电磁波频率 f 的平方成反比。如果分别用两个频率 f_1 和 f_2 来发射卫星信号,则这两个不同的信号就将沿同一路径到达接收机。在式(3-81)中,虽然总电子量不能准确知道,但若令 $-c\int_s N_e ds = A$,则有 $\Delta d_{ion} = A/f^2$。GNSS 卫星采用两个载波频率,其中 $f_1 = 1\ 575.42$ MHz,$f_2 = 1\ 226.60$ MHz,调制在这两个载波上的 P 码分别为 P_1 和 P_2,则:

$$\begin{cases} s = P_1 + \dfrac{A}{f_1^2} \\ s = P_2 + \dfrac{A}{f_2^2} \end{cases} \tag{3-84}$$

两式相减有:

$$\Delta P = P_1 - P_2 = \frac{A}{f_2^2} - \frac{A}{f_1^2} = \Delta d_{ion1}\left[\left(\frac{f_1}{f_2}\right)^2 - 1\right] = 0.646\ 9\Delta d_{ion1} \tag{3-85}$$

所以:

$$\begin{cases} \Delta d_{ion1} = 1.545\ 73(P_1 - P_2) \\ \Delta d_{ion2} = 2.545\ 73(P_1 - P_2) \end{cases} \tag{3-86}$$

由于用调制在两个载波上的 P 码测距时,除电离层折射的影响不同外,其余误差(如卫星钟误差、接收机钟误差、对流层折射等)的影响都相同,所以 ΔP 实际上就是用 P_1 和 P_2 测得的伪距之差。因此,如果用户用双频接收机进行伪距测量,就能利用电离层折射的色散效应从两个伪距观测量中求得电离层折射改正量,从而得到改正后的伪距,即:

$$\begin{cases} s = P_1 + \Delta d_{ion1} = P_1 + 1.545\ 73(P_1 - P_2) \\ s = P_2 + \Delta d_{ion2} = P_2 + 2.545\ 73(P_1 - P_2) \end{cases} \tag{3-87}$$

双频载波相位观测量的电离层折射改正,也可采用类似于式(3-87)的形式进行改正,但和伪距观测量的改正有两点不同:一是电离层折射改正的符号相反;二是要引入模糊度。

另一种方法是采用无电离层折射的双频组合观测值，但这种方法放大了观测噪声，同时破坏了模糊度的整数特性，因此对定位会带来不利的影响。不过，在太阳辐射强烈的正午，或是太阳黑子活动的异常期，经过上述模型的不完善而引起的残差仍然是很明显的。这在拟订精度定位计划时，应当慎重考虑，尽量避免在这个时段进行观测。

3. 多路径效应误差

(1) 多路径效应对 GNSS 测量的影响

在 GNSS 测量中，如果测站周围的反射物所反射的卫星信号(反射波)进入接收机天线，这就将和直接来自卫星的信号(直接波)产生干涉，从而使观测值偏离真值产生所谓的多路径误差。这种由于多路径的信号传播所引起的干涉时延效应称为多路径效应，如图 3-12 所示。多路径误差随着天线周围反射面的性质而异，难以控制。多路径效应对伪距测量的影响比载波相位测量的影响严重，该项误差取决于测站周围的环境和接收机天线的性能。资料表明，在一般反射环境下，多路径效应对测距码伪距的影响可达米级，对载波相位测量伪距的影响达厘米级。在高反射环境的条件下，多路径效应的影响明显增大，而且常常导致接收的卫星信号失锁和使载波相位观测量产生周跳。在精密 GNSS 测量中，多路径效应的影响不容忽视，多路径效应是 GNSS 测量的一种重要误差来源，严重时将引起载波相位观测值的频繁周跳甚至接收机失锁，损害 GNSS 定位的精度。

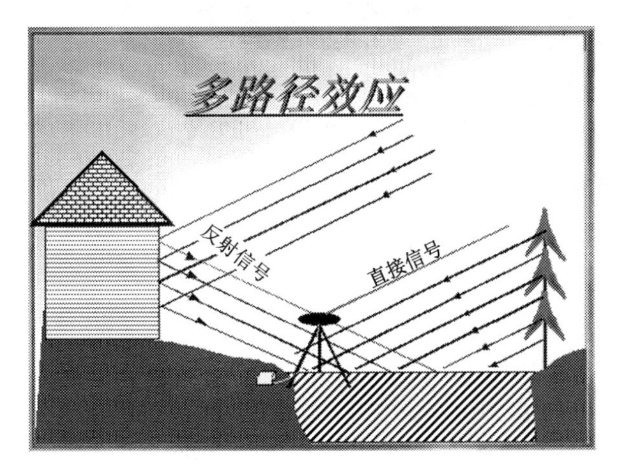

图 3-12　多路径效应示意图

多路径干扰引起的载波相位误差，可表示为：

$$\varphi = \arctan\left(\frac{a\sin\theta}{1 + a\cos\theta}\right) \tag{3-88}$$

式中　θ——反射信号对直接信号的相移；

a——反射物的反射系数。

由于卫星、反射体和天线的几何关系的变化，θ 随时间缓慢变化，导致载波相位多路径误差 φ 的周期变化。对于一定的反射物，当 θ 等于 $\pm\arccos(-a)$ 时，φ 达到最大值 $(\pm\arcsin a)$。当 $a=1$ 时，得这一最大误差为 90°，或者四分之一周。对 L_1 载波而言相当于 4.8 cm 的距离误差，对 L_2 载波而言则为 6.1 cm 的距离误差。多路径效应对伪距测量比对载波相位测量的影响要大得多。实践证明，多路径误差对 P 码最大影响可达 10 m 以上。

(2) 预防多路径效应的措施

虽然可以用一些方法来检测多路径效应,但目前在数据处理中还难以模型化以削弱其影响。解决多路径效应的最好方法在于采取预防措施,如选择合适的站址、采用性能良好的天线、改善接收机的设计等。

① 远离强反射面。测站要远离较强的反射面,如平坦的地面、大面积平静的水面等。草地、灌木丛等地面植被可以较好地吸收微弱的信号能量,是较理想的测站站址。粗糙不平的地面和翻耕的土地的反射能力较差,也可以作为测站站址。

② 选择抑径圈和抑径板天线,改善 GNSS 接收机的电路设计。为了削弱多路径效应的影响,一般采用性能良好的微带天线,并在天线底部安置抑径板,这种方法可使多路径效应减少约 27%。但抑径板一般较大、较重,主要用于高精度静态定位或基准台站。抑制多路径效应最为有效的方法是改进接收机的设计,图 3-13 列出了抗多路径效应的天线。1994 年,加拿大 NovAtel 公司研究出 MET(Multipath Elimination Technology)技术,在硬件电路设计中采取若干改进措施,将多路径效应减小 60%左右。在 MET 技术的基础上,该公司又开发出 MEDLL(Multipath Estimating Delay Lock Loop)技术,将几块 GNSS 机芯构成组合体,从而使多路径效应减少 90%。

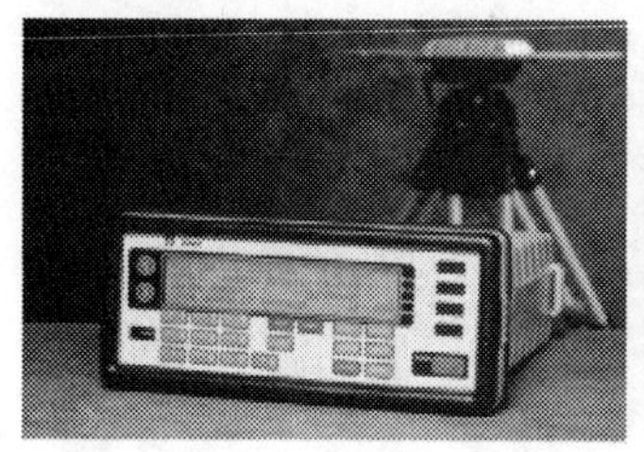

图 3-13 抗多路径效应的天线

③ 测站要远离高建筑物。

④ 测站附近不要停放汽车。

⑤ 测站不宜选择在山坡、山谷、盆地等地方。

⑥ 适当延长观测时间,削弱多路径效应的周期性影响。

(三) 与接收设备有关的误差

与接收机有关的误差包括观测误差、接收机钟误差、天线相位中心位置误差、接收机位置误差、天线高量取误差等。这里主要讨论接收机钟误差的单历元计算方法和接收机天线相位中心偏差的改正方法。

1. 观测误差

观测误差除观测的分辨误差之外,也包括接收机天线相对测站点的安置误差。根据经验,一般认为观测值的分辨误差约为信号波长的 1%。对 C/A 码来说,由于其码元宽度约为 293 m,所以其观测精度约为 2.9 m;而 P 码的码元宽度为 29.3 m,所以其观测精度约为 0.2 m,比 C/A 码的观测精度约高 10 倍。对于 L_1 和 L_2 载波,其波长分别为 0.19 m 和 0.24 m,则相应的观测精度为 1.9 mm 和 2.4 mm。

观测误差属偶然性质的误差,适当增加观测量会明显地减弱其影响。

接收机天线相对观测站中心的安置误差,主要有天线的置平与对中误差和量取天线相位中心高度(天线高)的误差。例如,当天线高度为1.6 m时,如果天线置平误差为0.1°,则由此引起光学对中器的对中误差约为3 mm。因此,在精密定位工作中必须仔细操作,以尽量减小这种误差的影响。应用GNSS进行变形观测时,要采用强制对中装置。量仪器高时,尽量选用经过检验过的高精度钢尺,多测量几次。

2. 接收机误差

GNSS接收机的钟面时与GNSS标准时之间的差异称为接收机钟差。在GNSS测量时,为了保证随时导航定位的需要,卫星钟必须具有极好的长期稳定性。GNSS接收机一般设有高精度的石英钟,其稳定度约为10^{-11}。如果接收机钟与卫星钟之间的同步差为1 μs,则由此引起的等效距离误差约为300 m。处理接收机钟差比较有效的方法,是在每个观测站上引入一个钟差参数作为未知数,在数据处理中与观测站的位置参数一并求解。这时如假设在每一观测瞬间钟差都是独立的,则处理较为简单。所以,这一方法广泛应用于实时定位。在静态绝对定位中,也可像卫星钟那样,将接收机钟差表示为多项式的形式,并在观测量的平差计算中求解多项式的系数,不过这将涉及在构成钟差模型时,对钟差特性所作假设的正确性。

以下介绍接收机钟误差的单历元计算方法。设在观测历元t,在基准点p_1观测到n颗卫星,得伪距观测值$\rho_0^i(i=1,2,\cdots,n)$。设信号传播时间初值为0.077 s,则接收机p_1的钟差按下列过程计算:

(1) 计算几何伪距与观测伪距的差值

根据观测历元和信号传播时间,按星历计算卫星i的瞬时坐标(X^i,Y^i,Z^i)及卫星钟改正数δt^i。由于测站p_1的近似坐标已知,则可得计算伪距ρ_c^i为:

$$\rho_c^i=\sqrt{(X^i-X_{p_1})^2+(Y^i-Y_{p_1})^2+(Z_i-Z_{p_1})^2} \tag{3-89}$$

观测伪距ρ_0^i与计算伪距ρ_c^i之差为:

$$\delta\rho^i=\rho_0^i-\rho_c^i+c\delta t^i \quad (i=1,2,\cdots,n) \tag{3-90}$$

(2) 计算伪距差值的平均值并剔除不合格伪距

由式(3-90)可得伪距差值的平均值为:

$$\delta\rho_a=\sum_{i=1}^{n}\delta\rho^i/n \tag{3-91}$$

若

$$|\delta\rho^i-\delta\rho_a|\leqslant 300\ \mathrm{m} \tag{3-92}$$

则进行下一步计算;否则剔除该伪距差后,利用剩余的伪距差按式(3-91)重新计算平均伪距差,直至保留的伪距差均满足要求。若该历元的所有伪距差均不满足条件,则舍弃该历元数据,进行下一历元的计算。

(3) 计算接收机钟差的初值

$$\delta t_{p_1}=\delta\rho_a/c \tag{3-93}$$

式中,c为光速,取值为3.0×10^8 m/s。

(4) 重新计算信号传播延迟

$$\tau^i=\delta t_{p_1}+\rho_c^i/c \quad (i=1,2,\cdots,m) \tag{3-94}$$

式中,m是保留的计算伪距个数。

(5) 重复并循环上述过程

重复第一步至第四步，循环计算两次，最后一次计算的钟差即为该历元接收机的钟差。

在以上单历元计算接收机钟差的过程中，式(3-92)起着关键的作用，它决定了接收机钟差计算的正确性。该指标(300 m)定得太小，会导致剔除质量较好得伪距观测值，影响到钟差解算的精度；定得过大，则不能剔除观测质量差的伪距观测值，从而导致计算钟差的错误。

上述单历元钟差算法，与信号传播时延、卫星坐标进行同步计算，必要时可考虑地球自转和相对论效应的影响，因此一个历元计算结束后，可提供较多种类的数据，有利于提高软件的运行速度。

为验证单历元差钟差算法的有效性，对 4 台 Javad 接收机的钟差进行计算。计算时，除按单历元差钟差算法进行计算外，还与 Javad 接收机的随机软件 Pinnacle 的计算结果进行比较。图 3-14 和图 3-15 中绘出了采用上述算法和 Pinnacle 软件计算的这 4 台接收机的钟差变化图形，横轴为历元序号，纵轴为接收机钟差，单位为 0.1 ms。

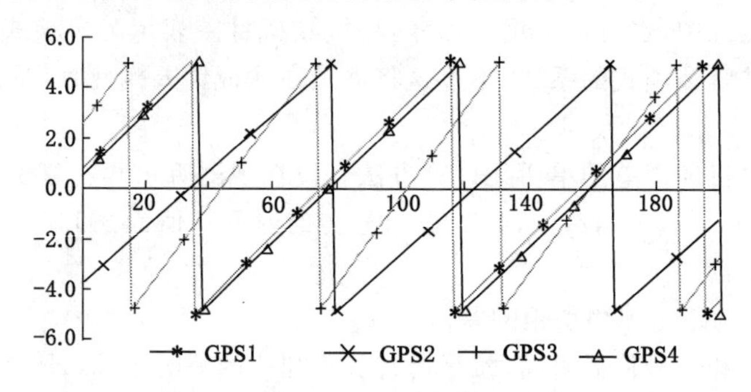

图 3-14　单历元算法计算的接收机钟差

从图 3-14 和图 3-15 可以看出：① 单差钟差算法和 Pinnacle 软件计算的这 4 台接收机钟差的变化趋势是完全一致的；② 这 4 台接收机钟均存在跳毫秒现象，但跳毫秒的历元不同；③ 在该时段内，同一历元不同接收机间的相对钟差可达约 1 ms。

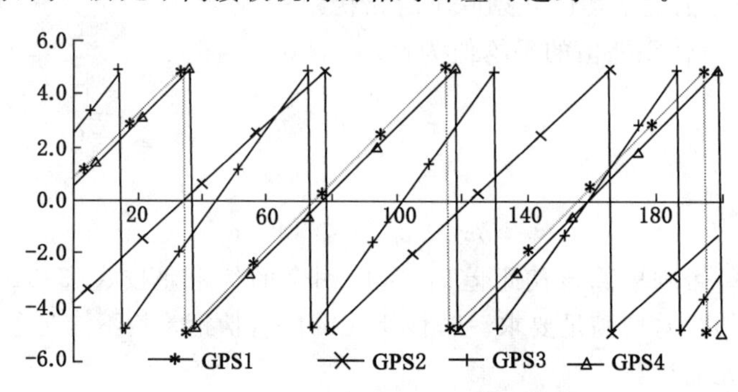

图 3-15　Pinnacle 软件计算的接收机钟差

3. 天线相位中心偏差的改正

在 GNSS 测量中，测距码和载波相位观测值都是以接收机天线的相位中心位置为准的，因此，天线的相位中心要与其几何中心保持一致。但实际天线的相位中心位置随着信号输入的强度和方向不同会发生变化，使其偏离几何中心，这种偏差称为天线相位中心偏差。天线相位中心的偏差，主要在天线的设计和生产过程中考虑。在观测过程中，应根据天线附有的方向标志对天线进行定向，使之根据罗盘指向磁北极，定向误差应保持在 3°以内。此外，通过利用测站间的同步观测值求差，也可以削弱相位中心偏差的影响。但是对于各种不同类型的天线，其相位中心变化规律各不相同，通过测站间的同步观测值求差后，其残留的误差对于高精度定位而言，可能是不能容忍的。

接收机天线相位中心偏差改正的正确与否，对测站在天顶方向上的位置分量影响最大，特别是在采用不同型号的天线时，两测站在同一卫星高度角下，这一影响可高达 1.0 cm，如图 3-16 所示。因此，在高精度定位中，必须解决天线相位中心偏差这一问题。

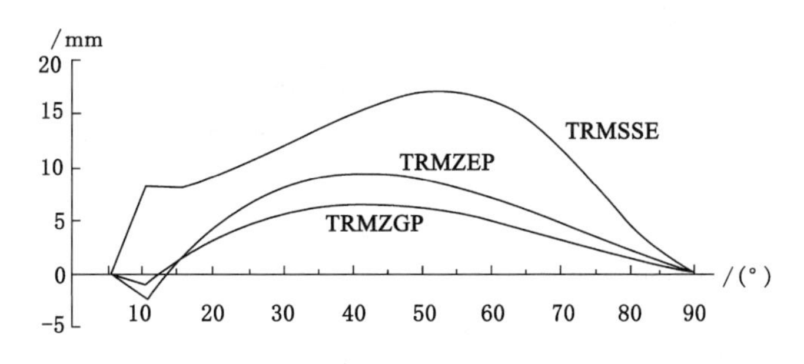

图 3-16 相位中心随卫星高度角变化示意图

目前，有关天线相位中心偏差的测定方法较多，但如何在软件中采用一定的模型来进行改正讨论的要显得少一些。这主要是因为不同型号的天线其相位中心偏差不同；同一天线，当卫星高度角、方位角不同时，相位中心偏差一般也不同。

麻省理工学院研制的高精度精密基线解算软件（GAMIT 软件）中，对天线相位中心偏差改正采用两种基本方法，即与卫星高度角有关的模型和与卫星高度角、方位角有关的模型。对不同类型天线，GAMIT 软件赋以唯一的 6 个字符标准代码（参见表 3-6 和图 3-16），并给出与相应模型所对应的相位中心偏差值数据表。该数据表中，高度角在 0°～90°范围内按 5°间隔分划，方位角在 0°～360°范围内按 10°间隔分划。表 3-6 中给出了三种不同类型天线在不同高度角时相位中心偏差的部分数据。图 3-16 给出了这三种天线的 L_1 相位中心随高度角的变化规律。

表 3-6 天线相位中心偏差与高度角的关系 单位：mm

天线	载波	卫星高度角							
		30°	35°	40°	45°	50°	55°	60°	65°
TRMSSE	L_1	11.9	13.4	14.9	16.2	16.9	16.9	16.1	14.5
	L_2	3.6	4.5	5.3	5.6	5.6	5.4	4.9	4.1
TRMZEP	L_1	8.0	8.9	9.3	9.2	8.7	8.0	7.0	5.8
	L_2	3.3	4.1	4.4	4.4	4.0	3.5	2.8	1.9
TRMZGP	L_1	5.5	6.1	6.4	6.4	6.1	5.6	4.9	4.1
	L_2	0.6	0.9	1.0	1.1	1.0	0.8	0.5	0.1

从表 3-6 和图 3-16 可以看出，不同类型天线的相位中心偏差相差较大，因此在高精度变形监测中，有时要求尽量采用同一种类型天线，这也是为了避免天线相位中心偏差改正不

完善而引起的系统误差。

4. 天线高丈量误差

天线高的丈量误差对高程分量具有直接的影响，但在高精度相对定位或变形监测中，为了提高定位或监测精度，一般均需要采取一定的措施，如建立具有强制对中装置的观测墩，以减少天线高丈量误差出现的机会。对于多期或长期观测的监测网，可采取制作特殊连接螺栓的方式，每次观测时采用固定的天线高而不必丈量，从而使天线高的丈量误差降低到极限。这种方式同样有利于降低天线的安置误差。

5. 接收机位置误差(起始点坐标误差)

在 GNSS 基线测量中，需要取基线的一个坐标已知的端点作为起始点(或参考点)。起始点的坐标误差对精密 GNSS 基线测量的影响往往不能忽视。理论分析和模拟数值结果表明：

起始点的坐标误差对 GNSS 基线向量的影响，与基线的方位有关。当基线的方位变化于 0°～360°时，上述影响的相对变化幅度最大约为 20%。

起始点的坐标变化对基线向量的影响，主要与基线长度密切相关。在最不利的情况下，其影响的大小可以按以下近似关系式估算：

$$\delta S = 0.60 \times 10^{-4} \times D \times \delta X_1 \tag{3-95}$$

式中，D 为基线长度，km。

当要求 $\delta S \leqslant 0.01$ m 时，起始点的坐标误差应不超过表 3-7 的要求。

表 3-7　　起始点坐标的容许误差

基线长度/km	10	100	1 000
$\delta X \leqslant$	16.7	1.7	0.17
相对精度	10^{-6}	10^{-7}	10^{-8}

可见，在长距离精密相对定位中，起始点坐标偏差的影响是不能忽视的。另外，在同一基线的重复测量中，起始点的坐标应尽可能选择一致，以避免由于起始点坐标值的不同，对所求基线的重现度产生影响。

6. 接收机软、硬件造成的误差

在 GNSS 测量中，测量结果还会受到接收机硬件、控制软件以及数据处理软件的影响，主要包括 GNSS 控制部分或计算机造成的影响，以及数据处理软件算法不完善对解算结果的影响。

(四) 其他误差

除上述三种误差外，还有其他的一些误差来源，如地球自转和地球潮汐，对 GNSS 定位也会产生一定的影响。

可以通过对测站或卫星位置进行改正的方式来消除地球自转的影响。对测站位置进行改正时，若以距离表示，则地球自转的改正可用下式表示：

$$\delta d_{\mathrm{w}} = -\frac{w}{c} R_{\mathrm{r}} \rho \cos\varphi \cos E \sin A \tag{3-96}$$

式中，w 为地球自转速度；R_{r} 为测站地心向径；ρ 为角常数；φ 为测站纬度；E 为卫星高度角;A 为卫星方位角。

可见,地球自转改正取决于测站的纬度和测站与卫星之间的几何状况。对两极的测站,影响为零;对赤道上的测站影响最大(约 40 m)。当卫星在测站子午面内时,影响为零;当卫星在测站卯酉面时,影响最大。对于以测站子午面对称分布的卫星,其影响大小相等,符号相反。

地球旋转对纬度影响很小,对经度影响最大,其次是高度。站间差分观测对地球自转影响的抵消程度与站间距离成反比,即站间距离越短,自转影响对站间差分观测值的影响越小。对于赤道上相距 10 km 的两测站,地球自转改正的差异可能达到 15.5 mm。在软件设计中,一般采用对卫星坐标进行修正的方式来改正地球自转的影响。

地球并非是一个刚体,在日月的万有引力作用下,固体地球要产生周期性的弹性形变,称为固体潮;另外,地球上的负荷也将发生周期性的变化,使地球产生周期性的变形,称为负荷潮。固体潮和负荷潮引起的测站位移可达 80 cm,使不同时间的测量结果互不一致,在高精度相对定位中应考虑其影响。固体潮和负荷潮对 GNSS 观测的影响,也可以采用模型进行改正。当两测站相距较近时,在站间差分观测值中可以消除该项误差的影响。

项目小结

在本项目中,主要讲述了 GNSS 定位的基本原理,是理论基础最核心的部分。首先从测量学的角度切入,介绍了 GNSS 定位最基本的原理,并讲述了定位方法的分类,使学生对 GNSS 定位方法有初步了解。接下来介绍了 GNSS 定位的基本观测量,使学生对测码伪距测量、载波相位测量、周跳等内容有更深入的了解。然后按照 GNSS 的绝对定位和相对定位两大类型详细介绍了定位原理,该部分内容是 GNSS 测量中常用的一些方法。后面又针对载波相位差分观测值进行了详细介绍,使学生有初步了解。最后,针对 GNSS 的误差来源做了详细介绍,并分析了每种误差对 GNSS 测量的影响,让学生在 GNSS 测量实际过程中严格按照规范操作,尽量减少误差的产生。

练习与思考题

1. GNSS 按照测距原理分为哪几类?
2. 何为载波相位测量,请简述其原理。
3. GNSS 测量中,常发生周跳,请说明周跳发生的原因,以及周跳的定义和特点,并简述其修复方法。
4. 确定整周未知数都有哪些方法?
5. 实时差分动态测量分为哪些方法?
6. 载波相位差分观测值按照求差次数的多少分为哪些方法,并简述每个方法的原理。
7. GNSS 测量误差来源有很多,主要分为哪几类误差?
8. 如何处理 GNSS 测量中出现的星历误差?
9. 如何减弱 GNSS 接收机钟差?
10. 请简述相对论效应对 GNSS 测量的影响。
11. 什么叫多路径误差? 在 GNSS 测量中可采用哪些方法来消除或削弱多路径误差?

项目四　GNSS接收机单点定位

项目概述

GNSS单点定位是以GNSS卫星和用户接收机天线之间的距离(或距离差)观测量为基础,根据已知的卫星瞬时坐标,来确定接收机所在对应的点位,即观测站的位置。GNSS单点定位观测原理简单,采集数据速度快,显示直观,在很多领域都有应用,主要用GNSS手持接收机来采集精度要求不高的点、线、面数据,在测量领域可以用来踏勘选点,绘制点之记。

学习目标

1. 了解GNSS手持机的操作原理。
2. 掌握GNSS手持机界面设置、初始化设置等。
3. 掌握如何采集点、线、面数据。
4. 掌握GNSS手持机踏勘找点及绘制点之记。
5. 掌握单点定位坐标转换。

任务一　单点坐标数据采集

一、认识GNSS手持机

1. 概述

GNSS手持机,指全球移动定位系统中以移动互联网为支撑、以GNSS智能机为终端的GIS系统,GNSS手持机支持传统手持机航点、航线和航迹记录、编辑等操作,提升了数据存储上限,其具有专业的面积测量功能,适合不同的测量对象,可有效提高测面积精度。

GNSS手持机支持多种数据采集,数据格式丰富。数据格式兼顾专业与导航应用,支持数据的导入和导出,可输出的格式包括shp、mif、dxf、csv、GPX、gdb、txt、kml、kmz等多种GIS数据格式,以及加载地图的功能,具备5 m～3 000 km比例尺放大缩小显示功能。内置世界版地图、全国路网图、全国城市详图。并且可以导入各种自定义地图格式,可以实现采集数据与地图的共同显示。同时,支持航线和航迹测面积方式,具有专业的面积测量功能,适合不同的测量对象,可有效提高测面积精度,灵活进行面积测量工作。

新一代的GNSS手持机采用领先的电池兼容技术(如2节AA电池和锂电池相兼容的电池仓设计),同时提升机器的待机时间,完全满足长时间的持续作业;海量存储空间(如128 MB SDRAM,4 GB Flash),支持TF存储卡扩展;贴心的操作设计,如G138采用目前国际最领先的技术体系架构设计,在手持产品基础上,兼顾专业应用;独特的摇杆键设置,真正实现单手灵活操作；高度一体化设计，美观、小巧、轻便，却非常实用。

新一代的 GNSS 手持机可视效果超强，如 G138 选用适合户外工作的工业级屏幕——2.4 英寸 TFT 彩色屏幕，采用人性化的软件 UI 设计，屏幕在强阳光直射下依然清晰可见。同时，具备工业三防品质，IP67 级防尘防水等级，恶劣的作业环境依然能够使用。能够轻松实现智能导航，如 G138 内置全国详细地图，支持直线导航和智能导航(沿路导航)，内置各种兴趣点信息，支持兴趣点查询和导航。除此之外，支持用户自定义地图(CUSTOM MAPS)，可将不同行业的专题地图加载到设备里面，支持数字高程模型图和等高线图，可实时导入 GOOGLE EARTH 位置信息，显示当前位置。具备了完善的坐标转换模型，GNSS 手持机内置 WGS-84、北京 54 和西安 80 坐标系统，同时支持用户自定义坐标，满足个性化需求，支持七参数录入。同时，支持电子罗盘与气压测高，内置三轴电子罗盘和气压测高计，轻松掌握方位和地形变化，并配有日历、日月、计算器等实用工具。

2. 仪器学习

以下内容学习，将以华测 LT500T 亚米级手持 GNSS 接收机作为学习范例，手持机外形如图 4-1 所示。

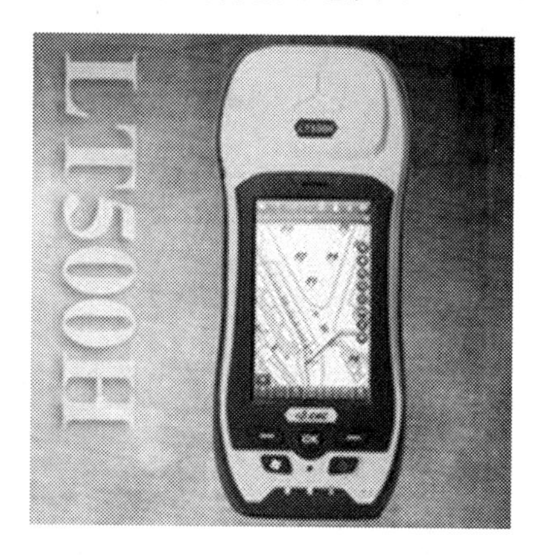

图 4-1　华测 LT500T 亚米级手持 GNSS 接收机

(1) 打开 MapCloud 2.0 软件，进入系统主界面，如图 4-2 所示。

(2) 新建工程。在开始采集数据之前要新建工程，如图 4-3 所示。

图 4-2　手持接收机的操作系统界面

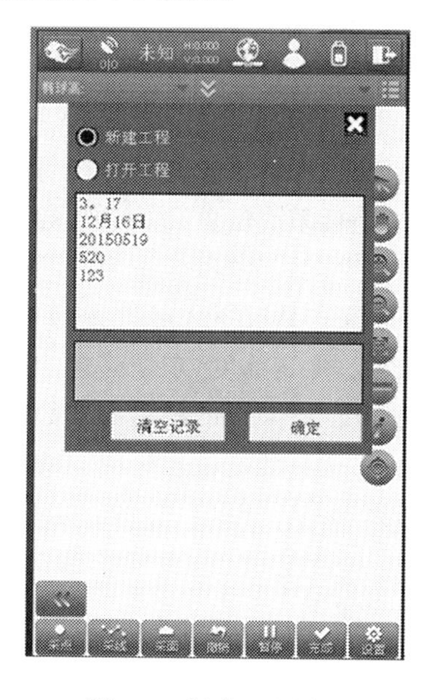

图 4-3　新建工程界面

(3) 工程命名及设置。新建工程需要输入工程名称以及文件所采用的坐标系统等信息，如图 4-4 所示。

快速工程中,用户可以直接新建工程,也可以打开手簿中已存在的工程。工程列表中显示历史工程记录,选择历史记录后显示选择工程所在路径,清空记录则是清空历史工程列表中的内容。用户可选择历史记录中的工程直接打开,如不选择历史工程,直接点击“确定”,则跳转为打开工程界面,进入路径选择。打开工程后,进入主界面。主界面中包含了工程管理、地图显示、地图编辑操作、设置等所有操作。

(4) 基本操作界面。设置基本信息后,可以进入测量主界面,如图 4-5 所示。

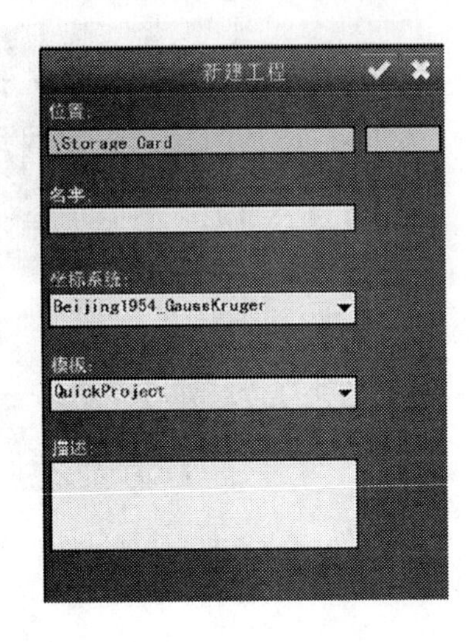

图 4-4　工程命名及设置的操作界面

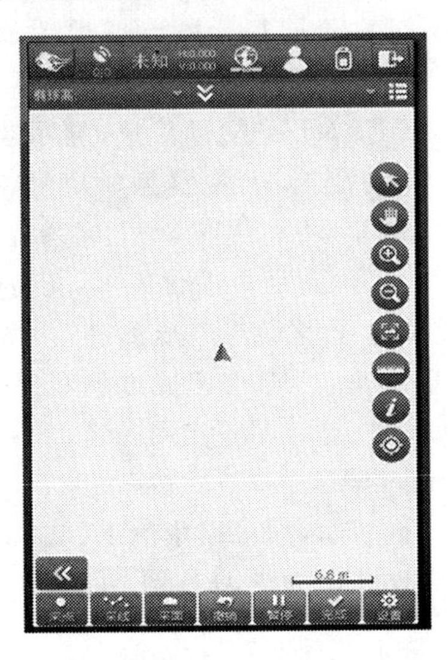

图 4-5　GNSS 接收机测量主界面

二、坐标参数设置

1. 基本操作

点击主界面右下方“设置”进入设置界面,其中包含采集设置、轨迹设置、GNSS 设置、地图窗口设置、坐标系统设置、单位设置、点校正计算等功能,如图 4-5 所示。

点击“坐标系统设置”进入坐标系统设置界面,其中包含基准、投影、七参、平面和高程设置。“基准”中默认为“Beijing 1954”椭球面,选择基准面椭球的长半轴和扁率都是固定的,仅有在自定义的情况下才可设置,如图 4-6 所示。“投影”中包含多种投影方式,以及坐标单位、中央经线、原定纬度、东偏移量、北偏移量、投影比例、方位角、第一标准线、第二标准线、第一点的经度、第二点的经度等参数的设置,如图 4-7 所示。

注意:所选择的定位坐标应与所使用的地图具有相同的地图基准面。

当选择 Beijing 1954 平面坐标系时,需先输入导航仪所在区域的中央子午线,以确定定位精度。

2. 坐标系统

(1) 原点坐标,原点纬度为:0.000000° N,原点经度为:123.00000° E(21 号带)。

(2) 输入投影比例与坐标偏移数据。

投影比例:1.000000;

东偏移量:500000.00000000000;

北偏移量:0.00000000000。

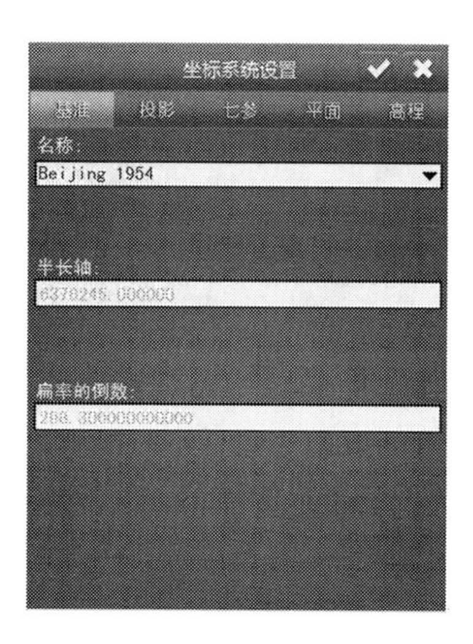

图 4-6　坐标系统设置中基准的操作界面

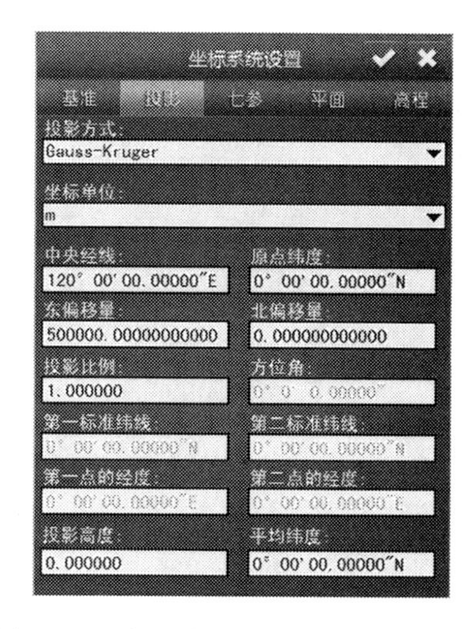

图 4-7　坐标系统设置中投影的操作界面

(3) 点“ ”按钮完成坐标系统设置。

三、点位数据采集

1. 地图编辑功能介绍

进入地图界面后,有 5 个按键可对地图进行编辑,每个按键所对应的功能见表 4-1。

表 4-1　　地图编辑按键的含义解释

图标	含义
	该图标为选择按钮,用于选择对象
	该图标为移动按钮,用于移动地图
	该图标为放大按钮,用于放大地图
	该图标为缩小按钮,用于缩小地图
	该图标为全幅显示按钮,用于当前可视界面显示整幅地图

2. 数据采集

主界面最下面两排按钮为采集数据的功能键。其中第一排按钮可根据用户需要,点击 图标隐藏,如图 4-8 所示。

连接完成后,等待搜星稳定、显示差分后再进行采集,否则提示精度不足,无法进行采集。

地图主界面中,点击“ ”图标进入星空图,图标显示数字分别为可用卫星数和已搜索卫星数。星空图是以当前位置为中心点显示所有卫星的位置,并显示信噪比和 GNSS 信息,点击实时信息显示框,可以根据用户需求显示如图 4-9 所示的界面。

图 4-8　数据采集的操作界面

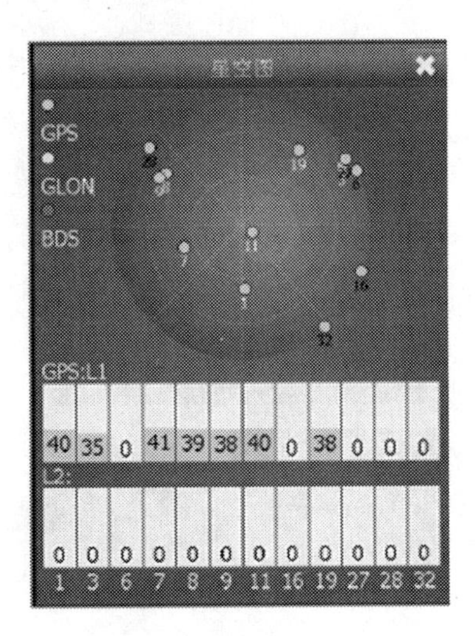

图 4-9　卫星星空图

注意：至少要有4颗锁定卫星才能较为准确定位。定位点周围有无建筑物、通信线路、林木的遮蔽，影响定位精度和定位时间的长短。

3. 采集点数据

点击地图上的采点按钮“采点”采集一个点，当第一次点击采点任务的时候会创建一个点类型的任务，并弹出倒计时对话框。将当前得到的点添加到当前任务，点击“完成”采后，自动弹出属性设置框，如图4-10所示。

4. 采集线数据

点击地图上的采线按钮。采线分为连续采线和非连续采线，由设置里面的采集设置来控制，点击“设置”→“采集设置”。第一次点击采线按钮的时候会创建一个线类型的任务对象。非连续采线就是每次点击采线按钮采集一个构成线对象的点，点击完成后恢复常态，如此反复，直到点击构建一个完整的线对象，这个时候刚才构建的线类型的任务会消失，非连续采线任务结束，如图4-11所示。

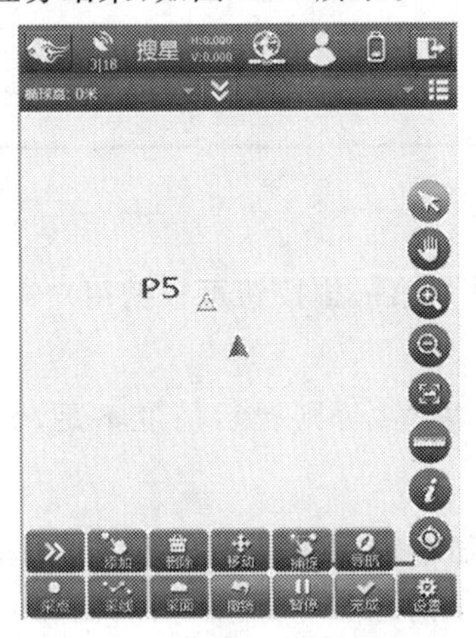

图 4-10　采集点数据操作界面

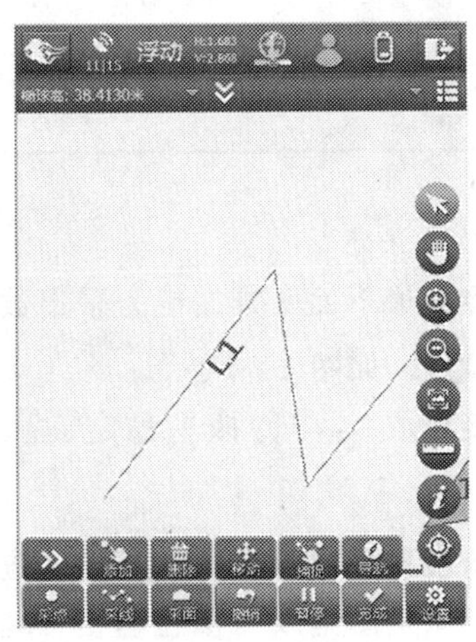

图 4-11　采集线数据的操作界面

连续采线又分为两种类型:按照时间间隔采线和按照距离间隔采线。通过地图界面的设置来决定连续采集的类型。在连续采集模式下,按下采线按钮后按钮处于被选中状态,直到可以构成一个线对象,并且点击完成后才结束采集,此时采集线按钮恢复常态。

5. 采集面数据

采面功能与采线功能相似,采集面数据的主界面如图 4-12 所示。

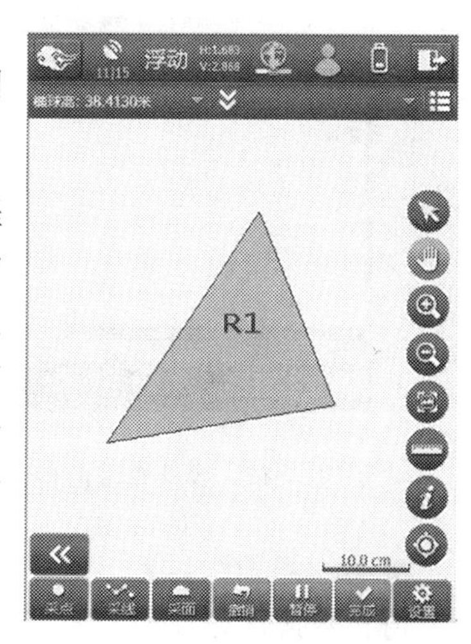

图 4-12　采集面数据的操作界面

采集暂停:地图上“暂停”按钮。在采线和采面的过程(包括编辑)中可以点击暂停按钮,暂停的功能是将当前的采集任务从活动状态变为挂起状态,暂停当前的任务。点击暂停按钮后,所有的采集按钮都可以用来创建一个新的任务。如果要重新完成之前的挂起任务,在地图上方的任务列表中选中之前挂机的任务,激活即可当前执行的任务挂机,激活选择中的任务来继续执行。

撤销功能:主界面“撤销”按钮,是在采集或者编辑的过程中对当前获取的点不满意,点击撤销按钮撤销当前任务的最新采集的点,便于重新采集的操作。注意:只有撤销完毕所有的点后才会影响任务的状态,否则不会影响。

6. 编辑功能

添加点:点击地图上的“添加”按钮,即可以在当前点击位置添加一个点,如果第一次点击,则创建一个点类型的任务。随着点击的次数的增加,也就是点个数的增加,会变为空类型的任务。在最后点击编辑完成的时候会根据编辑点的个数提供合理的编辑图层。

删除:点击地图上的“删除”按钮,同时选中要删除的对象,这样就能删除当前选择的对象。一旦删除,不可恢复。

移动对象:点击地图上的“移动”按钮,同时选中要移动的对象,拖动当前选中对象到一个新的位置,就更新了当前对象的位置。

捕捉对象:点击地图上的“捕捉”按钮,选择当前捕捉对象上的点添加到当前任务。

7. 属性管理

地图界面点击“”按钮,在地图界面选择对象后,点击“”按钮进入属性设置窗口,属性设置中分为基本信息、节点信息、照片管理和声音管理,如图 4-13 所示。

节点信息中显示该对象所有节点信息,可手动编辑节点信息,也可以选择节点,点击“更新到当前位置”更新到用户所在地点坐标。用户可根据偏移,连接测距仪,计算出所需点的精确坐标。此处偏移计算仅适用于平面坐标,不支持经纬度坐标。

8. 地图测量

主界面中,点击“”图标后,可在地图界面选取量测范围,直接显示绘制范围的面积周长,以及每段线长,如图 4-14 所示。再次点击“”按钮取消量测,并清除测量结果。显示测量结果的单位可在“设置”→“单位设置”中修改。

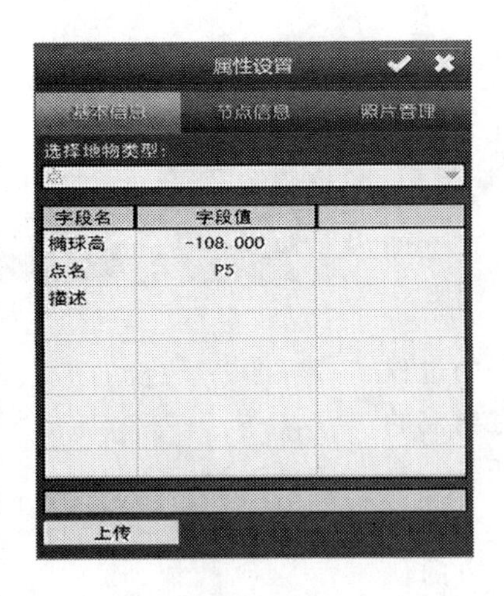

图 4-13　属性管理的操作界面

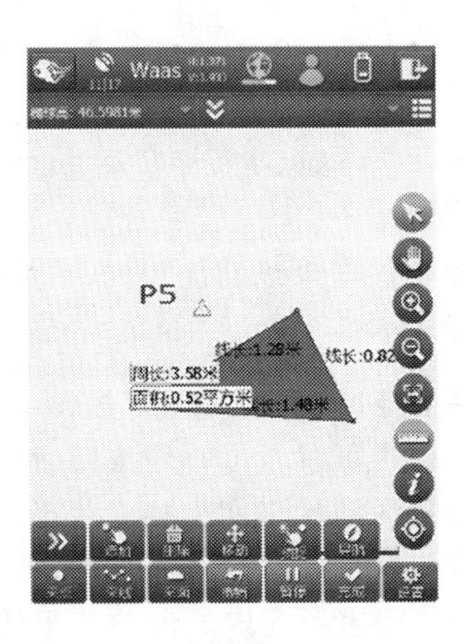

图 4-14　地图测量的操作界面

9. 数据导出

导出数据针对当前工程,导出其数据集。"工程管理"→"导出",进入导出界面,如图 4-15 所示。

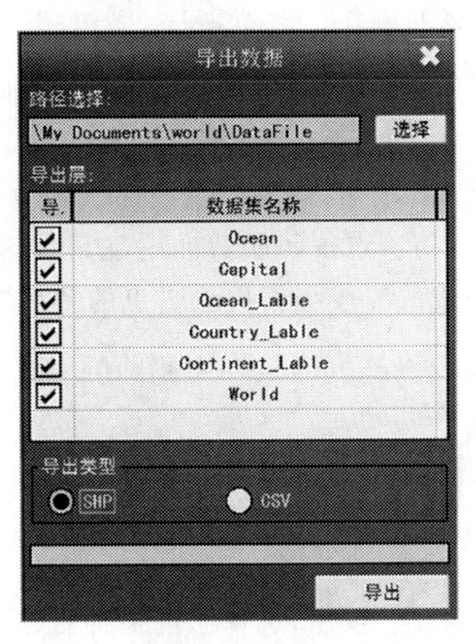

图 4-15　数据导出的操作界面

数据导出有两种格式,分别为 SHP 和 CSV,选择导出文件的路径,导出层中显示为当前工程的所有数据集,用户根据需要选择相应的数据集导出即可。导出的 CSV 文件中包含了数据的所有属性,以及采集时的精度、卫星颗数、状态、时间、方向、速度等信息。

任务二　GNSS 手持机踏勘找点及绘制点之记

一、GNSS 手持机踏勘找点

1. 基本原则

(1) 点位应设在易于安装接收设备、视野开阔的较高点上。

（2）点位目标要显著，视场周围 15°以上不应有障碍物，以减少 GNSS 信号被遮挡或障碍物吸收。

（3）点位应远离在功率无线电发射源（如电视机、微波炉等）其距离不少于 200 m；远离高压输电线，其距离不得少于 50 m。以避免电磁场对 GNSS 信号的干扰。

（4）点位附近不应有在面积水域或不应有强烈干扰卫星信号接收的物体，以减弱多路径效应的影响。

（5）点位应选在交通方便，有利于其他观测手段扩展与联测的地方。

（6）地面基础稳定，易于点的保存。

（7）选点人员应按技术设计进行踏勘，在实地按要求选定点位。

（8）网形应有利于同步观测边、点联结。

（9）当所选点位需要进行水准联测时，选点人员应实地踏勘水准路线，提出有关建议。

（10）当利用旧点时，应对旧点的稳定性、完好性及觇标是否安全可用做一检查，符合要求方可利用。

2. 标志埋设

GNSS 网点一般应埋设具有中心标志的标石，以精确标识点位，点的标石和标志必须稳定、坚固，利长久保存和利用。在基岩露头地区，也可以直接在基岩上嵌入金属标志。

二、绘制点之记

每个点标石埋设结束后，应按表 4-2 填写点之记并提交以下资料：

（1）点之记。

（2）GPS 网的选取点网图。

（3）土地占用批准文件与测量标志委托保管书。

（4）选点与埋石工作技术总结。

表 4-2　　点之记

日期：____年____月____日　记录者：________ 绘图者：________ 校对者：________

<table>
<tr><td rowspan="10">点
名
及
等
级</td><td>点名</td><td></td><td rowspan="2">土质</td><td rowspan="2"></td><td rowspan="2"></td></tr>
<tr><td>点号</td><td></td></tr>
<tr><td>等级</td><td></td><td rowspan="2">标石说明</td><td rowspan="2"></td><td rowspan="2"></td></tr>
<tr><td rowspan="7">通视点列表</td><td></td></tr>
<tr><td></td><td rowspan="2">旧点名</td><td rowspan="2"></td><td rowspan="2"></td></tr>
<tr><td></td></tr>
<tr><td></td><td rowspan="4">概略位置
（L，B）</td><td>纬度</td><td></td></tr>
<tr><td></td><td>经度</td><td></td></tr>
<tr><td></td><td rowspan="2"></td><td rowspan="2"></td></tr>
<tr><td></td></tr>
<tr><td colspan="2">所在地</td><td colspan="4"></td></tr>
<tr><td colspan="2">交通路线</td><td colspan="4"></td></tr>
<tr><td colspan="3">选点情况</td><td colspan="3">点位略图</td></tr>
</table>

续表 4-2

单位				
选点员		日期		
联测水准情况				
联测水准等级				
点位说明				

任务三　单点定位坐标转换

一、数据准备

GNSS 所使用的坐标系统是 WGS-84 坐标系统，而我们使用的地图资源大部分都属于1954 年北京坐标系或 1980 年西安坐标系。不同的坐标系统给我们的使用带来了困难，于是就出现了如何把 WGS-84 坐标转换到北京 54 坐标系或西安 80 坐标系上来的问题。从理论上讲，不同坐标系之间存在着平移和旋转的关系，要使手持 GNSS 所测量的数据转换为自己需要的坐标，必须求出两个坐标系（WGS-84 和北京 54 坐标系或西安 80 坐标系）之间的转换参数。由于求算转换参数专业性较强，因此，多数初用者不知如何进行 GNSS 的参数的求得和设置。其实关键要解决两个问题：一是自定义坐标格式的确定；二是自定义坐标系统投影参数的确定。

（一）自定义坐标格式的确定

当我们使用一部新的 GNSS 或到一个新的工区工作时，首先要做的是对手中的 GNSS 进行参数设置，而参数设置第一步就是确定工区自定义坐标格式。确定自定义坐标格式中最重要的一项是工作区中央子午线经度的确定，这是因为在使用国家或地方坐标系统时，这是一个经常需要变更的参数。那么如何方便快捷地完成这一设置呢？一般来说，当我们计划完成一项新的工作或进行一项工程施工时，都事前划定一个行进路线或工作区域，同时配合使用地形图或设计图，这就为我们确定工作区中央子午线经度提供了最基本的条件。

在研究如何利用地形图或给定坐标来确定工作区中央子午线经度之前，我们有必要大致了解一下地形图的投影分带问题。

地球总体上是以大地体表示的，为了能进行各种运算，又以参考椭球体来代替大地体。要将椭球面上的图形描绘在平面上，需要采用地图投影的方法。我国在建立统一的平面直角坐标系统时，规定在大地控制测量和地形测量中采用高斯投影。为了使投影误差不致影响测图精度，规定以经差 6°或 3°为准来限定高斯投影范围，每一投影范围就叫作一个投影带。如图 4-16(a)所示，从起始子午线开始，自西向东以经差 6°化为一带，将整个地球划分成 60 个投影带并顺序编号，叫作高斯 6°投影带（简称 6°带）。6°带各带的中央子午线，其经度分别为 3°,9°,…, 123°,129°,…,357°。每一投影带两侧的子午线叫作分带子午线，6°带的分带子午线的精度为 0°,6°,…, 120°,126°,132°,…。

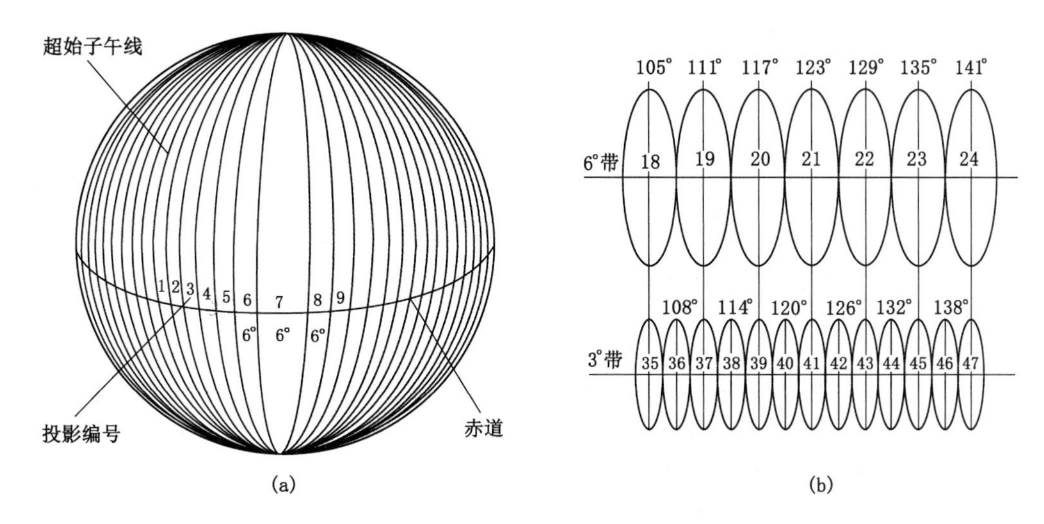

图 4-16 6°带投影带的划分及 6°投影带与 3°投影带的关系

大比例尺测图则需采用 3°分带。它规定从经度 1.5°的子午线起，自西向东以经差 3°划为一带，将整个地球划分成 120 个投影带并顺序编号，叫作高斯 3°投影带(简称 3°带)。这种划分法，可使其奇数带的中央子午线各与 6°带的中央子午线重合，而其偶数带的中央子午线各与 6°带的分带子午线重合，如图 4-16(b)所示。显然，3°带各带的中央子午线经度分别为 3°,6°,…,126°,…,360°,3°带的分带子午线的经度依次为 1.5°,4.5°,…,124.5°,127.5°,…。

在掌握了以上测量投影分带常识后，我们就可以运用手中所掌握的资料，如国家标准地形图、工区设计图、目标点坐标(包括大地坐标 B、L 和平面直角坐标 X、Y)等来确定工作区中央子午线经度。

1. 根据投影带号确定工作区中央子午线经度

如果我们用 L_0 代表中央子午线经度；以 N_3、N_6 分别代表 3°带和 6°带带号，根据上述投影分带关系可以得出：

$$L_0 = N_3 \times 3°$$
$$L_0 = N_6 \times 6° - 3°$$

那么确定带号值就成了问题的关键，这对于测量专业技术人员不在话下，而对于初学者和非专业技术人员来说就成了难题，其实在我们工作区域内的已知平面直角坐标或地形图图框中标定的平面直角坐标 Y 值已经标明了带号。我国区域内带号为两位数值，8 位 Y 值整数位(单位：m)最前面的两位数值就是带号，如 21、22,42、43 等，只要我们把所确定的带号数值代入上述公式，即可算出该工作区域的中央子午线经度。另外在如何区分 3°带号和 6°带号时只需把握两点即可：一是 1∶2.5 万以下的小比例尺地形图所标定的带号一般为 6°带带号，而 1∶1 万以上的大比例尺地形图所标定的带号一般为 3°带带号；二是就一定的行政区域内来说，如一省、一市只有屈指可数的几个带号，且 3°带号是 6°带号数值的一倍左右，很好区分，就吉林省来说，常用的 6°带号只有 21、22 两个，3°带号只有 41、42、43、44 四个，很容易掌握。例如，我们知道在吉林省某地区施工，所用地形图显示为 22 带投影坐标，由上述知识即可知该图为6°带投影，将22代入公式计算得知，该工作区域的中央子午线经度 $L_0=22\times6°-3°=129°$。

2. 根据大地坐标值(L)来确定工作区中央子午线经度

有时我们只有工作区或目标点的大地坐标(B,L)值，而设计图纸的平面直角坐标值又没有标出带号，这怎么办呢？这时我们只好用大地坐标 L 值来确定工作区的中央子午线经度。

用大地坐标 L 值来确定工作区的中央子午线经度需按以下步骤进行：首先，要用手中的资料或设计图判定是进行6°带设置还是3°带设置，一般来说，除特殊要求外，1∶2.5万以下的小比例尺地形图均为6°分带；然后，利用已知工作区或目标点的大地坐标 L 值计算出所在投影带的分带号，将带号代入公式即可算出中央子午线经度。利用大地坐标 L 值计算带号的方法是：6°带带号算法是用 L 值整数位除以6，取整数商加1，如已知目标点经度 L 为127°18′35″，根据计算得知其分带号是22(127÷6+1=22)；3°带带号算法是将 L 值换算成度除以3按四舍五入取整数值即为带号，如已知目标点经度 L 为127°18′35″，根据计算得知其分带号是42(127.31÷3=42.437，四舍五入取整数值即为42)。

另外对于已掌握投影分带常识的用户来说，还可以用图示直观法直接确定中央子午线经度，具体方法是：利用已知工作区或目标点的大地坐标 L 值与接近的分带子午线经度做比对，经比对即可直接确定该工作区域中央子午线经度。例如，已知使用资料为6°带坐标，目标点经度为127°18′35″，可知22带分带子午线经度为126°～132°，该目标点经度正好在此投影带内，由此即可确定该工作区的中央子午线经度为129°。

3. 其他相关参数设置

在我国境内中央子午线经度应设置为东经E，投影比例参数为1，东西偏差为500 000，南北偏差为0，并设单位为米(m)。一般情况下，这些参数保持默认设置。

(二) 自定义坐标系统投影参数的确定

在确定自定义坐标系统投影参数之前，首先要判定手中的资料(地形图、设计施工图、已知点坐标等)是何基本坐标系统，如是北京坐标系、西安坐标系还是其他地方坐标系统，只有这样才能计算使用与之相适应的投影参数，以免张冠李戴，造成不必要的麻烦。

1. 自己观测计算

新机拿到手之后，供应商都给提供一个投影参数，这对于要求不高的一般用户来说基本可以满足工作需要，而对于一些专业用户来说，就要自己来测算参数。一般型号的导航型手持GNSS自定义坐标系统投影参数设置界面都提供了五个变量(ΔX、ΔY、ΔZ、ΔA、ΔF)需要设置，而实际工作中，后两个参数(ΔA、ΔF)针对某一坐标系统来说为固定参数(北京54坐标系 $\Delta A=-108$、$\Delta F=0.000\ 000\ 5$)，无须改动，需要自己测算的参数主要为前三个(ΔX、ΔY、ΔZ)，一般称为三参数。

测算三参数的基本方法是，首先在已知控制点上测量一个稳定的WGS-84大地坐标(B,L)值，然后运用专用测量程序即可算出一个三参数来。三参数计算出来后，将其输入GNSS中，再到已知控制点上观测比对，最好再到另一已知控制点上观测检校，如比对检校差值在规定允许误差范围之内，即可运用于实际工程测量工作。一般来说，只要到一新工区或工程点间距较远(数十至上百公里以外)都要到已知控制点上重新进行观测比对检校，没有问题才能进行实际工作。

2. 搜集使用经验成果

在导航型手持 GNSS 的实际应用中，有相当一部分使用者没有掌握三参数的计算程序和计算方法，那么只好靠搜集使用一些经验成果，把搜集来的三参数输入 GNSS 后再到已知点上进行观测比对，只要满足工程施工的精度要求，就可直接应用于实际工作，无须自己进行测算。搜集三参数经验成果有许多途径，如经销商、测绘管理部门、同行、同学和互联网等。

另外需要说明的是，如果外业观测比对检校超限（一般型号的手持 GNSS 限差为 15 m），应主要从以下三方面查找原因：① 从外业观测计算过程查找原因，主要查看在已知控制点上测量的 WGS-84 大地坐标（B，L）值成果是否正确、已知坐标成果是否可靠、所使用程序及计算过程是否合理正确；② 就需查看搜集使用经验成果的来源是否正确可靠；③ 需查看 GNSS 本身是否有问题，如两台 GNSS 在输入同一三参数时，观测成果和已知点成果比对，严重超差的那一台就有可能是 GNSS 本身出了问题。

二、坐标转换

（一）为什么要进行坐标系统的转换

目前 GNSS 测量技术应用已十分广泛，无论是静态测量、动态（RTK）还是手持导航等，在测绘、地质调查、土地调查、森林普查等专业的应用已十分普遍。近几年，随着技术的不断完善以及美国 SA 政策的解除，手持导航型 GNSS 接收机的定位精度较之以前已经有了较大地提高。

但由于 GNSS 测量系统与常规大地测量系统所采用的椭球参数及坐标系的原点不同，因此手持 GNSS 观测的三角点坐标值与已知的坐标值相差甚远。其原因是：GNSS 测量采用的是球心坐标系（也称质心坐标系），即 WGS-84 世界坐标系，而经典大地测量采用的是参心坐标系，即以参考椭球体的中心为原点。另外其椭球参数也相差很大，因此造成了观测值与已知值相差甚多。

目前我国各种基本比例尺地形图所采用的坐标系统普遍为 1954 年北京坐标系或 1980 西安坐标系，这两种坐标系统均属于参心坐标系。所以手持 GNSS 接收机的坐标系统与我们常用的地形图分属于不同的坐标系统，因此手持 GNSS 接收机观测的坐标值不能直接展绘于 1954 年北京坐标系或 1980 西安坐标系的地形图上。

基于上述种种原因，为了扩大手持 GNSS 的应用范围，发挥其应有的作用，同时消除因椭球参数的不同而产生的定位误差，必须对其各种参数进行重新设置和调整，进而才能提高观测精度，使其能够真正地应用到我们的实际工作中去。

要想对手持 GNSS 接收机所采集的数据进行坐标转换，首先必须搞清楚两种坐标系统所采用的椭球参数有什么不同。表 4-3、表 4-4 列出了 WGS-84 坐标系与 1954 年北京坐标系及 1980 西安坐标系椭球参数。

表 4-3　　WGS-84 坐标系与 1954 年北京坐标系椭球参数对比　　单位：m

项目	WGS-84	北京 1954
长半轴（a）	6 378 137	6 378 245
短半轴（b）	6 356 752.3142	6 356 863.018 8
扁率（α）	1/298.257 223 563=0.003 352 811	1/298.3=0.003 352 33

表 4-4　　WGS-84 坐标系与 1980 西安坐标系椭球参数对比　　单位：m

项目	WGS-84	西安 1980
长半轴(a)	6 378 137	6 378 140
短半轴(b)	6 356 752.314 2	6 356 755.288 2
扁率(α)	1/298.257 223 563=0.003 352 811	1/298.257=0.003 352 813

（二）野外作业中的实际应用

以佳明公司的小博士系列为例，其他品牌和型号的接收机基本类似，对其标称精度和操作方法可参考相关说明书及操作手册进行校正。

1. 第一步

测区范围内，在均匀分布的不少于三个已知三角点上(此时选择的三角点应尽量分布在工作区的四周)，先将 GNSS 接收机内部的参数全部设为“0”，即 $DX=0$、$DY=0$、$DZ=0$、$DA=0$、$DF=0$。其中，DX、DY、DZ 为同一点两种坐标系统三维坐标差值，DA 为两种坐标系统长半轴差值，DF 为两种坐标系统扁率的差值。

上述操作完成后，用 GNSS 接收机分别观测已知三角点的坐标，根据观测结果与已知坐标值求出各自的差值，并取其平均值作为 DX、DY、DZ 的改正值(因佳明公司所产系列手持定位仪目前市面上除“桂冠”和“展望”两种型号具有气压测高功能外，其余几种型号均为 GNSS 测高，其精度较低，无法利用，因此可将 DZ 设为“0”，也可将 DZ 设为其改正数，改正与否对其他参数设置均没有影响)，此时上述改正数只作为参考。

2. 第二步

在已进行观测的三角点上将接收机的参数 DX、DY、DZ 设为已经取得的改正数，将 DA、DF 设为相应的差值，即 $a(84)-a(54)=DA=-108$、$\alpha(84)-\alpha(54)=DF=0.000\ 000\ 5$，或 $a(84)-a(80)=-3$、$\alpha(84)-\alpha(80)=0.000\ 000\ 03$。再在相同的三角点上观测已知点坐标，根据观测结果对 DX、DY、DZ 加入第二次新的改正数。此时，再用 GNSS 接收机第二次观测所有已知点的坐标进行第二次改正，直到 GNSS 接收机观测的坐标值接近已知点坐标，其差值一般小于 5 m 时，取其各点的观测值与已知坐标的差值的平均值作为 DX、DY、DZ 的最终改正数，上述操作一般循环到第二次即可得到理想的改正数。

（三）应用范围

各种参数经过校正后，其定位精度一般小于或等于±5 m，完全可满足 1∶1 万、1∶2.5 万、1∶5 万、1∶10 万、1∶20 万等各种比例尺的地形图航测外业工作中的新增地物补测，区域地质填图中的地层界线的定位，物探专业各种工作方法测网中的平面定位测量(如磁法、电法、充电法、地震勘探、重力勘探及区域化探中的采样点定位)等。大大地减轻了野外工作中的劳动强度，提高了工作效率和定位精度，使用起来十分方便。

（四）注意事项

(1) 校正后的误差如大于 5 m 时，一般不宜用于大于 1∶1 万比例尺的各种地质工作。即使校正后，其定位误差小于或等于 5 m，也不能在大于或等于 1∶5 000 比例尺的各种地质工作中作为定位使用。

(2) 区内如果没有已知三角点或低等级的测量控制点可供校正，手持 GNSS 接收机只能用于导航，而不能用于定位。

职业技能训练

【技能训练4-1】 GNSS手持机的操作与应用。

1. 训练目的

(1) 了解GNSS手持机的基本功能。

(2) 认识GNSS手持机外在各部分的名称与功能。

(3) 掌握GNSS手持机内在各操作界面的含义与功能。

2. 训练内容

(1) GNSS手持机的基本组成。

(2) GNSS手持机的界面功能。

(3) GNSS手持机的基本操作。

(4) 采集点、线、面数据。

(5) 测算学校所在地的中央子午线，并写出测算过程。

(6) 写出教学实验所要求测算区域面积和周长的过程，并附上所测量的面积和周长(表格)及基本图。

3. 所需仪器

以所在学校手持机为例，在教师的带领下，以小组为单位领取手持机一台，型号不限。

4. 实训步骤

(1) 在授课教师的指导下，对照仪器操作说明书，了解手持机各部件、按键和界面的名称及功能。

(2) 打开MapCloud 2.0软件，新建工程(或打开工程)。

(3) 工程命名及坐标系统设置。

(4) 采集点、线、面数据。

(5) 属性编辑与管理。

(6) 地图测量计算周长与面积。

(7) 导出数据。

【技能训练4-2】 GNSS手持机坐标转换。

1. 训练目的

(1) 了解GNSS手持机的基本功能。

(2) 认识GNSS手持机外在各部分的名称与功能。

(3) 掌握GNSS手持机内在各操作界面的含义与功能。

2. 训练内容

(1) GNSS手持机的基本组成。

(2) GNSS手持机的界面功能。

(3) GNSS手持机的基本操作。

(4) 采集点、线、面数据。

(5) 测算学校所在地的中央子午线，并写出测算过程。

(6) 写出教学实验所要求测算区域面积和周长的过程，并附上所测量的面积和周长(表格）及基本图。

3. 所需仪器

以所在学校手持机为例，在教师的带领下，以小组为单位领取手持机一台，型号不限。

4. 实训步骤

（1）在授课教师的指导下，对照仪器操作说明书，了解手持机各部件、按键和界面的名称及功能。

（2）打开 MapCloud 2.0 软件，新建工程（或打开工程）。

（3）工程命名及坐标系统设置。

（4）采集点、线、面数据。

（5）属性编辑与管理。

（6）地图测量计算周长与面积。

（7）导出数据。

项目小结

在 GNSS 定位技术的应用和发展过程中，根据不同的市场需求，由厂家生产出了各种不同型号和用途的手持机，其中，市场销量最大、使用人数最多、使用者大多专业性不强的导航型 GNSS 手持机在使用过程中存在的问题较多，最主要的问题是所使用的坐标系统的转换，如手持 GNSS 接收机使用的是 WGS-84 坐标系统，而我们使用的地图资源大部分都属于 1954 年北京坐标系或 1980 西安坐标系。不同的坐标系统给我们的使用带来了困难，于是就出现了如何把 WGS-84 坐标转换到 1954 年北京坐标系或 1980 西安坐标系上来的问题。

从理论上讲，不同坐标系之间存在着平移和旋转的关系，要使 GNSS 手持机所测量的数据转换为自己需要的坐标，必须求出两个坐标系（WGS-84 和 1954 北京坐标系或 1980 西安坐标系）之间的转换参数。由于求算转换参数专业性较强，因此，多数初用者不知如何进行 GNSS 参数的计算和设置，故书中本部分就使用 GNSS 手持机进行单点定位的一些关键问题展开了详细讲解。

练习与思考题

1. GNSS 手持机的基本组成和界面功能？
2. GNSS 手持机的基本操作有哪些？
3. 如何使用 GNSS 手持机采集点、线、面数据？
4. 如何使用 GNSS 手持机测算某一位置的中央子午线，并写出测算过程。
5. 如何使用 GNSS 手持机测算某一区域的面积和周长，并写出测算过程过。
6. 简述 GNSS 手持机测量操作过程中的注意事项。

项目五　GNSS 静态控制测量

项目概述

测绘是较早广泛采用 GNSS 技术的领域之一。早期，GNSS 主要用于高精度大地测量、控制测量和变形监测，具体应用是采用静态测量方法建立各种类型和精度等级的测量控制网或变形监测网。近年来，随着实时动态定位技术的发展和完善，GNSS 逐步在测图、施工放样、地理信息采集等方面得到充分应用，虽然目前在测量中动态应用越来越多，但静态测量作为一种经典测量方式，仍然活跃在测绘的各个方面。本项目主要围绕采用 GNSS 静态测量方法完成具体控制测量项目的工作过程为基础，全面介绍 GNSS 控制网的技术设计、外业的选点和埋石、外业的观测、数据传输、内业数据处理流程、成果资料的汇总和技术总结，特别针对目前应用较广泛的 GNSS 随机数据处理软件进行了详细的介绍。

学习目标

1. 了解 GNSS 控制网技术设计在 GNSS 工程中的作用。
2. 掌握 GNSS 技术设计的依据，并根据具体的项目确定 GNSS 的精度等级和密度。
3. 掌握 GNSS 控制网的布网形式。
4. 能够编写 GNSS 控制网技术设计书、技术总结。
5. 能够根据项目设计书的要求进行现场选点和埋石。
6. 熟练使用 GNSS 接收机进行外业数据采集。
7. 熟悉 GNSS 数据处理软件的使用。

任务一　GNSS 控制网测量的技术设计

一、GNSS 控制网技术设计的基本依据

技术设计是依据 GNSS 网的用途和用户的要求，按照国家及行业主管部门颁布的 GNSS 测量规范（规程），对基准、精度、密度、网形及作业纲要（如观测的时段、每个时段的长度、采样间隔、截止高度角、接收机的类型及数量、数据处理的方案）等做出具体规定和要求。技术设计是建立 GNSS 网的首要工作，它提供了建立 GNSS 网的技术准则，是项目实施过程中以及成果检查验收时的技术依据。精心的计划可以最大限度地保障项目按时保质地完成。

GNSS 网技术设计必须依据相关标准、技术规程或要求来进行，常用的依据有 GNSS 测量规范及规程、测量任务书或合同书。

（一）GNSS 测量规范（规程）

（1）2009 年国家质量监督检验检疫总局和国家标准化委员会发布的《全球定位系统（GPS）测量规范》（GB/T 18314—2009）。

（2）2005 年国家测绘局发布的行业标准《全球导航卫星系统连续运行参考站网建设规范》（CH/T 2008—2005），此标准现已废止。

（3）1995 年国家测绘局发布的行业标准《全球定位系统（GPS）测量型接收机检定规程》（CH 8016—1995）。

（4）2010 年国家住房和城乡建设部发布的行业标准《卫星定位城市测量技术规范》（CJJ/T 73—2010）。

（5）各部委根据本部门 GNSS 测量的实际情况制定的 GNSS 相关规程和细则等。

（二）测量任务书或合同书

测量任务书或合同书是测量施工单位的上级主管部门或合同甲方下达的技术要求文件。这种技术文件也是指令性的，它规定了测量任务书的范围、目的、精度和密度要求，提交成果资料的项目和时间，完成任务的经济指标等。

二、GNSS 控制网的布网原则

利用 GNSS 技术建立国家、城市和工程控制网应遵循下列布网原则。

（一）选择合适的测量等级

在 GB/T 18314—2009 中，将 GNSS 测量划分为 5 个等级，他们分别是 A 级、B 级、C 级、D 级、E 级，表 5-1 中给出了各等级 GNSS 测量的主要用途。需要说明的是，GNSS 测量所属的等级并不是由用途来确定的，而是以其实际的质量要求来确定的。表 5-1 中所列各等级 GNSS 测量的用途仅供参考，具体等级应以测量任务书或测量合同书的要求为准。

表 5-1　各等级 GNSS 测量的主要用途（GB/T 18314—2009）

级别	用途
A	国家一等大地控制网，全球性地球动力学研究，地壳形变测量和精密定轨
B	国家二等大地控制网，地方或城市坐标基准框架，区域性地球动力学研究，地壳形变测量，局部形变监测和各种精密工程测量等
C	三等大地控制网，区域、城市及工程测量的基本控制网等
D	四等大地控制网
E	中小城市、城镇及测图、土地信息、房产、物探、勘测、建筑施工等的控制测量

在 CJJ/T 73—2010 中，城市控制网、城市地籍控制网和工程控制网划分为 CORS 网、二、三、四等和一、二级。

（二）要有足够的精度

根据 GB/T 18314—2009，A 级 GNSS 网由卫星定位连续运行基准站构成，其精度应不低于表 5-2 的要求；B、C、D、E 级 GNSS 网的精度应不低于表 5-3 的要求。另外，用于建立国家二等大地控制网和三、四等大地控制网的 GNSS 测量，在满足表 5-3 所规定的 B、C 和 D 级精度要求的基础上，其相邻点距离的相对精度应分别不低于 1×10^{-7}、1×10^{-6}、1×10^{-5}。

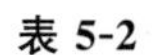

表 5-2　　A 级 GNSS 网的精度指标(GB/T 18314 —2009)

级别	坐标年变化率中误差		相对精度	地心坐标各分量年平均中误差/mm
	水平分量/(mm/a)	垂直分量/(mm/a)		
A	2	3	1×10^{-8}	0.5

表 5-3　　B、C、D、E 级 GNSS 网的精度指标(GB/T 18314 —2009)

级别	相邻点基线分量中误差		相邻点平均间距/km
	水平分量/mm	垂直分量/mm	
B	5	10	50
C	10	20	20
D	20	40	5
E	20	40	3

根据我国住房和城乡建设部发布的规范 CJJ/T 73—2010,各等级城市 GNSS 测量的相邻点间基线长度的精度用式(5-1)表示,其具体要求见表 5-4。

$$\sigma=\sqrt{a^2+(bd)^2} \tag{5-1}$$

式中,σ 为基线向量的弦长中误差,mm;a 为基线测量的固定误差(mm),其误差的大小与基线长度无关;b 为比例误差系数(1×10^{-6});d 为网中相邻点间的间距,km。

表 5-4　　GNSS 网的精度指标(CJJ/T 73—2010)

等级	平均边长/km	固定误差 a/mm	比例误差 b/(mm/km)	最弱边相对中误差
CORS	40	≤5	≤1	1/800 000
二等	9	≤5	≤2	1/120 000
三等	5	≤5	≤2	1/800 00
四等	2	≤10	≤5	1/450 00
一级	1	≤10	≤5	1/200 00
二级	<1	≤10	≤5	1/100 00

(三)要有足够的密度

根据 GB/T 18314 —2009,各级 GNSS 网中相邻点间的距离最大不宜超过该等级的网平均边长(见表 5-3)的 2 倍。根据 CJJ/T 73—2010 的规定,二、三、四等城市 GNSS 网相邻点间最小边长不宜小于平均边长的 1/2,最大边长不宜大于平均边长的 2 倍;一、二级网的最大边长可以在平均距离的基础上放宽 1 倍,当边长小于 200 m 时,边长中误差应小于±2 cm。

三、CNSS 控制网的基准设计

(一)基准设计的内容

由 GNSS 相对定位方法获得地面点间在 WGS-84 坐标系中的三维基线向量。而在我国,工程测量控制网一般采用国家坐标系(2000 国家大地坐标系)或地方独立坐标系。这就要求在 GNSS 网设计时，必须明确 GNSS 成果所采用的坐标系和起算数据，即明确 GNSS 网所采用的基准。这项工作称为 GNSS 网的基准设计。

GNSS 网的基准包括位置基准、方位基准和尺度基准。位置基准一般由 GNSS 网中起算点的坐标确定。方位基准一般由给定的起算方位角值确定。也可以将 GNSS 基线向量的方位作为方位基准。尺度基准一般由 GNSS 网中两起算点间的坐标反算距离确定。

（二）位置基准设计

GNSS 网的位置基准设计取决于网中“起算点”的坐标和平差方法。确定位置基准一般可采用下列方法：

（1）选取网中一个点的坐标，并加以固定或给以适当的权。

（2）网中各点坐标均不固定，通过自由网伪逆平差或拟稳平差来确定网的位置基准。

（3）在网中选取若干个点的坐标，并加以固定或给以适当的权。

采用前两种方法进行 GNSS 网平差时，由于在网中引入了位置基准，而没有给出多余的约束条件，因而对网的定向和尺度都没有影响，我们称此类网为独立网。采用第三种方法进行平差时，由于给出的起算数据多于必要的观测数据，因而在确定网的位置基准的同时也会对网的方向和尺度产生影响，我们称此类网为附合网。

（三）尺度基准设计

尺度基准是由 GNSS 网的基线来提供的，这些基线可以是地面测距边或已知点间的固定边，也可以使用 GNSS 网中的基线向量。对于新建控制网，可直接由 GNSS 基线向量提供尺度基准，即建成独立网或固定一点一方位进行平差的方法，这样可以充分利用 GNSS 技术的高精度特性。对于旧控制网加密或改造，可将旧网中的若干个控制点作为已知点对 GNSS 网进行附合网平差，这些已知点间的边长将成为尺度基准。对于一些涉及特殊投影面（投影面非参考椭球面）的网，若在指定投影面上没有足够数量的控制点，则可引入地面高精度测距边作为尺度基准。

（四）方位基准设计

方位基准设计一般是由网中的起始方位角来提供的，也可由 GNSS 网中的各基线向量共同来提供。利用旧网中的若干控制点作为 GNSS 网中的已知点进行约束平差时，方位基准将由这些已知点的方位角提供。

（五）GNSS 控制网的基准设计应注意的问题

（1）GNSS 测量成果的坐标转换，需要足够的起算数据与 GNSS 测量数据重合，或者联测足够的地方控制点，以求得转换参数。在选择联测点时，即要考虑充分利用旧点资料，又要使新建的高精度 GNSS 网不受点精度低的影响。大中城市 GNSS 控制网应与附近的国家控制点联测 3 个以上。小城市和工程控制网可以联测 2～3 个点。

（2）为保证 GNSS 网进行约束平差后坐标精度的均匀性以及减少尺度比误差影响，对 GNSS 网内重合的高等级国家点或城市等级控制点，应与新点一起构成图形。

（3）在布设 GNSS 网时，可以采用 3～5 条高精度电磁波测距边作为起算边长。电磁波测距边两端高差不宜过大，可布设在网中的任何位置。

（4）在布设 GNSS 网时，可引入起算方位，但起算方位不宜太多。起算方位可布设在网中的任何位置。

（5）为了将 GNSS 所测的大地高转换为正常高，GNSS 网应联测高程点。高程联测精度应采用不低于四等的水准测量或与其精度相当的方法进行。平原地区联测点宜不少于5个,丘陵、山地联测点宜不少于10个。联测的水准点应在测区均匀分布。

(6) 新建GNSS网的坐标系应尽量与测区过去采用的坐标系一致。如采用地方坐标系,应具备椭球参数、中央子午线经度、坐标原点的国家统一坐标、纵横坐标加常数、测区平均高程面的高程值等技术参数。

任务二 GNSS控制网的图形设计

一、GNSS控制网图形构成的基本概念和网的特征条件

在进行GNSS网图形设计前,必须重点掌握有关GNSS网构成的几个基本概念和网的特征条件的计算方法。

(一) GNSS网构成的几个基本概念

(1) 观测时段:测站上开始接收卫星信号到停止接收,连续观测的时间间隔,简称时段。

(2) 同步观测:两台或两台以上接收机同时对同一组卫星进行的观测。

(3) 同步观测环:三台或三台以上接收机同步观测所获得的基线向量构成的闭合环。

(4) 异步观测环:由非同步观测获得的基线向量构成的闭合环。

(5) 数据剔除率:同一时段中,删除的观测值个数与获取的观测值总数的比值。

(6) 独立基线:对于N台GNSS接收机构成的同步观测环,有$N\times(N-1)/2$条同步观测基线,其中独立基线数为$N-1$。

(7) 非独立基线:除独立基线外的其他基线叫非独立基线,总基线数与独立基线数之差即为非独立基线数。

(二) GNSS网特征条件数的计算

假设某个工程的GNSS网共布设了n个GNSS点,用N台接收机进行同步观测,平均每个点观测的次数用m表示,总观测时段数用C表示,总基线数用B_A表示,必要基线数用B_N表示,独立基线数用B_I表示,多余基线数用B_R表示,则GNSS网存在以下特征条件计算公式:

$$C=m\times n/N \tag{5-2}$$

$$B_A=C\times N\times(N-1)/2 \tag{5-3}$$

$$B_N=n-1 \tag{5-4}$$

$$B_I=C\times(N-1) \tag{5-5}$$

$$B_R=C\times(N-1)-(n-1) \tag{5-6}$$

(三) GNSS网同步图形构成及独立边的选择

对于N台GNSS接收机构成的同步图形中一个时段包含的GNSS基线数为:

$$B=N\times(N-1)/2 \tag{5-7}$$

但其中仅有$N-1$条是独立的GNSS基线,其余为非独立GNSS基线,图5-1给出了当接收机数量$N=2\sim5$时所构成的同步图形。

对应于图5-1的独立GNSS基线可以有不同的选择,如图5-2所示。

理论上,同步闭合环中各GNSS边的坐标差之和(即闭合差)应为零,但由于有时各台GNSS接收机并不严格同步,同步闭合环的闭合差并不等于零。有的GNSS规范规定了同

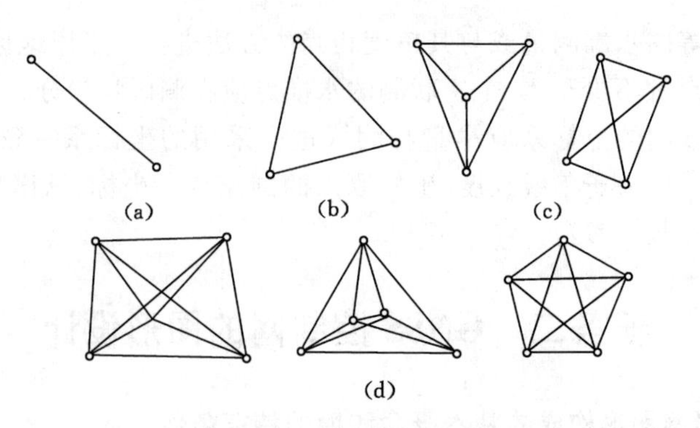

图 5-1　N 台接收机同步观测所构成的同步图形

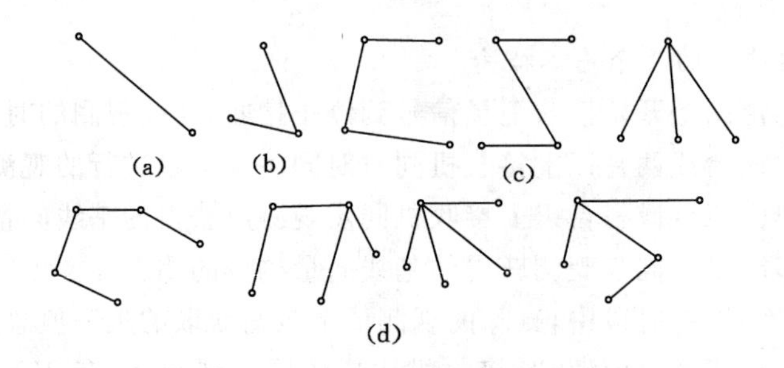

图 5-2　GNSS 独立边的不同选择

步环闭合差的限差。对于同步较好的情况，应遵循此限差的要求；但当由于某种原因，同步不是很好的，应适当放宽此限差。

值得注意的是，当同步闭合环的闭合差较小时，通常只能说明 GNSS 基线向量的计算合格，并不能说明 GNSS 边的观测精度高，也不能发现接收机的信号受到干扰而产生的某些粗差。

为了确保 GNSS 观测效果的可靠性，有效地发现观测成果中的粗差，必须使 GNSS 网中的独立边构成一定的几何形状。这种几何形状，可以是由数条 GNSS 独立边构成的非同步多边形(非同步闭合环)，如三边形、四边形、五边形等。当 GNSS 网中有若干个起算点时，也可以是由两个起算点之间的数条 GNSS 独立边构成的附合路线。GNSS 网的图形设计，也就是根据对所布设的 GNSS 网的精度要求和其他方面的要求，设计出由独立 GNSS 边构成的多边形网(或称环形网)。

对于异步环的构成，一般应按设计的网图选定，必要时在技术负责人审定后，也可根据具体情况适当调整。当接收机多于 3 台时，也可按软件功能自动挑选独立基线构成环路。

二、GNSS 网的图形设计

(一) GNSS 网的基本图形

目前的 GNSS 控制测量，基本上都是采用相对定位的测量方法。这就需要两台或两台以上的 GNSS 接收机在相同的时段内同时连续跟踪相同的卫星组，即实施所谓的同步观测。

各种 GNSS 网的图形虽然复杂，但将其分解，不难得到如下三种基本图形：

1. 星形

星形网的几何图形如图 5-3 所示。星形网的观测基线不构成闭合图形，所以其检验与发现粗差的能力差。星形网的主要优点是观测中只需要两台 GNSS 接收机，作业简单。在快速静态定位、准动态定位和实时定位等快速作业模式中，大都采用这种图形。被广泛应用于施工放样、边界测量、地籍测量和碎部测量等。

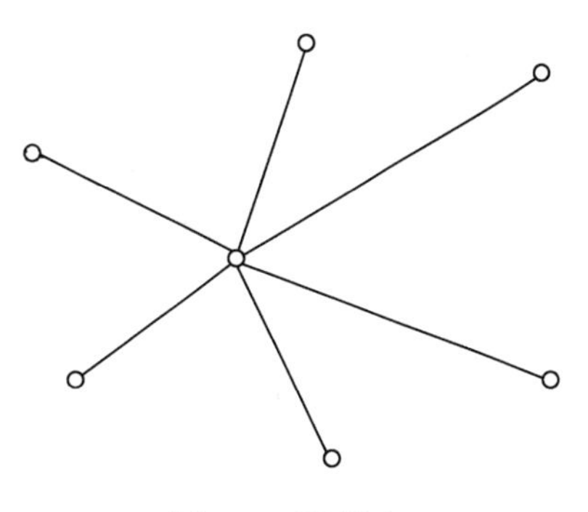

图 5-3　星形网

2. 环形

由含有多条独立观测基线的闭合环所组成的网，称为环形网，如图 5-4 所示。这种图形与经典测量中的导线网相似，其图形的结构强度比星形网好。这种网的自检能力和可靠性随闭合环中所含的基线数量的增加而减弱，但只要对闭合环中的边数加以限制，仍能保证一定的几何强度。GNSS 测量规范中一般都会对多边形的边数做出限制，GB/T 18314—2009 的规定见表 5-5，CJJ/T 73—2010 的规定见表 5-6。

表 5-5　　GB/T 18314—2009 对最简独立闭合环和附合路线边数的规定

等级	B	C	D	E
闭合环或附合导线的边数	≤6	≤6	≤8	≤10

表 5-6　　CJJ/T 73—2010 对最简独立闭合环和附合路线边数的规定

等级	二等	三等	四等	一级	二级
闭合环或附合导线的边数	≤6	≤8	≤10	≤10	≤10

环形网的优点是观测工作量较小，且具有较好的自检性和可靠性。其主要缺点是相邻基线的点位精度分布不均。

3. 三角形

三角形网如图 5-5 所示，网中的三角形边由独立观测边组成。其优点是图形结构的强度好，具有良好的自检能力，能够有效地发现观测成果的粗差，同时，网中相邻基线的点位精度分布均匀。其缺点是工作量大。

（二）GNSS 网的连接方式

GNSS 控制网是采用相对定位的方法求得两点间的基线向量，再由基线向量将已知点坐标传递给未知点的。所以，GNSS 网中的各同步观测图形必须相互连接，才能传递坐标。

由若干不同时间观测的同步观测图形相互连接，便可构成 GNSS 网的整网图形。由各同步图形构成 GNSS 整网的构成方式一般采用同步图形扩展式，就是将一个个同步图形依次相连，逐步扩展，构成整网。各同步图形之间可采用如下的四种连接方式。

1. 点连式

点连式连接就是相邻两个同步观测图形之间通过一个公共点连接，如图 5-6(a)所示。这种连接方式的优点是外业观测工作的推进速度快，作业效率高。缺点是网中没有重复观

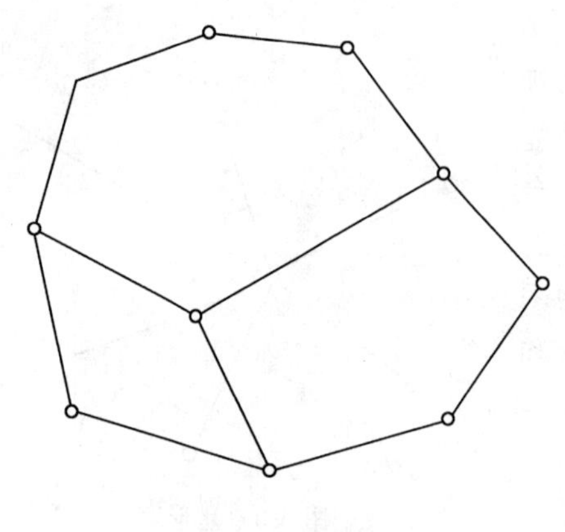

图 5-4　环形网

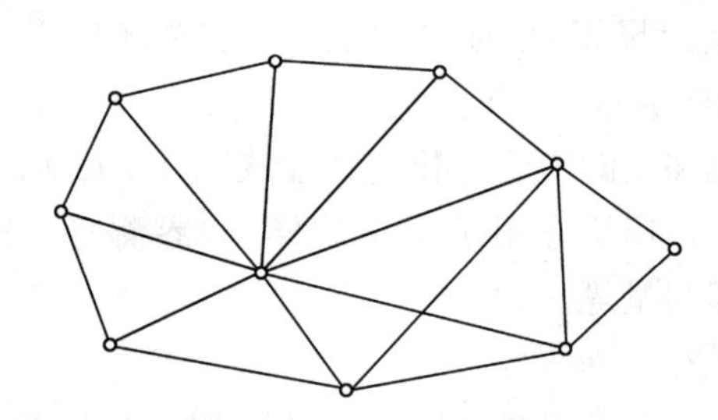

图 5-5　三角形网

测基线，可靠性较差。采用点连式连接，要求最少有两台 GNSS 接收机。

2. 边连式

边连式连接就是相邻两个同步观测图形之间有两个公共点，如图 5-6(b)所示。这种连接方式与点连式相比，有重复观测基线，可用重复基线向量之差对观测质量进行检验，提高了 GNSS 网的可靠性。但降低了外业观测工作的推进速度。采用边连式连接，要求最少有三台 GNSS 接收机。

3. 网连式

网连式连接就是相邻两个同步观测图形之间有三个以上的公共点，如图 5-6(c)所示。网连式与边连式相比，重复观测的基线数更多，网的可靠性更高，但推进速度更慢。

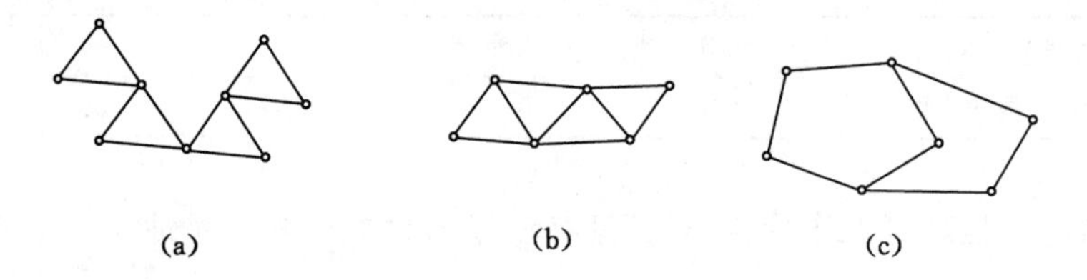

图 5-6　同步图形连接方式

4. 混连式

在实际的工程应用中，尤其是较大工程，很少使用单一网来布设 GNSS 网，通常会根据测区的特殊情况有针对性地进行布设。这就需要把点连式、边连式以及网连式有机地结合起来，克服缺点，发挥优点，在保证网的几何强度、提高网的可靠指标的前提下，减少外业工作量，降低成本，这种布设形式为混连式。混连式是 GNSS 网图形设计较理想的综合性布网方案。

三、GNSS 网的图形设计原则

(1) GNSS 网中不应存在自由基线。所谓自由基线，是指不构成闭合图形的基线，由于自由基线不具备发现粗差的能力，因而必须避免出现，也就是 GNSS 网一般应通过独立基线构成闭合图形。

(2) GNSS 网的闭合条件中基线数不可过多。网中各点最好有三条或更多基线分支，以保证检核条件，提高网的可靠性，使网的精度、可靠性较均匀。

(3) GNSS网应以"每个点至少独立设站观测两次"的原则布网。这样由不同数量接收机测量构成的网的精度和可靠性指标比较接近。

(4) 为了实现GNSS网与地面网之间的坐标转换，GNSS网至少应与地面网有两个重合点。研究和实践表明，应有3～5个精度较高、分布均匀的地面点作为GNSS网的一部分，以便GNSS成果较好地转换至地面网中。同时，还应与相当数量的地面水准点重合，以提供大地水准面的研究资料，实现GNSS大地高向正常高的转换。

(5) 为了便于观测，GNSS点应选择在交通便利、视野开阔、容易到达的地方。尽管GNSS网的观测不需要考虑通视的问题，但是为了便于用经典方法扩展，单点至少应与网中另一点通视。

任务三 GNSS观测纲要设计

GNSS测量工程项目在进行具体的外业观测工作之前，应做好施测前的资料收集、器材准备、人员组织、外业观测计划拟订以及技术设计书的编写等工作。观测纲要设计是核心工作，关键要做好以下主要工作：作业接收机数量配置、测区划分、观测进程日历、可视卫星预测、最佳观测时段选择、接收机调度计划。

一、测区踏勘及收集资料

(一) 测区踏勘

接到GNSS控制网测量任务后，可以依据施工设计图纸进行实地踏勘、调查测区。通过实地踏勘，结合工程项目的任务和目的，主要了解下列情况，以便为编写技术设计、施工设计、成本预算提供依据。测区踏勘的主要任务有：

(1) 测区的地理位置、范围、控制网的面积。

(2) GNSS控制网的用途和精度等级。

(3) 点位分布及点的数量：根据控制网的用途与等级，大致确定控制网的点位分布、点的数量和密度。

(4) 交通情况：公路、铁路、乡村便道的分布及通行情况。

(5) 水系分布情况：江河、湖泊、池塘、水渠的分布，桥梁、码头及水路交通情况。

(6) 植被情况：森林、草原、农作物的分布及面积。

(7) 原有控制点的分布情况：三角点、水准点、GNSS点、导线点的等级、坐标系统、高程系统、点位的数量及分布，点位标志的保存状况等。

(8) 居民点分布情况：测区内城镇、乡村居民点的分布，食宿及供电情况。

(9) 当地风俗民情：民族的分布、习俗、习惯、地方方言，以及社会治安情况。

(二) 资料收集

收集资料是进行控制网技术设计的一项重要工作。技术设计前应收集测区或工程各项有关的资料。结合GNSS控制网测量工作的特点，并结合测区具体情况，需要收集资料的主要内容包括：

(1) 各类图件：测区1∶1万～1∶10万比例尺地形图，大地水准面起伏图，交通图。

(2) 原有控制测量资料：包括点的平面坐标、高程、坐标系统、技术总结等有关资料，以及国家或其他测绘部门所布设的三角点、水准点、GNSS 点、导线点等控制点测量成果及相关的技术总结资料。

(3) 测区有关的地质、气象、交通、通信等方面的资料。

(4) 城市及乡、村行政区划分表。

(5) 有关的规范、规程等。

二、器材准备及人员组织

根据技术设计的要求,设备、器材筹备及人员组织应包括以下内容:

(1) 观测仪器、计算机及配套设备的准备。

(2) 交通、通信设施的准备。

(3) 准备施工器材、计划油料和其他消耗材料。

(4) 组织测量队伍,拟订测量人员名单及岗位,并进行必要的培训。

(5) 进行测量工作成本的详细预算。

三、外业观测计划的拟订

外业观测工作是 GNSS 测量的主要工作。为了保证外业观测工作能按计划、按质、按量顺利完成,必须制订严密的观测计划。

(一) 拟订观测计划的依据

(1) 根据 GNSS 网的精度要求确定所需的观测时间、观测时段数。

(2) GNSS 网规模的大小、点位精度及密度。

(3) 观测期间 GNSS 卫星星历分布状况、卫星的几何图形强度。

(4) 参加作业的 GNSS 接收机类型数量。

(5) 测区交通、通信及后勤保障等。

(二) 可视卫星预测

在作业组进入测区观测前,应事先编制 GNSS 卫星可见性预报图。可视卫星预测是预报将来某一个观测时间段内,某个测站点上能观测到的卫星数及卫星号。GNSS 卫星可见性可利用 GNSS 的数据处理软件进行预测。

编制预报图所用的概略坐标应采用测区中心位置的经、纬度。预报时间应选用作业期的中间时间。当测区较大、作业时间较长时,应按不同时间和地区分段预报,编制预报图所用的概略星历龄期不超过 20 天。测区中心位置的概略坐标可通过设计图纸获取,也可利用 GNSS 接收机进行单点定位测量获取。概略星历可以将接收机安置到室外观测一段时间即可获得。编制 GNSS 卫星的可见性预报图时:在高度角大于 15°的限制下,根据数据处理软件的提示,输入测区中心位置的概略经、纬度值,输入将要预报的日期和时间,星历龄期不超过 20 天的星历卫星文件,即可编制 GNSS 卫星的可见性预报图。图 5-7 是用 Ashtech Solution 软件编制的卫星可见性预报图。

(三) 最佳观测窗口与最佳观测时段的选择

GNSS 定位精度同卫星与测站构成的图形强度有关,所测卫星与观测站所组成的几何图形,其强度因子可用空间位置因子(PDOP)来代表,无论是绝对定位还是相对定位,PDOP 值不应大于 6。此时,可视卫星几何分布对应的观测窗口称为最佳观测窗口。

当在进行 GNSS 观测时,可观测到卫星数大于 4 颗时,且分布均匀,PDOP 值小于 6 的时段就是最佳时段。当卫星高度角大于等于 15°时,某测站上可视卫星的 PDOP 随时间变

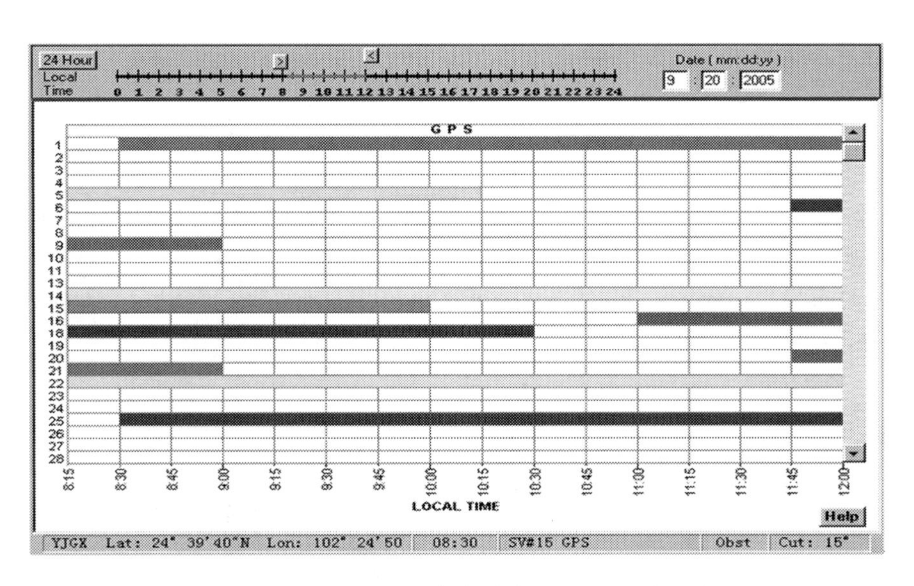

图 5-7 Ashtech Solution 软件编制的卫星可见性预报图

化曲线的例子如图 5-8 所示，它是使用 Ashtech Solution 软件，用测站的概略经、纬度和星历龄期不大于 20 天的星历所做出的 PDOP 值预报，用以选择最佳观测时段。由图可知，在整个作业期间，除 10:15～11:00 期间，可见卫星数有 5 颗，PDOP 值大于或等于 6 外，其余时段的可见卫星数大于或等于 5 颗。

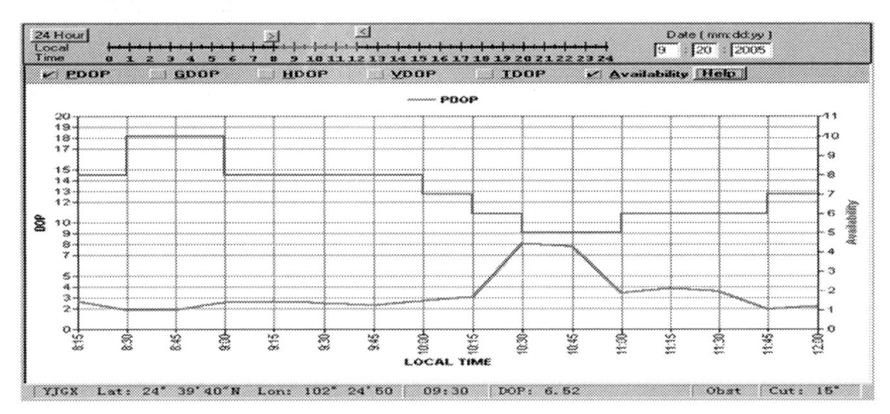

图 5-8 PDOP 值预报及最佳观测时段的选择

（四）观测区域的设计与划分

当 GNSS 网的点数较多，网的规模较大，而参与观测的接收机数量有限，交通和通信不便时，可实行分区观测。为了增强网的整体性，提高网的精度，相邻分区应设置公共观测点，且公共点数不得少于 3 个。

（五）接收机调度计划拟订

作业组在观测前应根据测区的地形、交通状况、控制网的大小、精度的高低、仪器的数量、GNSS 网的设计、卫星预报表和测区的天气、地理环境等拟订接收机调度计划和编制作业的调度表，以提高工作效益。调度计划制订遵循以下原则：

（1）保证同步观测。

（2）保证足够重复基线。

（3）设计最优接收机调度路径。

（4）保证最佳观测窗口。

例如，对图 5-9 中某 GNSS 网进行观测。采用 3 台 GNSS 接收机按静态相对定位模式作业，每天观测 3 个时段，每个时段观测 1.5 h。按此计划共观测 4 天、11 个时段，共设测站 33 个，除 6 号点设站 3 次外，其余各点都设站 2 次，具体调度计划见表 5-7。在作业中，还可根据实际情况适当调整调度计划。

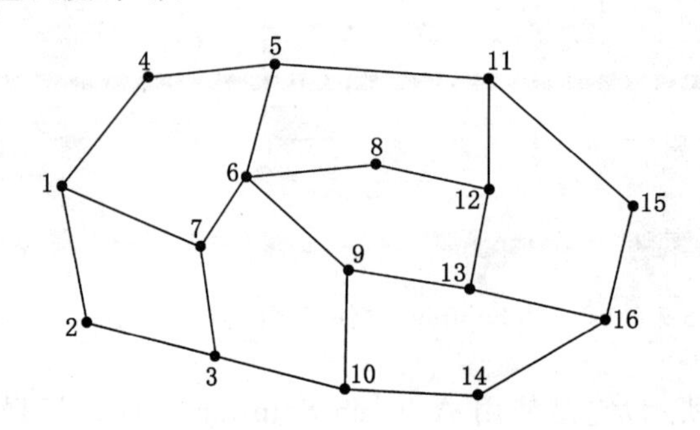

图 5-9　某市 GNSS 网设计图

表 5-7　　某 GNSS 网测站作业调度计划

日期	时间及时段	仪器序列号		
		041098337	041098345	041098320
9 月 1 日	8:30～10:00 A 时段 10:30～12:00 B 时段 14:00～15:30 C 时段	4 7 7	1 3 6	2 2 1
9 月 2 日	8:30～10:00 A 时段 11:00～12:30 B 时段 14:30～16:00 C 时段	5 9 9	6 6 10	4 8 13
9 月 3 日	9:00～10:30 A 时段 13:30～15:00 B 时段 16:00～17:30 C 时段	3 16 16	10 15 12	14 14 13
9 月 4 日	8:30～10:00 A 时段 13:00～14:30 B 时段 15:30～17:00 C 时段	11 11 9	12 15 10	8 5 13

任务四　GNSS 控制网技术设计书编写

技术设计书是 GNSS 网设计成果的载体，是 GNSS 测量的指导性文件，是 GNSS 测量的关键技术文档。技术设计书主要应包含如下内容：

1. 项目来源

介绍项目的来源和性质。即项目由何单位、部门发包和下达，属于何种性质的项目。

2. 测区概况

介绍测区的地理位置、隶属行政区划、气候、人文、经济发展状况、交通条件、通信条件等。这些可以为今后工程施测工作的开展提供必要的信息，如在施测时进行作业时间、交通工具的安排以及电力设备、通信设备的准备。

3. 工程概况

介绍工程的目的、作用、要求、GNSS 网等级（精度）、完成时间、有无特殊要求等在进行技术设计、实际作业和数据处理中所必须了解的信息。

4. 技术依据

介绍工程所依据的测量规范、工程规范、行业标准及相关的技术要求等。

5. 现有测绘成果

介绍测区内及与测区相关地区的现有测绘成果的情况。如已知点、测区地形图等。

6. 施测方案

介绍测量采用的仪器设备的种类、采取的布网方法等。

7. 作业要求

规定选点埋石要求、外业观测时的具体操作规程、技术要求等，包括仪器参数的设置（如采样间隔、截止高度角等）、对中精度、整平精度、天线高的量测方法及精度要求等。

8. 观测质量控制

介绍外业观测的质量要求报告、质量控制方法及各项限差要求等。如数据剔除率、RMS 值、Ratio 值、同步环闭合差、异步环闭合差、相邻点对中误差、点位中误差等。

9. 数据处理方案

详细的数据处理方案包括基线解算和网平差所采用的软件和处理方法等内容。

对于基线解算的数据处理方案，应包括如下内容：基线解算软件、参与解算的观测值、解算时所使用的卫星星历类型等。

对于网平差的数据处理方案，应包含如下内容：网平差处理软件、网平差类型、网平差时的坐标系、基准及投影、起算数据的选取等。

10. 提交成果要求

规定提交成果的类型及形式。

任务五　GNSS 控制网外业观测

一、GNSS 控制网的选点与埋石

（一）野外选点

进行 GNSS 控制测量，首先应在野外进行控制点的选点与埋设。由于 GNSS 观测是通过接收天空卫星信号实现定位测量，一般不要求观测站之间相互通视。而且，由于 GNSS 观测精度主要受观测卫星的几何状况的影响，与地面点构成的几何状况无关。网的图形选择也较灵活。所以，选点工作较常规控制测量简单方便。但由于 GNSS 点位的适当选择，对保证整个测绘工作的顺利进行具有重要的影响。因此，应根据本次控制测量服务的目的、精度、密度要求，在充分收集和了解测区范围、地理情况以及原有控制点的精度、分布和保存情况的基础上，进行 GNSS 点位的选定与布设。

1. 观测站的基本要求

在选点时应注意如下问题：

(1) 测站四周视野开阔，高度角 15°以上不允许存在成片的障碍物。测站上应便于安置 GNSS 接收机和天线，可方便进行观测。

(2) 远离大功率的无线电信号发射源(如电台、电视台、微波中继站)，以免损坏接收机天线。与高压输电线、变压器等保持一定的距离，避免干扰。具体的距离可以参阅接收机的用户手册。

(3) 测站应远离房屋、围墙、广告牌、山坡及大面积平静水面(湖泊、池塘)等信号反射物，以免出现严重的多路径效应。

(4) 测站应位于地质条件良好、点位稳定、易于保护的地方，并尽可能顾及交通等条件。

(5) 充分利用符合要求的原有控制点的标石和观测墩。

(6) 应尽可能使所选测站附近的小环境(指地形、地貌、植被等)与周围的大环境保持一致，以避免或减少气象元素的代表性误差。

2. 辅助点和方位

在某些特殊情况下，需要设置辅助点和方位点。具体要求如下：

(1) A、B 级 GNSS 点不位于基岩上时，宜在附近埋设辅助点，并测定与 GNSS 点之间的距离和高差，精度应优于 5 mm。

(2) 可根据需要在 GNSS 点附近设立方位点。方位点应与 GNSS 点保持通视，离 GNSS 点的距离一般不小于 300 m。方位点应位于目标明显、观测方便的地方。

3. 选点作业

选点作业应按如下要求进行：

(1) 选点人员应按照在图上选择的初步位置以及对点位的基本要求，在实地最终选定点位，并做好相应的标记。

(2) 利用旧点时，应对旧点的稳定性、可靠性和完好性进行检查，符合要求时方可利用。

(3) 点名应以该点位所在地命名，无法区分时，可在点名后加注(一)、(二)等予以区别。少数民族地区的点名应使用准确的音译汉语名，在音译后可附原文。

(4) 新旧点重合时，应沿用旧点名，一般不应更改。如由于某些原因确需要更改时，要在新点名后加括号注上旧点名。GNSS 点与水准点重合时，应在新点名后的括号内注明水准点的等级和编号。

(5) 新旧 GNSS 点(包括辅助点和方位点)均需在实地按规范要求的形式绘制点之记。所有内容均要求在现场仔细记录，不得事后追记。A、B 级 GNSS 点在点之记中应填写地质概要、构造背景及地形地质构造略图。

(6) 点位周围存在高于 10°的障碍物时，应按规范要求的形式绘制点的环视图。

(7) 选点工作完成后，应按规范要求的形式绘制 GNSS 网选点图。

4. 提交资料

选点工作完成后，应提交如下资料：

(1) 用黑墨水笔填写点之记和环视图。

(2) GNSS 网选点图。

(3) 选点工作总结。

(二) 标石埋设

为了 GNSS 控制测量成果的长期利用,GNSS 控制点一般应设置具有中心标志的标石,以精确标示点位,点位标石和标志必须稳定、坚固,以便点位的长期保存。而对于各种变形监测网,则更应该建立便于长期保存的标志。为了提高 GNSS 测量的精度,可埋设带有强制归心装置的观测墩。

1. 埋石作业

(1) 各级 GNSS 点的标石一般应用混凝土灌制。有条件的地方可以用整块花岗岩、青石等坚硬石料凿制,其规格不应小于同类混凝土标石。埋设天线墩、基岩标石、基本标石时,应现场浇灌混凝土,普通标石可以预制后运往各点埋设。

(2) 埋设标石时,各层标志中线应严格位于同一铅垂线上,其偏差不得大于 2 mm。强制对中装置的对中误差不得大于 1 mm。

(3) 利用旧点时,应确认该标石完好,并符合同级 GNSS 点埋石的要求,且能长期保存。上标石破坏时,可以以下标石为准重新埋设上标石。

(4) 方位点上应埋设普通标石,并加以注记。

(5) GNSS 点埋设所占土地应经土地使用者或土地管理部门同意,并办理相关手续。新埋标石及天线墩应办理测量标志委托保管书,一式三份,交标石的保管单位或个人一份,上交和存档一份。利用旧点时,需对委托保管书进行核实,不落实时,应重新办理委托保管手续。

(6) B、C 级点的标石埋设后至少需经过一个雨季,冻土地区至少经过一个解冻期,基岩或岩层标石至少需经过一个月后,方可用于观测。

(7) 现场浇灌混凝土标石时。应在标石上压印 GNSS 点的类别、埋设年代和“国家设施勿动”等字样。荒漠、平原等不容易寻找 GNSS 点的地方,还需在 GNSS 点旁埋设指示碑。

2. 提交资料

埋石结束后,需上交的资料如下:

(1) 填写了埋石情况的 GNSS 点之记。

(2) 土地占用批准文件与测量标志委托保管书。

(3) 标石建造拍摄的照片。

(4) 埋石工作总结。

二、外业观测

(一) 外业观测的基本技术要求

《全球定位系统(GPS)测量规范》(GB/T 18314—2009)、《卫星定位城市测量技术规范》(CJJ/T 73—2010)对观测工作的基本要求,分别见表 5-8 和表 5-9。

表 5-8　　B、C、D 和 E 级网测量的基本技术要求(GB/T 18314—2009)

项目	级别			
	B	C	D	E
卫星截止高度角/(°)	10	15	15	15
同时观测有效卫星数	≥4	≥4	≥4	≥4

续表 5-8

项目	级别			
	B	C	D	E
有效观测卫星总数	≥20	≥6	≥4	≥4
观测时段数	≥3	≥2	≥1.6	≥1.6
时段长度	≥23 h	≥4 h	≥60 min	≥40 min
采样间隔/s	30	10～30	10～30	10～30

注:1. 有效卫星指连续观测不短于一定时间的卫星,对于 B、C、D 和 E 级 GNSS 网测量,该时间为 15 min。

2. 计算有效卫星数时,应将各时段的有效观测卫星数扣除重复卫星数。

3. 时段长度为从开始记录数据至结束记录之间的时间段。

4. 观测时段数大于等于 1.6 是指采用网观测模式时,每测站至少观测一时段,其中至少 60%的测站至少观测两个时段。

表 5-9　　二等、三等、四等、一级和二级网测量的基本技术要求(GJJ/T 73—2010)

项目	等级 观测方法	二等	三等	四等	一级	二级
卫星高度角/(°)	静态	≥15	≥15	≥15	≥15	≥15
有效观测同类卫星数	静态	≥4	≥4	≥4	≥4	≥4
平均重复设站数	静态	≥2	≥2	≥1.6	≥1.6	≥1.6
时段长度/min	静态	≥90	≥60	≥45	≥45	≥45
采样间隔/s	静态	10～30	10～30	10～30	10～30	10～30
PDOP 值	静态	<6	<6	<6	<6	<6

(二) 外业观测工作

外业观测工作包括天线安置、开机观测、观测记录和观测数据检查等。

1. 天线安置

天线精确安置是实现精确定位的重要条件之一。因此,要求天线尽量利用三脚架安置在标志中心的垂线方向上直接对中观测。一般最好不要进行偏心观测。对于有观测墩的强制对中点,应将天线直接强制对中到中心。

对天线进行整平,使基座上的圆水准气泡居中。天线定向标志线指向正北。定向误差不大于±5°。

天线安置后,应在各观测时段前、后各量测天线高一次。两次测量结果之差不应超过 3 mm,并取其平均值。

天线高指的是天线相位中心至地面标志中心之间的垂直距离。而天线相位中心至天线底面之间的距离在天线内部无法直接测定,由于其是一个固定常数,通常由厂家直接给出,天线底面至地面标志中心的高度可直接测定,两部分之和为天线高。

对于有觇标、钢标的标志点,安置天线时应将觇标顶部拆除,以防止 GNSS 信号的遮挡,也可采用偏心观测,归心元素应精确测定。

2. 开机观测

GNSS 定位观测主要是利用接收机跟踪接收卫星信号，储存信号数据，并通过对信号数据的处理获得定位信息。

利用 GNSS 接收机作业的具体操作步骤和方法，随接收机的类型和作业模式不同而有所差异。总体而言，GNSS 接收机作业的自动化程度很高，随着其设备软硬件的不断改善发展，性能和自动化程度将进一步提高，需要人工干预的地方越来越少，作业将变得越来越简单。尽管如此，作业时仍需注意以下问题：

(1) 首先使用某种接收机前，应认真阅读操作手册，作业时应严格按操作要求进行。

(2) 在启动接收机之前，首先应通过电缆将外接电源和天线连接到接收机专门接口上，并确认各项连接准确无误。

(3) 为确保在同一时间段内获得相同卫星的信号数据，各接收机应按观测计划规定的时间作业，且各接收机应具有相同获取信号数据的时间间隔(采样间隔)。

(4) 接收机跟踪锁住卫星，开始记录数据后，如果能够查看，作业员应注意查看有关观测卫星数量、相位测量残差、实时定位结果及其变化和存储介质的记录情况。

(5) 在一个观测时段中，一般不得关闭并重新启动接收机；不准改变卫星高度角限值、数据采样间隔及天线高的参数值。

(6) 在出测前应认真检查电源电量是否饱满，作业时应注意供电情况，一旦听到低电压报警要及时更换电池，否则可能会造成观测数据被破坏或丢失。

(7) 在进行长距离或高精度 GNSS 测量时，应在观测前、后测量气象元素。如观测时间长，还应在观测中间加测气象元素。

(8) 每日观测结束后，应及时将接收机内存中的数据传输到计算机，并保存在软、硬盘中，同时还需检查数据是否正确完整，当确定数据无误地记录保存后，应及时清除接收机内存中的数据，确保下次观测数据的记录有足够的存储空间。

3. 观测记录

GNSS 接收机获取的卫星信号由接收机内置的存储介质记录，其中包括：载波相位观测值及相应的观测历元、伪距观测值、相应的 GNSS 时间、GNSS 卫星星历及卫星钟差参数、测站信息及单点定位近似坐标值。

在观测场所，观测者还应填写观测手簿，其记录格式和内容见表 5-10。对于测站间距离小于 10 km 的边长，可不必记录气象元素。为保证记录的准确性，必须在作业过程中及时填写，不得测后补记。

表 5-10　　GNSS 测量记录格式

点号		点名		图幅	
观测员		记录员		观测月日/年积日	
接收设备		天气状况		近似位置	
接收机类型及号码		天气		纬度	
天线号码		风向		经度	
存储介质编号		风力		高程	

续表 5-10

<table>
<tr><td colspan="2">点号</td><td colspan="2"></td><td colspan="2">点名</td><td></td><td>图幅</td><td></td></tr>
<tr><td colspan="2" rowspan="4">天线高/m</td><td colspan="2">测前</td><td colspan="2"></td><td rowspan="2">观测时间</td><td>开始记录</td><td></td></tr>
<tr><td colspan="2">测后</td><td colspan="2"></td><td>结束记录</td><td></td></tr>
<tr><td colspan="2" rowspan="2">平均值</td><td colspan="2" rowspan="2"></td><td colspan="2">总时段序号</td><td></td></tr>
<tr><td colspan="2">日时段序号</td><td></td></tr>
<tr><td colspan="6">气象元素</td><td colspan="3">观测记事</td></tr>
<tr><td>时 间</td><td colspan="2">气压/mbar</td><td colspan="2">温度/℃</td><td>湿温/℃</td><td colspan="3" rowspan="5"></td></tr>
<tr><td></td><td colspan="2"></td><td colspan="2"></td><td></td></tr>
<tr><td></td><td colspan="2"></td><td colspan="2"></td><td></td></tr>
<tr><td></td><td colspan="2"></td><td colspan="2"></td><td></td></tr>
<tr><td></td><td colspan="2"></td><td colspan="2"></td><td></td></tr>
</table>

三、外业观测质量的评价

对野外观测资料首先要进行复查，内容包括：成果是否符合调度命令和规范要求；所得的观测数据质量分析是否符合实际。然后进行下列项目的检查。

1. 每个时段同步观测数据的检核

(1) 数据剔除率。剔除的观测值个数与应获得的观测值个数的比值称为数据剔除率。同一时段的数据剔除率应小于 10%。

(2) 采用单基线处理模式时，对于采用同一种数学模型的基线，其同步时段中任一三边同步环应满足下式的要求。

$$\begin{cases} W_X \leqslant \sqrt{3}\sigma/5 \\ W_Y \leqslant \sqrt{3}\sigma/5 \\ W_Z \leqslant \sqrt{3}\sigma/5 \end{cases} \tag{5-8}$$

2. 重复基线检查

同一条基线进行了多次观测，可得多个基线向量值。这种具有多个独立观测结果的基线称为重复基线。对于重复基线的任意两个时段的成果互差，不得超过 $2\sqrt{2}\sigma$。其中的 σ 是按相应精度等级的平均基线长度计算的基线长度中误差(式 5-1)。

3. 异步环检验

无论采用单基线模式或多基线模式解算基线，都应在整个 GNSS 网中选取一组完全的独立基线构成独立环，各独立环的坐标分量闭合差和全长闭合差应符合下式的规定：

$$\begin{cases} w_x = 3\sqrt{n}\sigma \\ w_y = 3\sqrt{n}\sigma \\ w_z = 3\sqrt{n}\sigma \\ w = 3\sqrt{3n}\sigma \end{cases} \tag{5-9}$$

当发现同步环、异步环和重复基线闭合差超限时，应分析原因并对其中部分或全部成果重测，需要重测的基线应尽量安排在一起进行同步观测。

对经过检核超限的基线在充分分析基础上，进行野外返工观测。基线返工应注意以下几个问题：

(1) 无论何种原因造成一个控制点不能与两条合格独立基线相联结，则在该点上应补测或重测不少于一条独立基线。

(2) 可以舍弃在重复基线检验、同步环检验、异步环检验中超限的基线，但必须保证舍弃基线后的独立环所含基线数，不得超过规范的规定。否则，应重测该基线或者有关的同步图形。

(3) 由于点位不符合 GNSS 测量要求而造成一个测站多次重测仍不能满足各项限差规定时，可按技术设计要求另增选新点进行重测。

任务六　GNSS 测量数据内业处理

GNSS 接收机采集记录的是 GNSS 接收机天线至卫星的伪距、载波相位和卫星星历等数据。如果采样间隔为 15 s，则每 15 s 记录一组观测值，一台接收机连续观测 1 h 将有 240 组观测值。观测值中包含对 4 颗以上卫星的观测数据以及地面气象观测数据等。GNSS 数据处理就是从原始观测值出发得到最终的测量定位成果，其数据处理过程大致可划分为数据传输、格式转换(可选)、基线解算和网平差以及 GNSS 网与地面网联合平差等四个阶段。GNSS 测量数据处理的流程如图 5-10 所示。

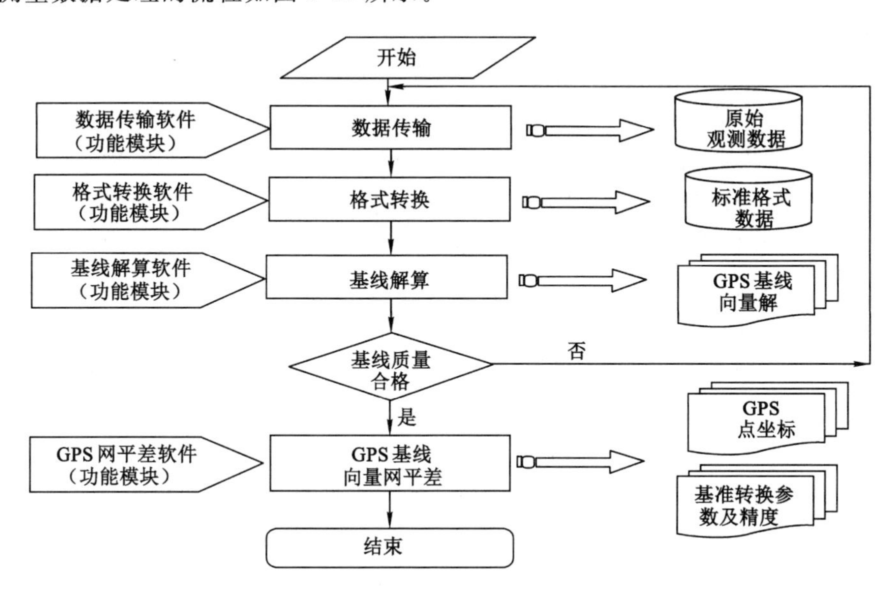

图 5-10　数据处理流程图

一、观测数据传输与预处理

(一) 数据传输

GNSS 测量数据处理的对象是 GNSS 接收机在野外所采集的观测数据。在观测过程中，这些数据是存储在接收机的内部存储器或移动存储介质上的。因此，在完成观测后，如果要对它们进行处理分析，就必须首先将其下载到计算机中。这一数据下载过程即为数据传输。

（二）数据预处理

GNSS 数据预处理的目的是：对数据进行平滑滤波检验、剔除粗差；统一数据文件格式，并将各类数据文件加工成标准化文件（如 GNSS 卫星轨道方程的标准化、卫星时钟钟差标准化、观测值文件标准化等）；找出整周跳变点并进行修复；对观测值进行各种模型改正。为进一步的平差计算做准备，数据预处理的基本内容如下：

（1）数据传输：将 GNSS 接收机记录的观测数据传输到磁盘或其他介质上。

（2）手簿输入：将外业记录手簿中的点名、点号、天线高等信息输入到数据处理软件中。

（3）数据分流：从原始记录中，通过解码将各种数据分类，剔除无效观测值和冗余信息，形成各种数据文件，如星历文件、观测数据文件、测站信息文件等。这项工作往往是由接收机或数据处理软件自动完成的。

（4）统一文件格式：将不同类型接收机的数据记录格式、项目和采样间隔，统一为标准化的文件格式，以便统一处理。

（5）卫星轨道的标准化：采用多项式拟合法、平滑 GNSS 卫星每小时发送的轨道参数，使观测时段的卫星轨道标准化。

（6）探测周跳、修复载波相位观测值。

（7）对观测值进行必要改正。

二、数据格式转换

（一）RINEX 格式

GNSS 数据处理时，所采用的观测数据来自野外观测的 GNSS 接收机。接收机在野外进行观测时，通常将所采集的数据记录在接收机的内部存储器或可移动的存储介质中。在完成观测后，需要将数据传输到计算机中，以便进行处理分析，这一过程通常是利用 GNSS 接收机厂商所提供的数据传输软件来进行的，传输到计算机中的数据一般采用 GNSS 接收机厂商所定义的专有格式以二进制文件的形式进行存储。一般来说，不同 GNSS 接收机厂商所定义的专有格式各不相同，有时甚至同一厂商不同型号仪器的专有格式也不相同。专有格式具有存储效率高、各类信息齐全的特点，但在某些情况下，如在一个项目中采用了不同接收机进行观测时，却不方便进行数据处理分析。因为，数据处理分析软件能够识别的格式是有限的。

RINEX（与接收机无关的交换格式）是一种在 GNSS 测量中普遍采用的标准数据格式，该格式采用文本文件的形式存储数据，数据记录格式与接收机的制造厂商和具体型号无关。

RINEX 格式已经成了 GNSS 测量应用中的标准数据格式，几乎所有测量型 GNSS 接收机厂商都能提供将其专有格式文件转换为 RINEX 格式文件的工具，而且，几乎所有的数据分析处理软件都能直接读取 RINEX 格式的数据。这意味着在实际观测作业中可以采用不同厂商、不同型号的接收机进行混合编队，而数据处理则可采用某一特定软件进行。

（二）文件类型及命名规则

1. 文件类型

RINEX 格式定义了 6 种不同类型的数据文件，分别用于存放不同类型的数据，他们分别是：用于存放 GNSS 观测值的观测数据文件；用于存放 GPS 卫星导航电文的导航电文文件；用于存放在测站所测定的气象数据的气象数据文件；用于存放 GLONASS 卫星导航电文的GLONASS导航电文文件；用于存放在增强系统中搭载有类GNSS信号发生器的地球同步卫星(GEO)的导航电文的GEO导航电文文件和用于存放卫星和接收机时钟信息的卫星和接收机钟文件。对于大多数GNSS测量应用用户来说，RINEX格式的观测数据、导航电文和气象数据文件最为常见，前两类数据在进行数据处理分析时通常是必需的，而其他类型的数据则是可选的，特别是GLONASS导航电文文件和GEO导航电文文件平时并不多见。

2. 命名规则

RINEX格式对数据文件的命名有着特殊的规定，以便用户仅通过文件名就能很容易地区分数据文件的归属、类型和所记录数据的时间。根据规定，RINEX格式的数据文件采用“＊＊＊＊＊＊＊＊.＊＊＊”的命名方式，完整的文件名由用于表示文件归属的8位字符长度的主文件名和用于表示文件类型的3位字符长度的扩展名两部分组成，其具体形式如下：

ssssdddf.yyt

其中：

ssss——4字符长度的测站代码。

ddd——文件中第一个记录所对应的年积日。

f——一天内的文件序号，有时也称为时段号。取值从0～9，A～Z，当为0时，表示文件包含了当天所有的数据。注意：文件序号的编列是以整个项目在一天内的同步观测时段为基础，而不是以某台接收机在一天之内的观测时段为基础。

yy——年份。

t——文件类型，为下列字母中的一个：

O——观测值文件；

N——GNSS导航电文文件；

M——气象数据文件；

G——GLONASS导航电文文件；

H——地球同步卫星GNSS有效荷载导航电文文件；

C——钟文件。

例如，文件名为CQGC0310.18O的RINEX格式数据文件，为点CQGC在2018年1月31日(年积日为31)整天的观测值数据文件；而数据文件名为CQGC0310.18N的RINEX格式数据文件，则相应为在该点上进行观测接收机所记录的导航电文文件。

三、基线向量解算

(一) 基线解算阶段的质量控制

1. 质量控制指标

(1) 单位权中误差

平差后单位权中误差值一般为0.05周以下，否则，表明观测值中存在某些问题。例如，可能存在受多路径干扰、外界无线电信号干扰或接收机时钟不稳定等影响的低精度观测值；观测值改正模型不适宜；周跳未被完全修复；整周未知数解算不成功，使观测值存在系统误差等。当然，单位权中误差较大也可能是由于起算数据存在问题，如存在基线固定端点坐标误差或存在基准数据的卫星星历误差的影响。

(2) 数据删除率

基线解算时，如果观测值的改正数超过某一限值，则认为该观测值含有粗差，应将其删除。被删除的观测值的数量与观测值总数的比值，叫数据删除率。数据删除率越大，说明观测质量越低。

(3) RATIO

$$\mathrm{RATIO}=\frac{m_{0次小}}{m_{0最小}}$$

RATIO 反映了所确定出的整周未知数的可靠性，这一指标取决于多种因素，既与观测值的质量有关，也与观测条件的好坏有关。所谓观测条件，是指卫星星座的几何图形和卫星的运行轨迹。

(4) RDOP

RDOP 值是指在基线解算时协因素阵 Q 的迹 $\mathrm{trace}(Q)$的平方根，即：

$$\mathrm{RDOP}=\sqrt{\mathrm{trace}(Q)}$$

RDOP 的大小与基线位置和卫星在空间的几何分布及运行轨迹(即观测条件)有关。当基线位置确定以后，RDOP 值就只与观测条件有关。而观测条件又是时间的函数，因此，RDOP 值的大小与基线的观测时间段有关。

(5) RMS

RMS 由下式定义：

$$\mathrm{RMS}=\sqrt{\frac{V^{\mathrm{T}}PV}{n-1}} \tag{5-10}$$

式中，V 为基线向量改正数，也叫观测值残差；P 为观测基线的权；N 为观测基线总数。

RMS 只与观测值的质量有关，观测值的质量越好，RMS 越小。它与观测条件无关。

(6) 同步环闭合差

同步环闭合差是由同步观测基线所组成的闭合环的闭合差。由于同步观测基线间具有一定的内在联系，从而使得同步环闭合差在理论上应总是为 0 的。由于基线解算的模型误差和数据处理软件的内在缺陷，使得同步环的闭合差实际上不能为 0。如果同步环闭合差超限，则说明组成同步环的基线中至少存在一条基线向量是错误的，但反过来，如果同步环闭合差没有超限，还不能说明组成同步环的所有基线在质量上均合格。

(7) 异步环闭合差

构成闭合环的基线不是由各接收机同步观测的基线，这样的闭合环称为异步环，其闭合差称为异步环闭合差。

当异步环闭合差满足限差要求时，则表明组成异步环的基线向量的质量是合格的；当异步环闭合差不满足限差要求时，则表明组成异步环的基线向量中至少有一条基线向量的质量不合格，要确定出哪些基线向量的质量不合格，可以通过多个相邻的异步环或重复基线来进行。

(8) 重复基线较差

不同观测时段对同一条基线的观测结果，就是所谓的重复基线。这些观测结果之间的差异，就是重复基线较差。

2. 质量控制指标的应用

RATIO、RDOP 和 RMS 这几个质量指标只具有某种相对意义，它们数值的高低不能绝对地说明基线质量的高低。若 RMS 偏大，则说明观测值质量较差，若 RDOP 值较大，则说明观测条件较差。

（二）影响 GNSS 基线解算结果的几个因素及其对策

1. 影响 GNSS 基线解算结果的几个因素

（1）基线解算时所设定的起点坐标不准确。起点坐标不准确，会导致基线出现尺度和方向上的偏差。

（2）少数卫星的观测时间太短，导致这些卫星的整周未知数无法准确确定。当卫星的观测时间太短时，会导致与该颗卫星有关的整周未知数无法准确确定。而对于基线解算来讲，如果参与计算的卫星相关的整周未知数没有准确确定的话，就将影响整个 GNSS 基线解算结果。

（3）在整个观测时段里，有个别时间段里周跳太多，致使周跳修复不完善。

（4）在观测时段内，多路径效应比较严重，观测值的改正数普遍较大。

（5）对流层或电离层折射影响过大。

2. 影响 GNSS 基线解算结果因素的判别及应对措施

对于影响 GNSS 基线解算结果因素，有些是较容易判别的，如卫星观测时间太短、周跳太多、多路径效应严重、对流层或电离层折射影响过大等。但对于另外一些因素却不好判断，如起点坐标不准确。

（1）基线起点坐标

对于由起点坐标不准确对基线解算质量造成的影响，目前还没有较容易的方法来加以判别，因此在实际工作中，只有尽量提高起点坐标的准确度，以避免这种情况的发生。

（2）卫星观测时间短的判别

关于卫星观测时间太短这类问题的判断比较简单，只要查看观测数据的记录文件中有关每个卫星的观测数据的数量就可以了，有些数据处理软件还输出卫星的可见性图，这就更直观了。

（3）周跳太多的判别

对于卫星观测值中周跳太多的情况，可以从基线解算后所获得的观测值残差上来分析。目前，大部分的基线处理软件一般采用双差观测值，当在某测站对某颗卫星的观测值中含有未修复的周跳时，与此相关的所有双差观测值的残差都会出现显著的整数倍增大。

（4）多路径效应严重、对流层或电离层折射影响过大的判别

对于多路径效应、对流层或电离层折射影响的判别，我们也是通过观测值残差来进行的。不过与整周跳变不同的是，当多路径效应严重、对流层或电离层折射影响过大时，观测值残差不是像周跳未修复那样出现整数倍的增大，而只是出现非整数倍的增大，一般不超过 1 周，但却又明显地大于正常观测值的残差。

应对措施：

① 基线起点坐标不准确的应对方法

要解决基线起点坐标不准确的问题，可以在进行基线解算时，使用坐标准确度较高的点作为基线解算的起点。较为准确的起点坐标可以通过进行较长时间的单点定位或通过与 WGS-84 坐标较准确的点联测得到，也可以采用在进行整网的基线解算时，所有基线起点的坐标均由一个点坐标衍生而来，使得基线结果均具有某一系统偏差，然后，再在 GNSS 网平

差处理时，引入系统参数的方法加以解决。

② 卫星观测时间短的应对方法

若某颗卫星的观测时间太短，则可以删除该卫星的观测数据，不让它们参加基线解算，这样可以保证基线解算结果的质量。

③ 周跳太多的应对方法

若多颗卫星在相同的时间段内经常发生周跳时，则可采用删除周跳严重的时间段的方法，来尝试改善基线解算结果的质量，若只是个别卫星经常发生周跳，则可采用删除经常发生周跳的卫星的观测值的方法，来尝试改善基线解算结果的质量。

④ 多路径效应严重

由于多路径效应往往造成观测值残差较大，因此可以通过缩小编辑因子的方法来剔除残差较大的观测值。另外，也可以采用删除多路径效应严重的时间段或卫星的方法。

⑤ 对流层或电离层折射影响过大的应对方法

对于对流层或电离层折射影响过大的问题，可以采用下列方法：提高截止高度角，剔除易受对流层或电离层影响的低高度角观测数据。但这种方法具有一定的盲目性，因为高度角低的信号不一定受对流层或电离层的影响就大。分别采用模型对对流层和电离层延迟进行改正，如果观测值是双频观测值，则可以使用消除了电离层折射影响的观测值来进行基线解算。

四、网平差

GNSS 控制网是由相对定位所求得的基线向量而构成的空间基线向量网。在 GNSS 控制网的平差中，是以基线向量及协方差为基本观测量。通常采用三维无约束平差、三维约束平差及三维联合平差三种平差模型。

（一）三维无约束平差

所谓三维无约束平差，就是在 WGS-84 三维空间直角坐标系中，GNSS 控制网中只有一个已知点坐标的情况下所进行的平差。三维无约束平差的主要目的是考察 GNSS 基线向量网本身的内附合精度以及考察基线向量之间有无明显的系统误差和粗差，其平差无外部基准，或者引入外部基准，但并不会由其误差使控制网产生变形和改正。由于 GNSS 基线向量本身提供了尺度基准和定向基准，故在 GNSS 网平差时，只需提供一个位置基准。因此，网不会因为该基准误差而产生变形，所以是一种无约束平差。GNSS 网的三维无约束平差的意义有以下几个方面：

1. 改善 GNSS 网的质量，评定 GNSS 网的内部附合精度

通过网平差，可得出一系列可用于评估 GNSS 网精度的指标，如观测值改正数、观测值验后方差、观测值单位权方差、相邻点距离中误差、点位中误差等。发现和剔除 GNSS 观测值中可能存在的粗差。由于三维无约束平差的结果完全取决于 GNSS 网的布设方法和 GNSS 观测值的质量，因此三维无约束平差的结果就完全反映了 GNSS 网本身的质量好坏。如果平差结果质量不好，则说明 GNSS 网的布设或 GNSS 观测值的质量有问题；反之，则说明 GNSS 网的布设或 GNSS 观测值的质量没有问题。结合这些精度指标，还可以设法确定出质量不佳的观测值，并对它们进行相应的处理，从而达到改善网的质量的目的。

2. 消除由观测量和已知条件中所存在的误差而引起的 GNSS 网在几何上的不一致

由于观测值中存在误差以及数据处理过程中存在模型误差等因素，通过基线解算得到

的基线向量中必然存在误差。另外，起算数据也可能存在误差。这些误差将使得 GNSS 网存在几何上的不一致，它们包括：闭合环闭合差不为 0；复测基线较差不为 0；通过由基线向量所形成的闭合环和附合路线，将坐标由一个已知点传算到另一个已知点的附合差不为 0 等。通过网平差，可以消除这些不一致，得到 GNSS 网中各个点经过了平差处理的三维空间直角坐标。

在进行 GNSS 网的三维无约束平差时，如果指定网中某点准确的 WGS-84 坐标系的三维坐标作为起算数据，则最后可得到 GNSS 网中各个点经过了平差处理的 WGS-84 坐标系中的坐标。

3. 确定 GNSS 网中点在指定参照系下的坐标以及其他所需参数的估值

在网平差过程中，通过引入起算数据，如已知点、已知边长、已知方向等，可最终确定出点在指定参照系下的坐标及其他一些参数，如基准转换参数等。

4. 为将来可能进行的高程拟合提供经过了平差处理的大地高数据

用 GNSS 水准替代常规水准测量获取各点的正高或正常高是目前 GNSS 应用中一个较新的领域，现在一般采用的是利用公共点进行高程拟合的方法。在进行高程拟合之前，必须获得经过平差的大地高数据，三维无约束平差可以提供这些数据。

（二）三维约束平差

所谓三维约束平差，就是指以国家大地坐标系或地方坐标系的某些固定点的坐标、固定边长及固定方位为网的基准，并将其作为平差中的约束条件，在平差计算中考虑 GNSS 网与地面网之间的转换参数。

GNSS 网的三维约束平差主要作用是：确定 GNSS 网中各个点在国家大地坐标系或在指定参照系中经过了平差处理的三维空间直角坐标以及其他所需参数的估值。通过引入起算数据如已知点、已知边长等，可最终确定出点在指定参照系中的坐标及其他一些参数，如基准转换参数等。在进行 GNSS 网的三维约束平差时，如果配置足够数量的国家大地坐标系或地方坐标系基准数据作为 GNSS 网的约束起算数据，则最后可得到的 GNSS 网中各个点经过了平差处理的在国家大地坐标系或地方坐标系中的坐标。

国家大地坐标系或地方坐标系约束基准数据的数量与质量，以及在网中的分布均对平差结果精度产生影响。一般来说，平差前必须选择满足要求的基准数据，获得经过平差的大地高数据。三维无约束平差可以提供这些数据。

（三）GNSS 网与地面网的三维联合平差

三维联合平差是除了顾及上述 GNSS 基线向量的观测方程和作为基准的约束条件外，同时顾及地面中的常规观测值（如方向、距离、天顶距等）的平差。经过 GNSS 网与地面网的联合差，可使新布设的 GNSS 网与地面原有的控制网构成一个整体，使其精度能够较均匀地分布，消除新旧网接合部的缝隙。

GNSS 三维平差的主要流程图如图 5-11 所示。在 GNSS 网三维平差中，首先应进行三维无约束平差，平差后通过观测值改正数检验，发现基线向量中是否存在粗差，并剔除含有粗差的基线向量，再重新进行平差，直至确定网中没有粗差后，再对单位权方差因子进行了 χ^2 检验，判断平差的基线向量随机模型是否存在误差，并对随机模型进行改正，以提供较为合适的平差随机模型。然后对 GNSS 网进行约束平差或联合平差，并对平差中加入的转换参数进行显著性检验，对于不显著的参数应剔除，以免破坏平差方程的性态。

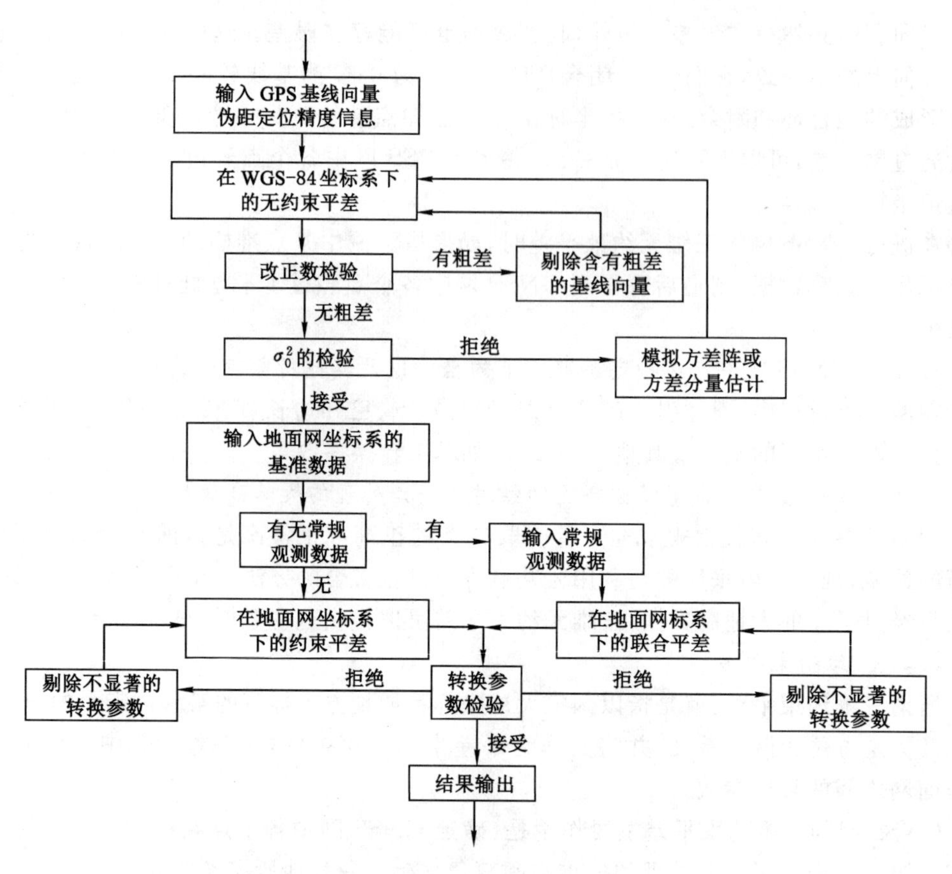

图 5-11　三维平差流程图

（四）GNSS 网的二维平差

由于大多数工程及生产实用坐标系均采用平面坐标和正常高程坐标系统，因此，将 GNSS 基线向量投影到平面上，进行二维平面约束平差是十分必要的。由于 GNSS 基线向量网二维平差应在某一参考椭球面或某一投影平面坐标系上进行。因此，平差前必须将 GNSS 三维基线向量观测值及其协方差阵转换投影至二维平差计算面上，也就是从三维基线向量中提取二维信息，在平差计算面上构成一个二维 GNSS 基线向量网。

GNSS 基线向量网二维平差也可分为无约束平差、约束平差和联合平差三类，平差原理及方法均与三维平差相同。由二维约束平差和联合平差获得的 GNSS 平面成果，就是国家坐标系中或地方坐标系中具有传统意义的控制成果。在平差中的约束条件往往是由地面网与 GNSS 网重合的已知点坐标，这些作为基准的已知点的精度或它们之间的兼容性是必须保证的。否则由于基准本身误差太大互不兼容，将会导致平差后的 GNSS 网产生严重变形，精度大大降低。因此，在平差中，应通过检验发现并淘汰精度低且不兼容地面网的已知点，再重新平差。

在三维基线向量转换成二维基线向量中，应避免地面网中大地高程不准确引起的尺度误差和 GNSS 网变形，以保证 GNSS 网转换后整体及相对几何关系不变。因此，可采用在一点上实行位置强制约束，在一条基线的空间方向上实行方向约束的三维转换方法，亦可在一点上实行位置强制约束，在一条基线的参考椭球面投影的法截弧和大地线方向上实行定向约束的准三维转换方法。使得转换后的 GNSS 网与地面网在一个基准点上和一条基线上的方向完全一致，而两网之间只存在尺度比差和残余定向差。

通过坐标系的转换，将基线向量与其协方差阵变换到二维平面坐标系中之后，便可进行二维平差。

五、HGO 数据处理软件的使用

（一）软件的安装

HGO 数据处理软件包可从光盘和硬盘中直接安装。本软件的运行至少需要 32 MB 的内存，200 MB 的硬盘。运行安装目录下光盘上的 HGO 中文版.msi，出现如图 5-12 所示的安装向导，点击下一步安装直至安装完成，安装完成后在桌面上有快捷方式，双击快捷方式打开软件主界面，如图 5-13 所示。

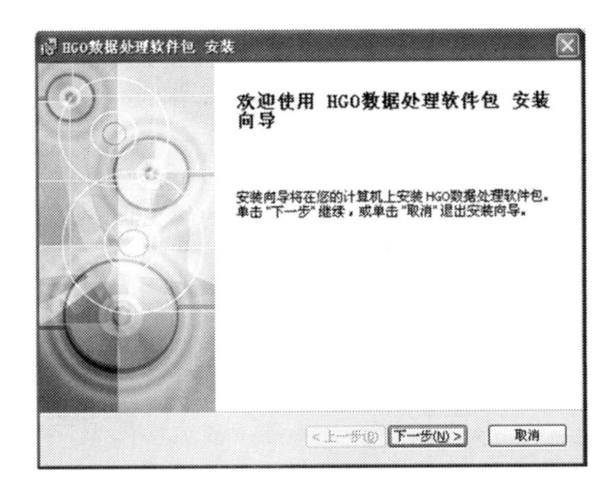

图 5-12　HGO 安装向导

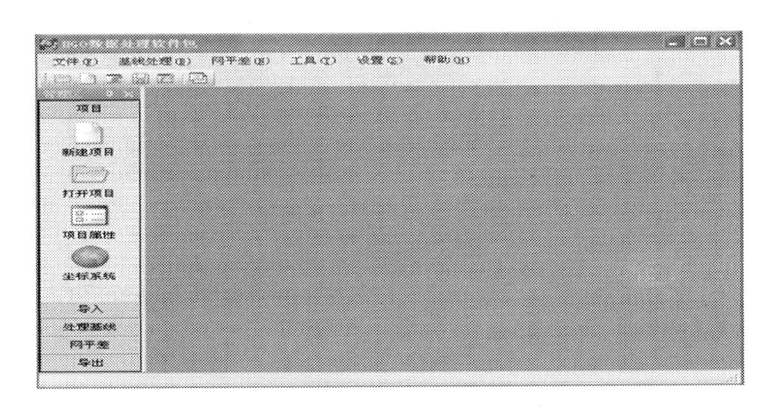

图 5-13　软件主界面

（二）新建项目

选择文件菜单的“新建项目”进入任务设置窗口，如图 5-14 所示。在“项目名称”中输入项目名称，同时可以选择项目存放的文件夹，“工作目录”中显示的是现有项目文件的路径，按“确定”完成新项目的创建工作。

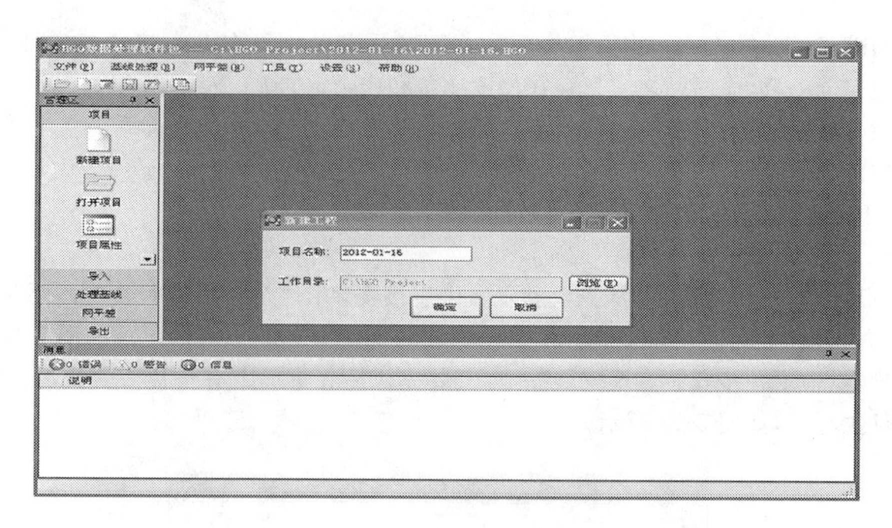

图 5-14　新建项目示意图

项目建立以后，需要对项目的一些参数进行设置。选择文件菜单的“项目属性”，系统将弹出项目属性设置对话框，如图 5-15 所示，用户可以设置项目的细节，这里主要是对限差项进行设置。

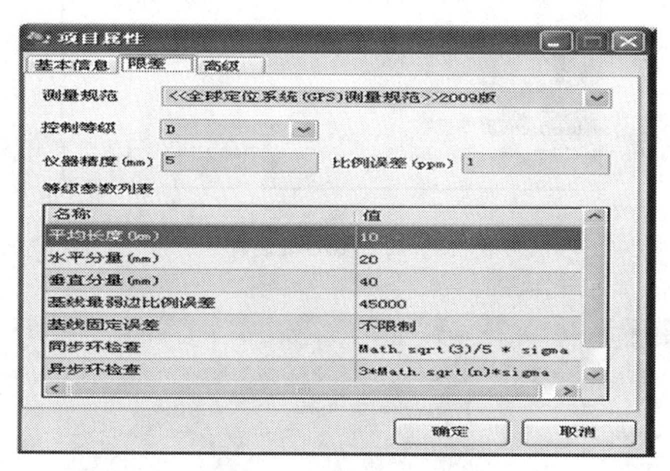

图 5-15　限差设置图

选择文件菜单的“坐标系统设置”，或者通过导航条直接打开坐标系统。系统将弹出坐标系统属性设置对话框，如图 5-16 所示，这里主要是对地方参考椭球和投影方法及参数进行设置。

（三）导入数据

任务建完后，开始加载观测数据文件。选择文件菜单下的“导入”，在弹出的对话框中选择需要加载的数据类型，按“导入文件”或者“导入目录”，进入文件选择对话框，如图 5-17 所示。

导入数据后，软件自动形成基线、同步环、异步环、重复基线等信息。显示窗口如图 5-18 所示。

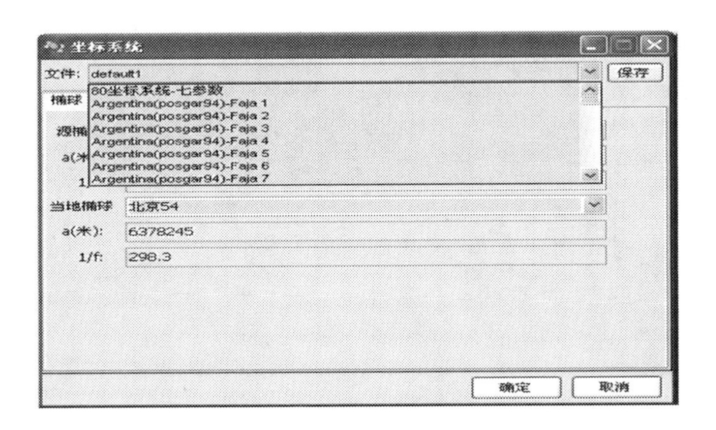

图 5-16　坐标系统设置

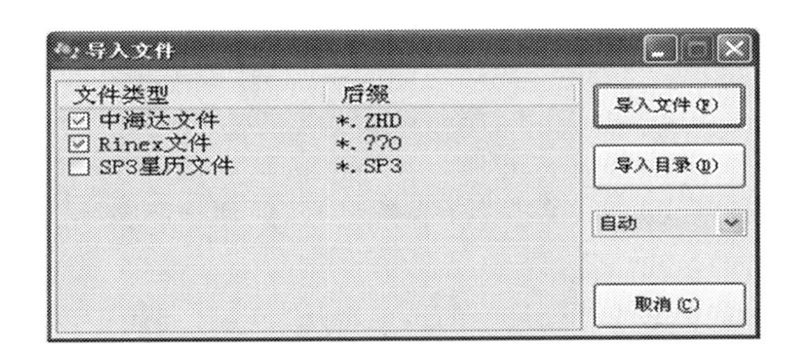

图 5-17　导入文件

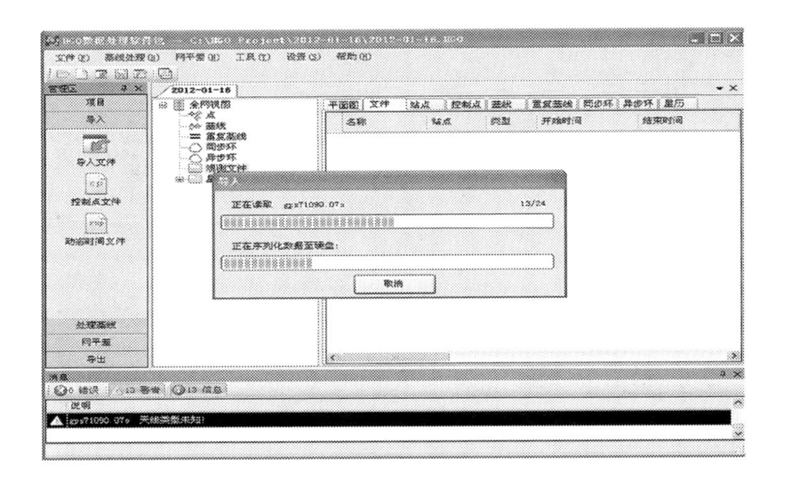

图 5-18　数据导入后操作示意图

当数据加载完成后，系统会显示所有的文件，点击中间的树形目录的“观测文件”，并将右边工作区选项卡切换为“文件”，即可查看详细的文件列表。双击某一行，即可弹出编辑界面，如图 5-19 所示，这里主要是为了确定天线高、接收机类型、天线类型。按照相同方法完成所有文件天线信息的录入或编辑。

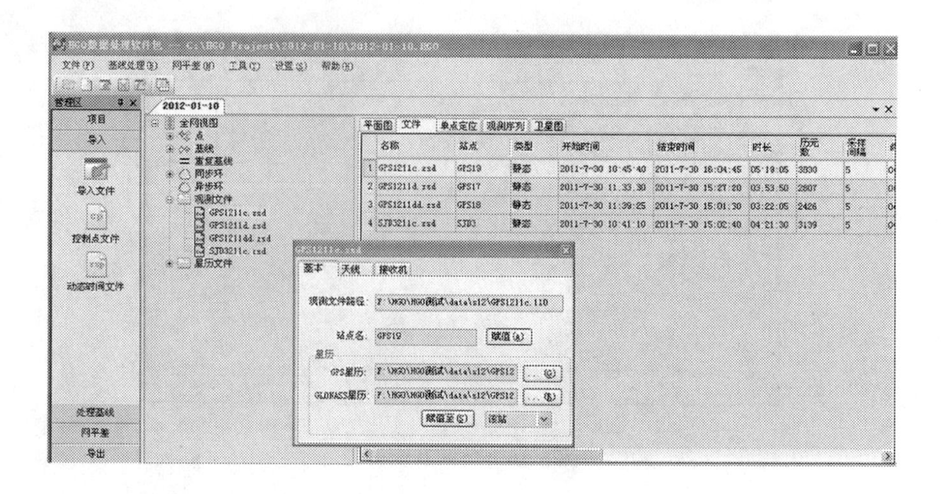

图 5-19　观测文件信息修改

（四）基线处理

当数据加载完成后，系统会显示所有的 GNSS 基线向量，“平面图”会显示整个 GNSS 网的情况。下一步进行基线处理，单击菜单基线处理“处理全部基线”，系统将采用默认的基线处理设置，处理所有的基线向量。

处理过程中，显示整个基线处理过程的进度。从“基线”列表中也可以看出每条基线的处理情况，如图 5-20 所示。

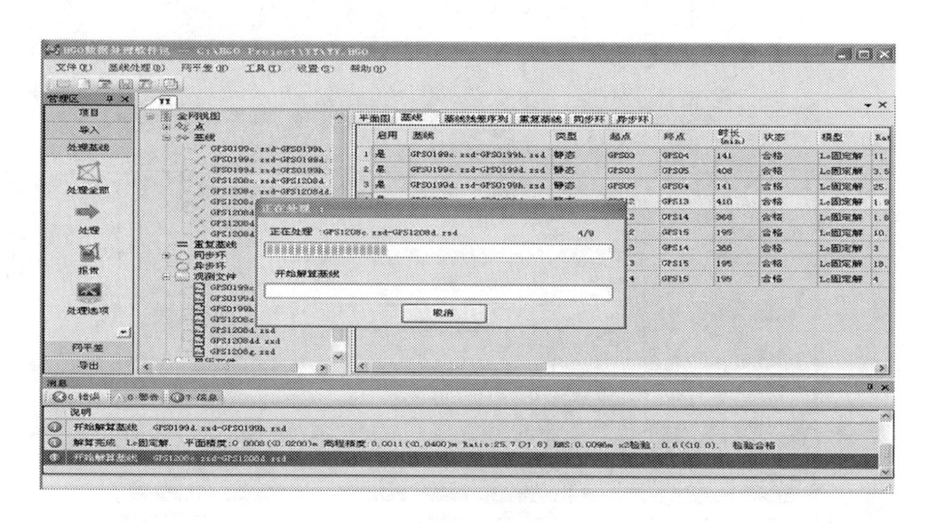

图 5-20　基线处理

基线解算的时间由基线的数目、基线观测时间的长短、基线处理设置的情况，以及计算机的速度决定。处理全部基线向量后，基线列表窗口中会列出所有基线解算的情况，网图中原来未解算的基线也由原来的浅色改变为深绿色，如图 5-21 所示。

（五）网平差

在基线处理完成后，需要对基线处理成果进行检核，在基线都合格的情况下，进入网平

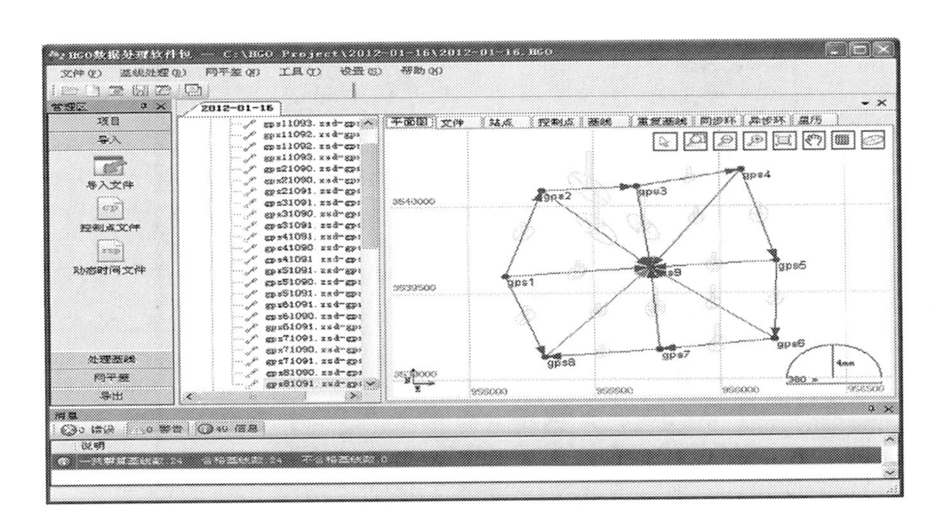

图 5-21　基线处理结果图

差步骤。

在平差之前进行相关的设置，明确整个网中的已知控制点。在树形视图区中切换到“点”，在右边工作区点击“站点”，对选中的站点右键菜单，选择“转为控制点”，这些点会自动添加到“控制点”列表中，如图 5-22 所示。

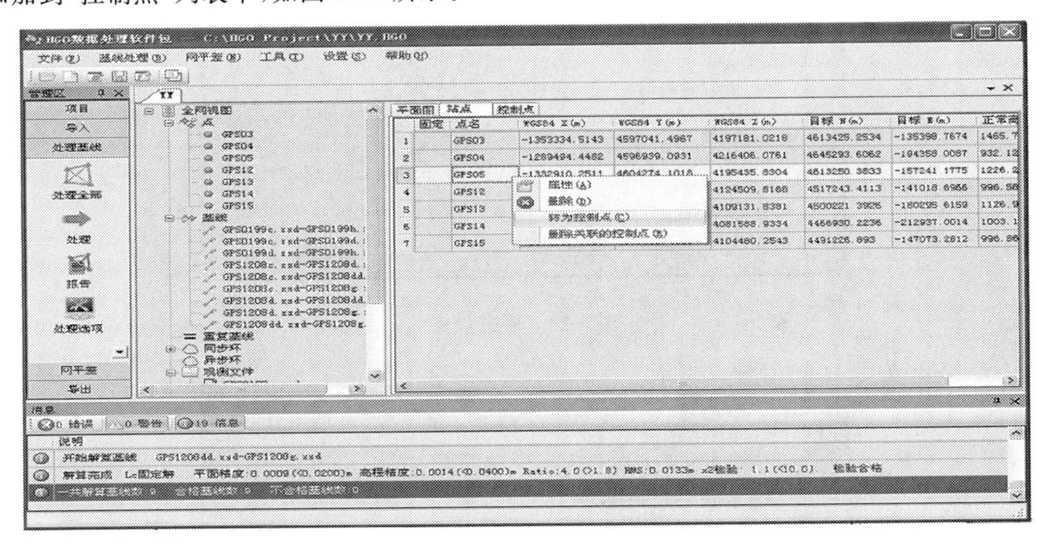

图 5-22　确定控制点

切换到“控制点”列表，双击某个站点名进行编辑，如图 5-23 所示。

选择菜单网平差“平差设置”，进入“平差设置”窗口，如图 5-24 所示。

执行菜单网平差下的“平差”，软件会弹出平差工具，如图 5-25 所示。

点击“全自动平差”，软件将自动根据起算条件，完成自由网平差、WGS-84 下的约束平差，以及当地三维约束平差和二维约束平差。并形成平差结果列表。可以选择要查看的结果，点击“生成报告”，即可查看报告。

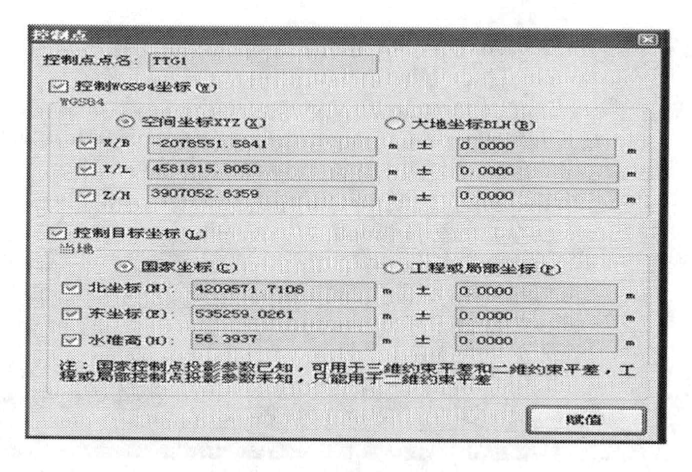

图 5-23　测站点名编辑

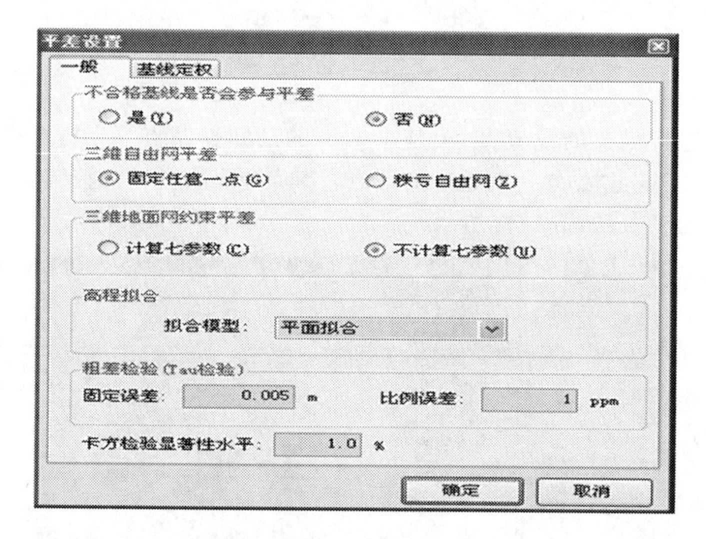

图 5-24　平差设置

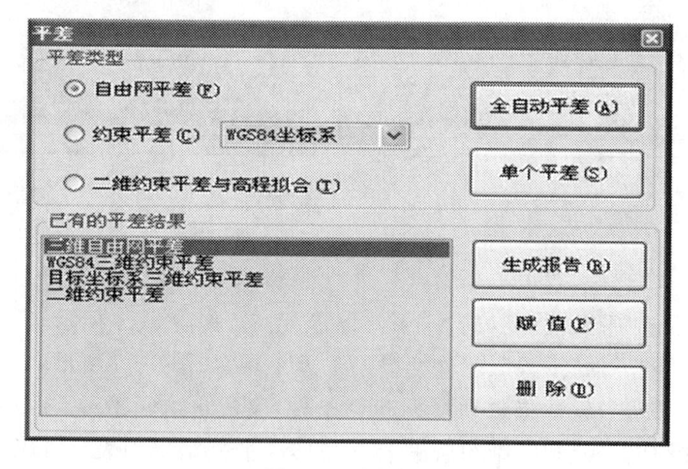

图 5-25　网平差

（六）生成成果报告

在网平差菜单中选“平差报告设置”，可以对输出内容及格式进行指定和选择，如图 5-26 所示。

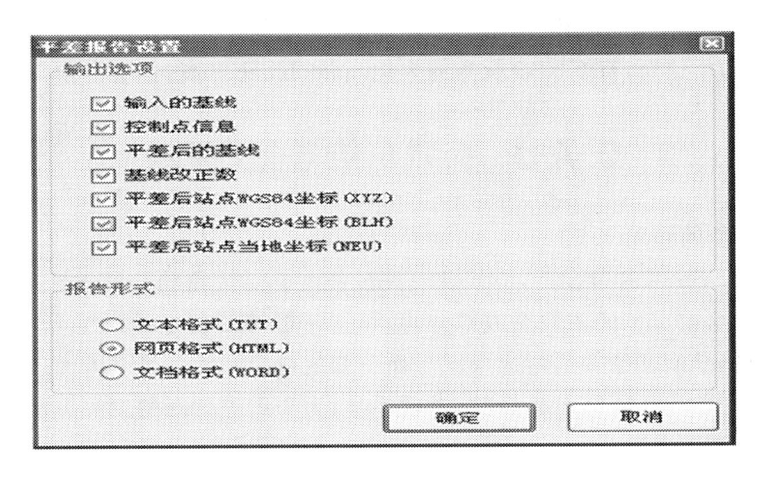

图 5-26 平差报告设置

然后在网平差“平差”工具中点击“生成报告”，即可导出相应的平差报告了。以生成 HTML 格式报告为例，平差结果中的全部内容输出成一个 HTML 报告形式，如图 5-27 所示。

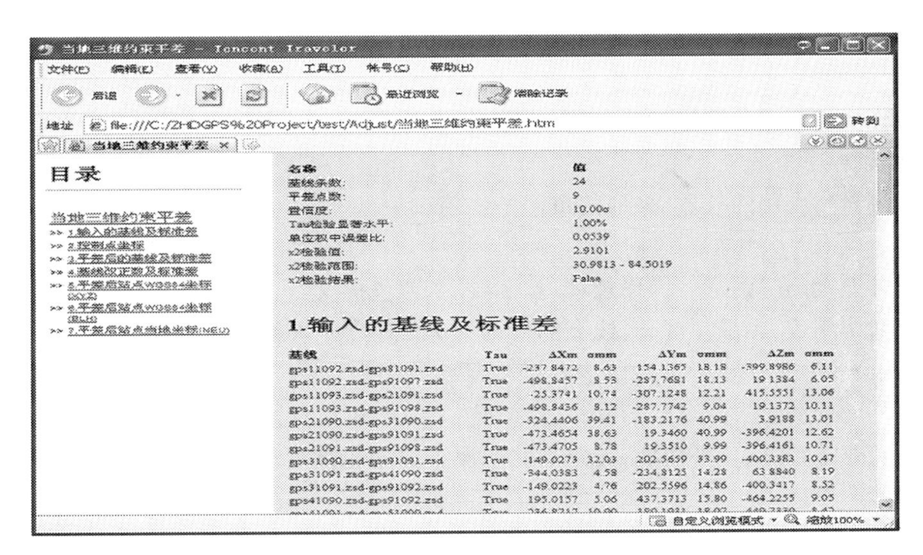

图 5-27 平差报告

至此，一个完整的基线解算成果，以及平差后的各站点坐标成果都已经获得，静态解算完成。

六、GNSS 水准测量

由 GNSS 相对定位得到的基线向量，经平差后可得到高精度的大地高程。若网中有一点或多点具有精确的 WGS-84 大地坐标系的大地高程，则在 GNSS 网平差后，即可得各

GNSS 点的 WGS-84 大地高程。然而在实际应用中，地面点一般采用正常高程系统。因此，应找出 GNSS 点的大地高程同正常高程的关系，并采用一定模型进行转换。

在 GNSS 相对定位中，高程的相对精度一般可达$(2\sim3)\times10^{-6}$，在绝对精度方面，对于 10 km 以下的基线边长，可达几个厘米，如果在观测和计算时采用一些消除误差的措施，其精度将优于 1 cm。然而，将 GNSS 所测的大地高转换为正常高时，会产生显著误差。

任务七　技术总结与上交资料

一、技术总结的作用

在完成了 GNSS 网的布设后，应该认真完成技术总结。每项 GNSS 工程的技术总结不仅是工程一系列必要文档的主要组成部分，而且它还能够使各方面对工程的各个细节有完整而充分的了解，从而便于今后对成果充分而全面地加以利用。另一方面，通过对整个工程的总结，测量作业单位还能够总结经验，发现不足，为今后进行新的工程提供参考。

二、技术总结的内容

1. 项目来源

介绍项目的来源、性质。

2. 测区概况

介绍测区的地理位置、气候、人文、经济发展状况、交通条件、通信条件等。

3. 工程概况

介绍工程目的、作用、要求、等级(精度)、完成时间等。

4. 技术依据

介绍作业所依据的测量规范、工程规范、行业标准等。

5. 施测方案

介绍测量所采用的仪器、采取的布网方法等。

6. 作业要求

介绍外业观测时的具体操作规程、技术要求等，包括仪器参数的设置(如采样率、截止高度角等)、对中精度、整平精度、天线高的量测方法及精度要求等。

7. 作业情况

介绍外业观测时实际遵循的操作规程、技术要求，包括仪器参数的设置(如采样率、截止高度角等)、对中精度、整平精度、天线高的量测方法及精度要求等，作业观测情况、工作量、观测成果等。

8. 观测质量控制

介绍外业观测的质量要求，包括质量控制方法及各项限差要求等。

9. 数据处理情况

介绍数据处理方法、过程、结果及精度统计与分析情况。

10. 结论

对整个工程的质量及成果做出结论。

三、上交成果资料

GNSS 工程项目应整理上交以下技术成果资料：

（1）测量任务书和专业设计书。

（2）点之记、环视图、测量标志委托保管书。

（3）接收设备、气象及其他仪器的检验资料。

（4）外业观测记录、测量手簿及其他记录。

（5）数据处理中生成的文件、资料和成果表。

（6）GNSS 网展点图。

（7）技术总结和成果验收报告。

职业技能训练

【技能训练 5-1】　星历预报。

1. 训练目的

卫星星历预报模块主要用于卫星的可见性预报；利用软件进行星历预报，选择合适的观测时间。

2. 操作提示

（1）启动星历预报模块

点击菜单“开始→程序→ HGO 数据处理软件包→ 工具→星历预报”，出现如图 5-28 所示的界面。

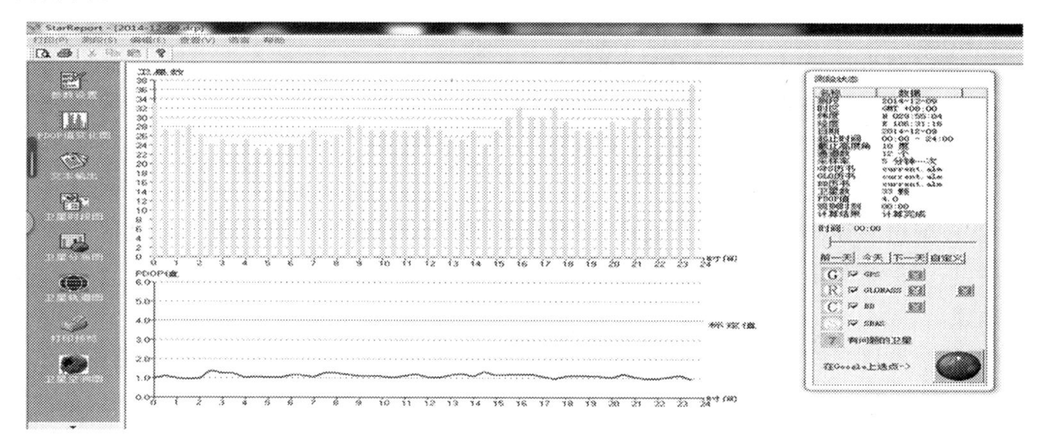

图 5-28　星历预报界面

（2）参数设置

点击“参数设置”，出现如图 5-29 所示的界面，对坐标时区、采用条件、星历文件等项目进行设置。

（3）成果输出

查看 PDOP 变化图、卫星时段图、卫星分布图的项预报结果，并将其复制到 Word 文档中，作为星历预报的成果输出。

【技能训练 5-2】　GNSS 静态定位外业观测。

1. 训练目的

掌握利用 GNSS 接收机进行静态相对定位的外业观测和记录。

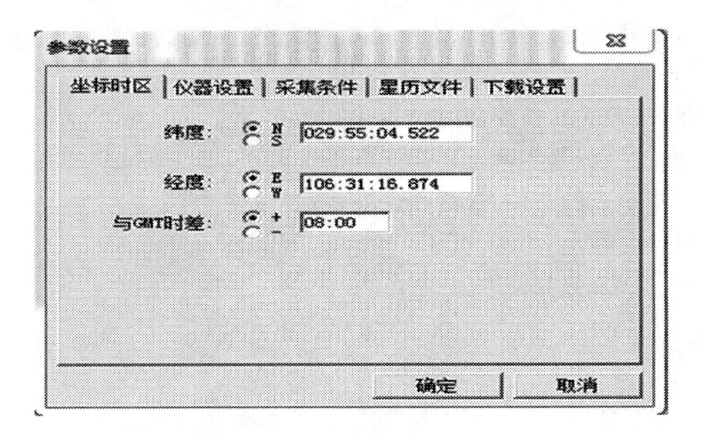

图 5-29　参数设置界面

2. 操作提示

(1) 制订观测计划

根据卫星可见性预报表、参加作业的接收机台数、点位交通情况、GNSS 网形设计等因素，进行观测纲要设计，其内容包括：

① 确定测量模式。

② 选定最佳观测时段。

③ 确定同步观测时段长度及起止时分。

④ 编制观测计划表，填写并下达作业调度命令。

⑤ 根据实际作业的进展情况，及时调整观测计划和调度命令。

(2) 观测作业

① 观测组必须严格遵守调度命令，按约定时间同步观测同一组卫星。当没按计划到达点位时，应及时通知其他各组，并经观测计划编制者同意对时段做必要调整，观测组不得擅自更改观测计划。

② 一个时段观测过程中严禁进行以下操作：关闭接收机重新启动、进行自测试(发现故障除外)、改变接收机预制参数、改变天线位置、关闭和删除文件功能等。

③ 观测期间外业人员不得擅自离开测站，并应防止仪器受震动和被移动，要防止人员或其他物体靠近、碰动天线或阻挡信号。

④ 在作业过程中，不应在天线附近使用无线电通信。当必须使用时，无线电通信工具应距天线 10 m 以上。雷雨过境时应关机停测，并卸下天线以防雷击。

【技能训练 5-3】 数据传输。

1. 训练目的

能熟练将 GNSS 接收机内部存储的观测数据下载到计算机中。

2. 操作提示

以 Trimble 5800 GPS 接收机数据传输为例。

(1) 运行“程序→Trimble Data Tranfer→Data Tranfer”打开传输数据对话框，如图 5-30 所示。

(2) 开始添加设备向导，第一步为创建新设备，如图 5-31 所示。

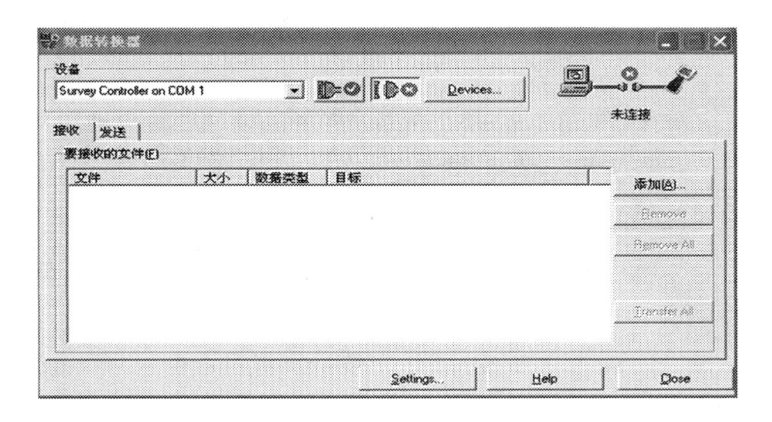

图 5-30　Trimble 5800 GPS 接收机数据传输界面

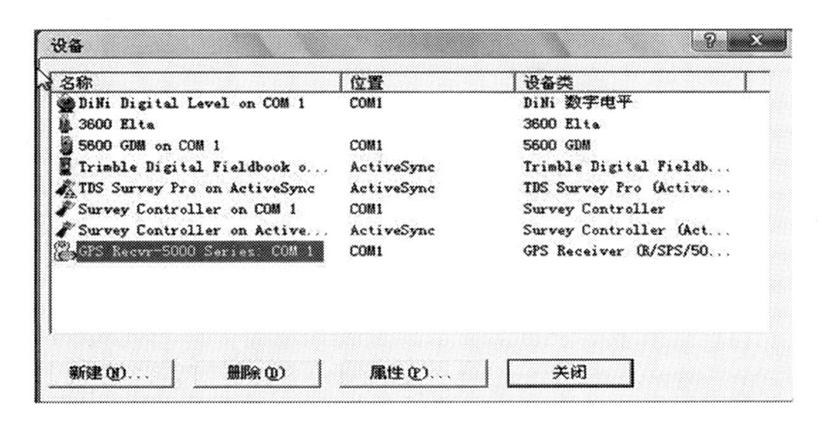

图 5-31　添加设备向导

(3) 从设备类型表选择 GPS 接收机，点击属性按钮。

(4) 从端口域选择接收机将要连接的串口(COM)，一般计算机上有两个 COM 串口，上面一个为 COM1 口，下面的为 COM2 口，端口设置的串口要与传输线插入的端口号保持一致即可，如图 5-32 所示，然后单击“确定”。

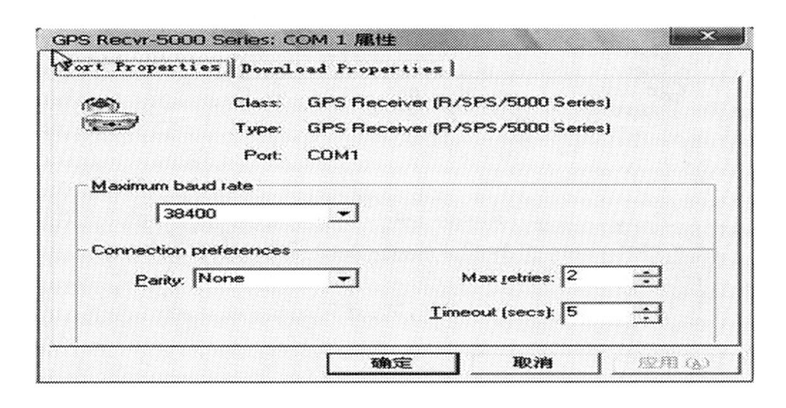

图 5-32　选择传输端口

(5) 进入数据传输主界面(图 5-33)。然后点击“接收”按钮,点击“添加”,进入下一步(图 5-34)。

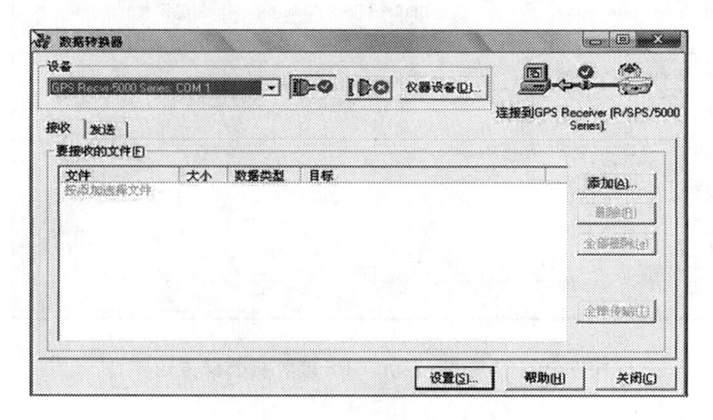

图 5-33　数据传输界面

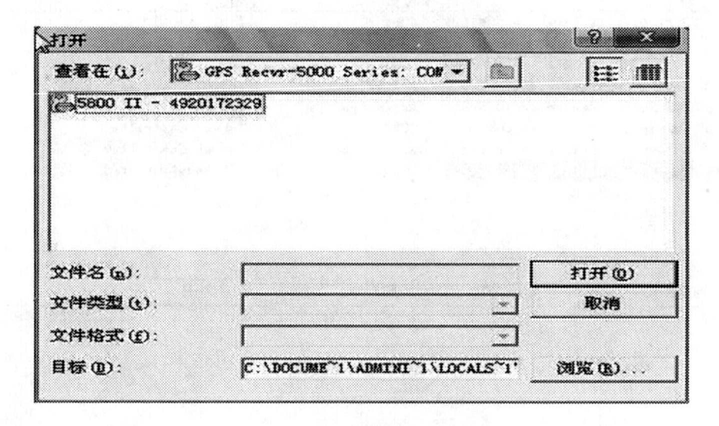

图 5-34　接收接选择

(6) 选择接收机,点击“打开”可以看到接收机内所有文件,如图 5-35 所示。

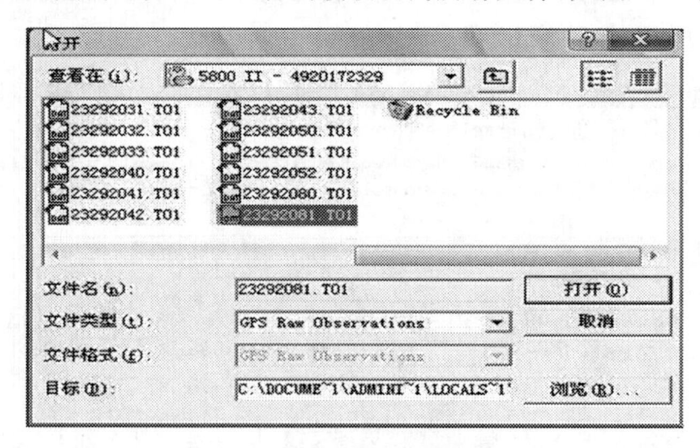

图 5-35　接收机内所有的文件

(7) 选择需要传输的文件,点击“打开”进入如图 5-36 所示的界面。

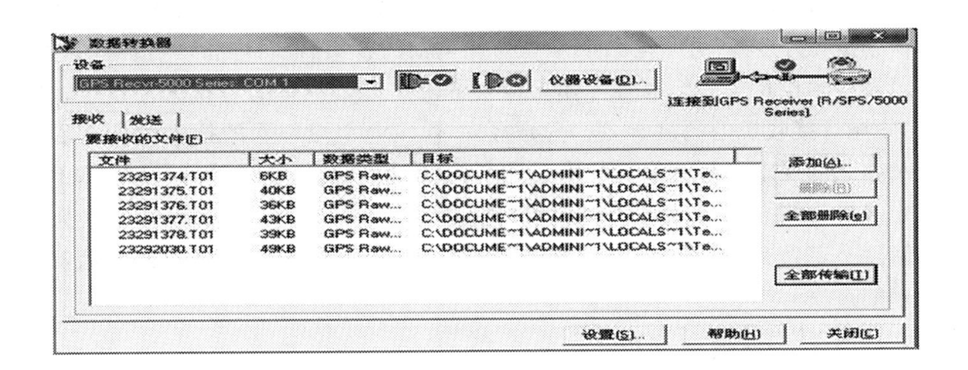

图 5-36　所需要传输的文件

(8) 点击全部传输，接收机里面所选中的文件被传输到计算机，传输界面如图 5-37 所示。

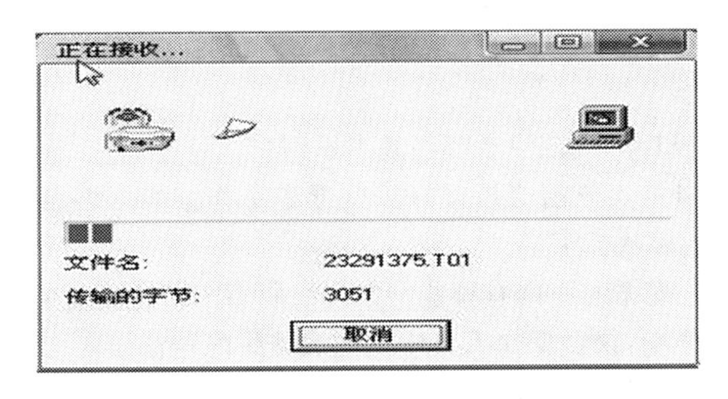

图 5-37　数据传输

【技能训练 5-4】　静态数据内业处理。

1. 训练目的

掌握常见的 GNSS 后处理软件的使用。

2. 操作提示

(1) 新建项目。

(2) 坐标系统设置。

(3) 导入数据。

(4) GNSS 基线处理。

(5) GNSS 网无约束平差。

(6) GNSS 网约束平差。

(7) 成果输出。

项目小结

本项目详细叙述了 GNSS 控制网技术设计的方法与过程。进行 GNSS 网设计时，应了解控制网设计的依据，掌握 GNSS 控制网的布网形式与布网原则。在设计中要确定 GNSS

网的位置基准、方位基准和尺度基准，同时通过精度预算进行 GNSS 网的精度设计。

GNSS 测量在外业观测工作之前，应做好施测前的收集、器材准备、人员组织、外业观测计划拟订以及技术设计书的编写等工作。这一阶段要进行卫星的可视见性预报、最佳观测时段的选择、制订接收机的调度计划。完成了一个 GNSS 控制网的技术设计之后，必须按一定内容和格式的要求编写相应的技术设计书，它是 GNSS 作业开展的指导性文件。

以技术设计为依据完成外业的观测和内业数据处理，内业数据处理的流程为：数据下载→格式转换→基线处理→网平差。本项目以中海达 HGO 数据处理软件为例，详细讲述了数据处理的过程。

练习与思考题

1. GNSS 控制网设计的主要技术依据是什么？

2. GB/T 18314—2009 将 GNSS 控制网分为哪几个等级？各个等级相应的精度指标有什么要求？

3. GNSS 网基准设计应考虑的问题有哪些？

4. GNSS 控制网的布设按照网的构成形式分为哪几种？各种构网方式有什么优点和缺点？

5. 在 GNSS 网形设计时应该注意哪些基本原则？

6. 在进行 GNSS 外业实施前应该做好哪些准备工作？如何编制作业调度表？编写技术设计书的主要内容有哪些？

7. GNSS 选点应该遵循的原则有哪些？如何编制 GNSS 点之记？

8. 在外业观测工作中，仪器操作人员应该注意哪些内容？如何记录外业观测手簿？

9. 什么是单基线解？什么是多基线解？各有什么特点？

10. 基线解算阶段的质量控制指标有哪些？各有什么作用？

11. 什么是三维无约束平差？什么是三维约束平差？在平差阶段各起什么作用？

12. 简述 GNSS 网平差的流程。

13. 什么是大地高系统？什么是正常高系统？二者有什么关系？

14. GNSS 技术总结有哪些内容？上交的资料有哪些？

项目六　GNSS RTK 数据采集

项目概述

RTK 载波相位差分技术，是实时处理两个测量站载波相位观测量的差分方法，将基准站采集的载波相位发给用户接收机，进行求差解算坐标。常规的 GNSS 测量方法，如静态、快速静态、动态测量都需要事后进行解算才能获得厘米级的精度，而 RTK 是能够在野外实时得到厘米级定位精度的测量方法。本项目主要介绍常规 RTK 测量系统的组成、操作方法，以及常规 RTK 作业的技术要求与注意事项，和 RTK 在控制测量、地形测量中的应用技术和方法。

学习目标

1. 了解 RTK 实时动态测量的基本原理。
2. 掌握常规 RTK 测量系统的基本组成与设备要求。
3. 掌握常规 RTK 在控制测量中的应用技术与方法。
4. 掌握常规 RTK 在地形测量中的应用技术与方法。
5. 熟悉常规 RTK 测量系统的作业模式与要求。

任务一　GNSS RTK 测量原理

RTK(Real Time Kinematic，实时动态)属于 GNSS 动态测量的范畴，测量结果能快速实时显示给测量用户。RTK 是一种差分 GNSS 测量技术，即实时载波相位差分技术，它通过载波相位原理进行测量，通过差分技术消除减弱基准站和移动站间共有误差，有效地提高了测量工作的效率。RTK 技术是 GNSS 测量技术发展的一个新突破，通过与数据传输系统相结合，实时显示移动站定位结果。RTK 技术自 20 世纪 90 年代初一经问世，就以其高精度、高效率的优点，极大地开拓了 GNSS 的使用空间，被广泛应用于控制测量、地形测量、地籍测量、工程测量等领域。

载波相位差分方法可以分为两类：一类是修正法；另一类是差分法。所谓修正法，即是将基准站接收机的载波相位修正值发送给用户接收机，改正用户接收到的载波相位，再求解出用户接收机的坐标。所谓差分法，即是将基准站接收机采集的载波相位观测值直接发送给用户接收机，用户接收机将接收的 GNSS 卫星载波相位观测值与基准站接收机发送来的载波相位观测值进行求差，最后求解出用户接收机的坐标，故修正法属准 RTK，差分法为真正的 RTK。

RTK 定位的基本原理是：将一台 GNSS 接收机置于基准站上，另一台或几台接收机置于载体(称为移动站)上,基准站和移动站同时接收同一时间、同一 GNSS 卫星发射的信号,基准站实时地将测量的载波相位观测值、伪距观测值、基准站坐标等用无线电传送给运动中的移动站,而移动站通过无线电接收基准站所发射的信息,将载波相位观测值实时进行差分处理,得到基准站和移动站基线向量($\Delta x, \Delta y, \Delta z$);基线向量加上基准站坐标得到移动站每个点 WGS-84 坐标,通过坐标转换参数转换得出移动站每个点的平面坐标(x, y)和正常高 h。如图 6-1 所示。

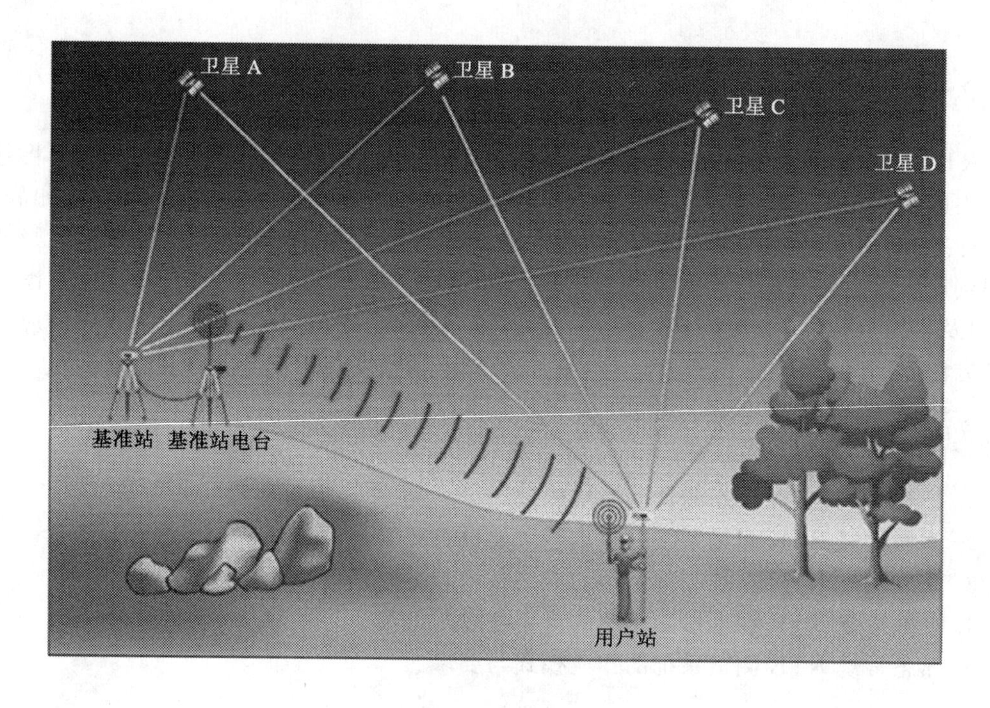

图 6-1 RTK 的工作原理

任务二 使用 RTK 测量系统

一、常规 RTK 的组成

常规 RTK 测量系统主要由 GNSS 接收机、数据传输系统和 RTK 测量软件系统组成。本任务以灵锐 S86 为例,介绍常规 RTK 的组成。

(一) GNSS 接收机

一个 RTK 系统至少需要两台 GNSS 接收机,一台为基准站(图 6-2),一台为移动站(图 6-3)。GNSS 接收机将接收单元、数据采集单元、电源、电台等合为一体;高品质液晶屏、全合金外壳、三防设计,使 GNSS 接收机可适应各种恶劣的气候;一体化的设计使其极为坚固且电磁兼容性能优良;先进的基准站内置发射电台技术,使基准站摆脱沉重电瓶和线缆并实现全无线作业;能满足简便的操作,更适合野外测量。

GNSS 接收机的电池内嵌于主机两侧,采用双锂电池的组合,供电更持久、安全,电池充电饱和后,对于基准站可保障内置电台连续发射 10 h,如图 6-4 所示。

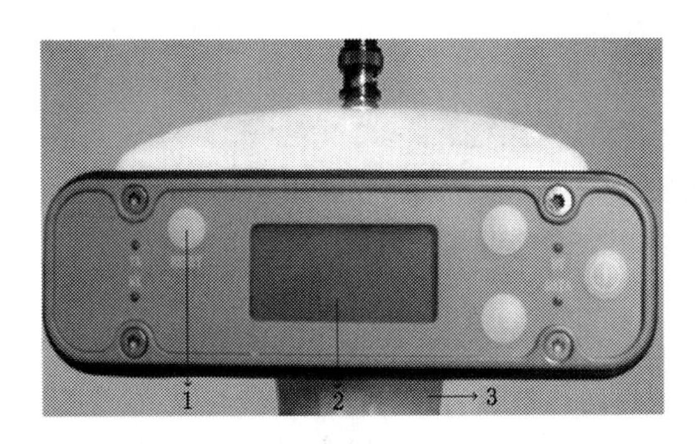

图 6-2　S86 RTK 接收机的液晶面
1——操作按键；2——液晶显示屏；
3——基座连接器

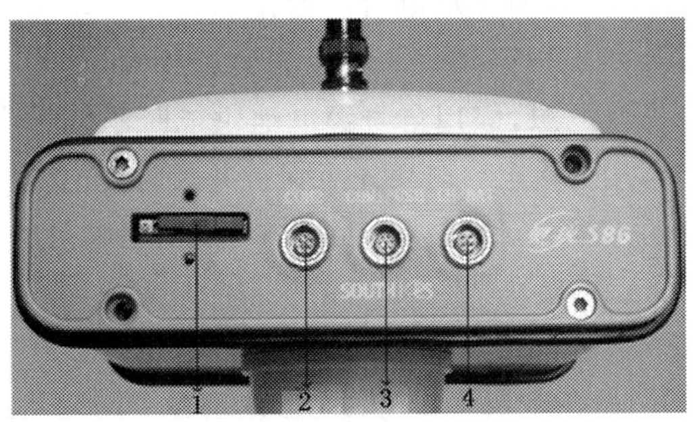

图 6-3　S86 RTK 接收机接的插件面
1——插卡处；2——通信电缆接口（五针口）；
3——外接电源接口（七针口）；
4——充电器接口（四针口）

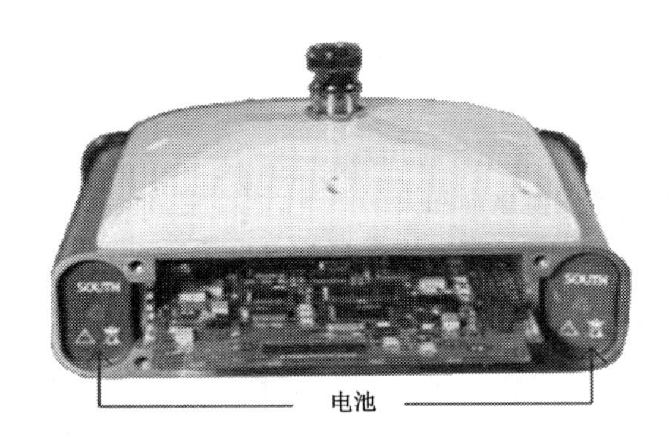

图 6-4　双电池组

（二）数据传输系统

1. 通信电缆

数据通信电缆一端为连接 RTK 主机的七针插头，另一端为与 PC 机相连的 USB 插头，如图 6-5 所示。

在使用时注意：七针插头上红点应对齐 GPS 主机通信接口上红点后插入为正确连接方法。串口为扩展功能，针对特殊功能备用。

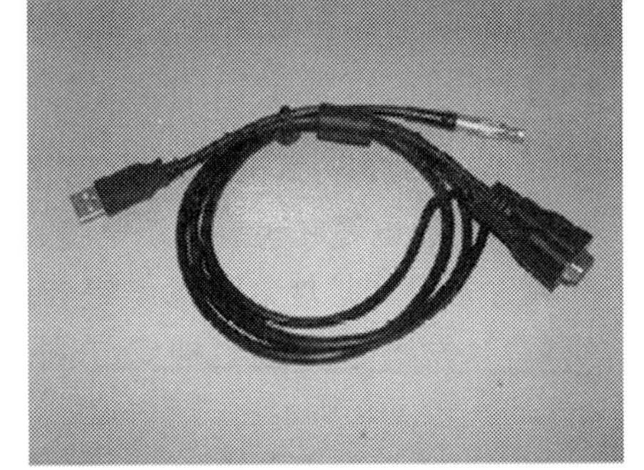

图 6-5　数据通信电缆

2. 电台

(1) 内置电台

灵锐 S86 GNSS 采用国际水平的核心数据链技术，革新的技术集成，将 0.5～2 W UHF 发射电台嵌入基准站主机，实现典型作业距离 2～5 km，使得基准站摆脱沉重电瓶和线缆并实现全无线作业。同时，主机内置的双锂电池组能保障内置电台发射 10 h，可以满足大部分测量的需求。

(2) 外置电台

当作业距离基准站较远，内置电台无法满足要求时，可以根据实际情况选配 2～5 W 或

15～25 W 的外接电台。使用时要用多功能电缆线将主机、电台和电瓶连接起来，主机为小五针插口，15～25 W 电台为大五针插口，2～5 W 小电台为六针插口，自身带有锂电池，也可用外接电源，但用自身锂电池供电时不能给主机供电。

用外接电台时要注意保护并及时充电，特别需要注意，在任何情况下调试电台，必须为电台的天线口安装负载，否则将可能引起电台的功放中大量能量散发不出而造成电台的损坏。

(3) 模块

灵锐 S86 除了内置的电台外，还内置有 GPRS/CDMA 模块，实现了电台、GSM、GPRS、CDMA 在主机上的并存，能够兼容于国内各种用途的连续运行参考站系统(CORS)，先进的网络化功能不但实现了无须架设基站进行作业，而且还大大扩展了作业距离，提高了作业精度和可靠性。

3. 数据链发射天线(选配外置电台时用)及接收天线

灵锐 S86 采用的是 6.5 dB 玻璃钢全向发射天线，天线的玻璃钢外壳有坚固耐用、易于清洁、防水防潮、方便携带的特点；接收天线使用的是 450 MHz 全向天线，天线具有小巧轻便和美观耐用的特点，如图 6-6 所示。

4. 传输线及电缆

(1) 全向天线电缆(选配外置电台时用)

全向天线电缆用来连接发射电台和发射天线，连接发射天线的一端有对中杆接口，可以将发射天线固定于对中杆上。另一端可用卡口与电台相连。如图 6-7 所示。

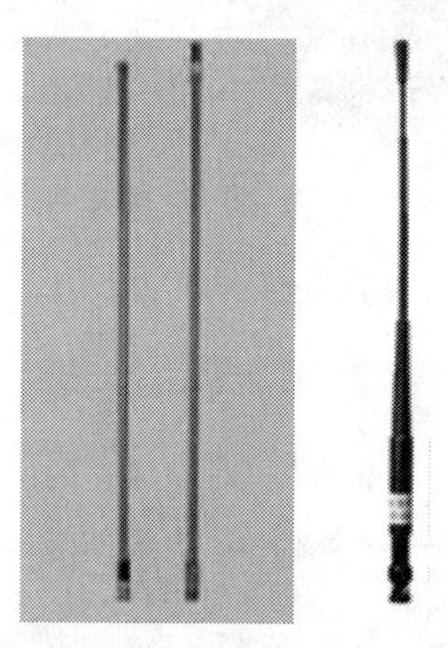

图 6-6　发射天线和接收天线

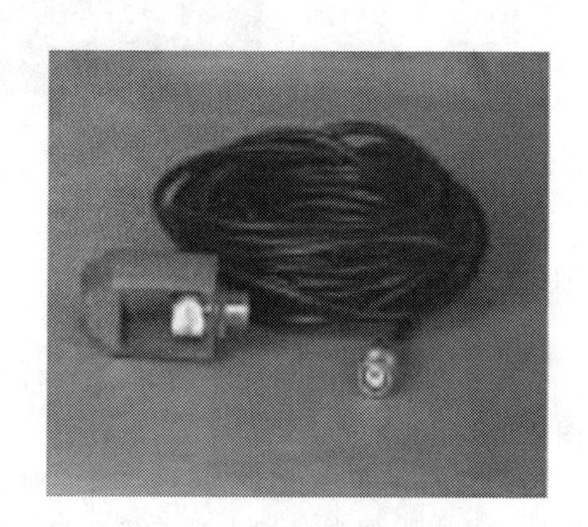

图 6-7　全向天线电缆

(2) 多用途电缆和扩展电源电缆(选配外置电台时用)

多用途电缆和扩展电源电缆组合起来形成一条 Y 形连接线，是用来连接基准站主机(红色插口)、发射电台(蓝色插口)和外接蓄电池(红、黑色夹子)。具有供电、数据传输的作用，如图 6-8、图 6-9 所示。

(3) WA 数据采集电缆

WA 数据采集电缆用于接收机主机与手簿连接，如图 6-10 所示。

(4) 多用途通信电缆

多用途通信电缆用于接收机主机和电脑连接，用于传输静态数据和主机内嵌软件的升级，如图 6-11 所示。

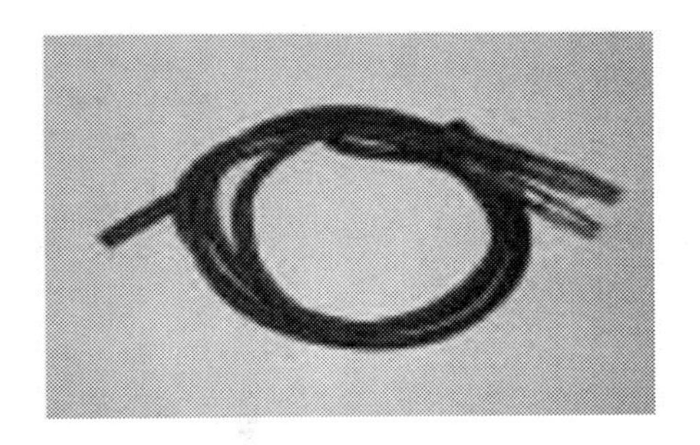

图 6-8　多用途电缆

图 6-9　扩展电源电缆

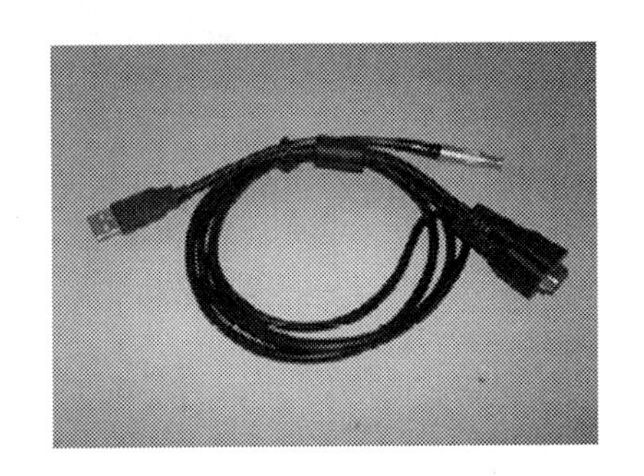

图 6-10　数据采集电缆

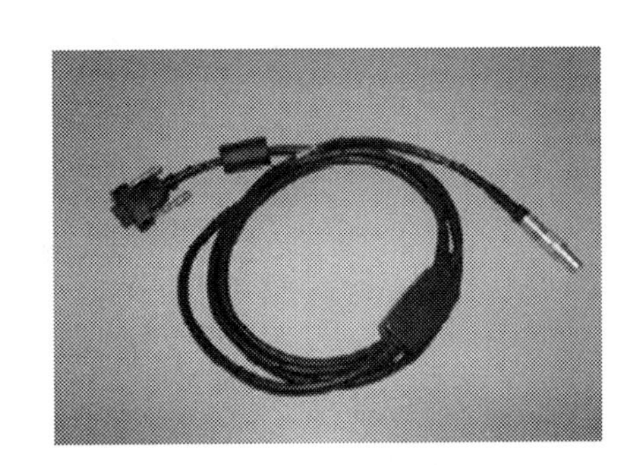

图 6-11　多用途通信电缆

（三）RTK 测量软件部分

RTK 测量软件系统的功能和质量，对保障实时动态测量的可行性、测量结果的可靠性及精度具有决定性意义。在现场 RTK 应用软件安装与移动站系统的掌上计算机或数据采集器中，是基准站和移动站的用户界面，可协助测量的准备和执行。灵锐 S86 使用工程之星 3.0 软件（以下都简称为工程之星），是安装在 S730 手簿上的 RTK 野外测绘软件。

1. 工程之星的安装

工程之星的安装程序中有三个文件：EGStar.exe（主程序文件）和两个库文件。用户也可以通过存储卡或是数据线直接把安装程序复制到 S730 手簿的→我的设备→EGStar 文件夹下（如果没有 EGStar 文件夹，可以自己建一个）。需要说明的是，“我的设备”是 S730 手簿 Rom 存储器，也就是说，装“我的设备里”的程序不会因为手簿的断电而丢失。一般在 GNSS 出厂的时候都会给手簿预装上工程之星软件，用户在需要软件升级的时候直接覆盖以前的工程之星就可以了。

2. 工程之星软件概述

运行工程之星软件，进入主界面，如图 6-12 所示。S730 操作手簿如图 6-13 所示。

主界面窗口有主菜单栏和状态栏。

菜单栏集成着所有菜单命令，内容分为六个部分：工程、输入、配置、测量、工具、关于。状态栏显示的是当前移动站接收机点位的测量坐标信息和差分解的状态，以及平面和高程精度情况。中间的信号条表示数据链通信状态。数据链前面的数字表示当前的电台通道。主窗口的右上角电池标志和文件标志代表的是手簿的电池信息和当前的参数信息，点击可以看到详细信息。中间的菜单栏分别有子菜单，单击可以呈现出子菜单，然后选择子菜单就

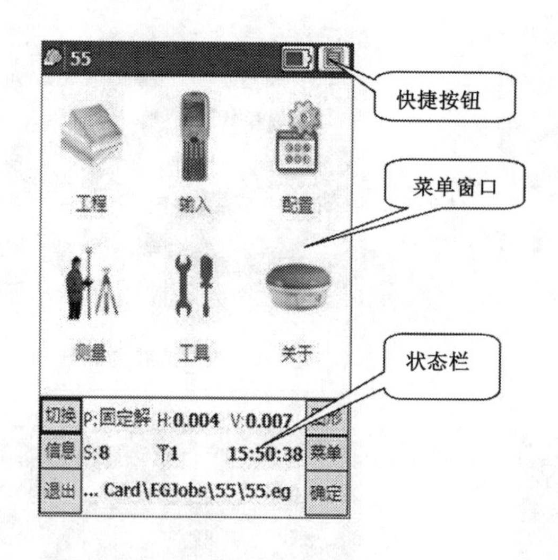

图 6-12　工程菜单

图 6-13　S730 操作手簿

可以进入所需要的界面。

二、常规 RTK 的操作

RTK 由基准站和移动站两部分组成。其操作步骤是先启动基准站，后进行移动站操作。

（一）基准站部分

基准站又称参考站，在一定的观测时间内，一台或几台接收机分别固定安置在一个或几个测站上，一直保持跟踪观测卫星，其余接收机在这些固定测站的一定范围内移动作业，这些固定测站称为基准站。

1. 基准站点位的选择

在 RTK 测量中，数据链传送质量的好坏直接影响测绘成果的精度，因此在测量前，必须进行测区踏勘，选好基准站点位，这样才能保证数据链传送质量。所以在选点时应注意以下几点：

（1）点位应选易于安置接收设备、视野开阔的位置。视场周围 15°以上不应有障碍物，以避免 GNSS 信号被吸收或遮挡。

（2）远离大功率无线电发射源（如电视台、电台、微波站等），其距离不小于 200 m；远离高压电线和微波无线电信号传输通道，其距离不小于 50 m，以避免电磁场对 GNSS 信号的干扰。

（3）点位附近不应该有大面积水域或强烈干扰卫星信号接收的物体，以减弱多路径效应的影响。

（4）点位应选交通方便、有利于其他观测手段扩展与联测的地方。

（5）地面基础坚实稳定、易于长期保存，并有利于安全作业。

（6）选点人员应按技术设计进行踏勘，在实地按要求选定点位。

（7）利用旧点时，应对旧点的稳定性、完好性及觇标是否安全、可用做相应检查，符合要求方可利用。

2. 基准站的安装

（1）在基准站架设点上安置脚架，安装上基座，再将基准站主机用连接器安置于基座之上，对中整平（如架在未知点上，则大致整平即可），放电台天线的三脚架最好放到高一些的位置，两个三脚架之间保持至少 3 m 的距离。

（2）安置发射天线和电台，将发射天线用连接器安置在另一脚架上，将电台挂在脚架的一侧，用发射天线电缆接在电台上，再用电源电缆将主机、电台和蓄电池接好，注意电源的正、负极正确（红正黑负）。如用内置电台，则无须此步操作。

3. 基准站的启动

基准站的启动大多具备自启动和手簿启动两种方式，通常使用基准站自启动方式，这样可以灵活地安排基准站和移动站的时间，特别是在当基准站和移动站距离较远、交通不便的情况下使用更为方便。

首先打开基准站主机，轻按电源键打开主机，主机开始自动初始化和搜索卫星，当卫星数大于 5 颗，PDOP 值小于 3 时，按启动键启动基准站。如用内置电台，则主机上的 TX 灯开始每秒钟闪 1 次，表明基准站开始正常工作。如用外挂大电台，则电台上的 TX 灯开始每秒钟闪 1 次，表明基准站开始正常工作。图 6-14 和图 6-15 分别为基准站架设和移动站架设。

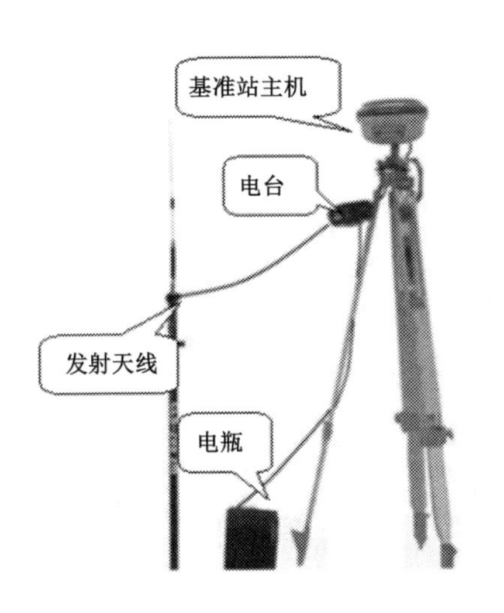

图 6-14　基准站架设

图 6-15　移动站架设

（二）移动站部分

移动站是指在基准站周围的一定范围内移动作业，实时提供各测站三维坐标的接收机。

1. 移动站位置的选择

RTK 测量移动站不宜在隐蔽的地带、成片水域和强电磁波干扰源附近观测。在信号受影响的点位，为提高效率，可将仪器移到开阔处或升高天线，待数据链锁定后，再小心无倾斜地移回待定点或放低天线，一般可以初始化成功。在穿越树林、灌木丛时，应注意天线和电缆勿挂破、拉断，保证仪器安全。

2. 移动站的安装

（1）移动站 GNSS 接收机安置在一根碳纤维对中杆上，该杆可精确地在测点上对中、整平，测量和记录 GNSS 天线高。对卫星的观测是相对 GNSS 接收机天线的中心点，利用天线高可将天线中心点位归算至地面测点上。天线高一般可固定为 2 m。

（2）安置电台和电台天线。如果移动站外置电台，电台天线安置在外置电台上。现在的移动电台都内置在 GNSS 接收机里，移动电台的天线只用来接收信息，所以不用太长。将手簿使用托架夹在对中杆的合适位置。电子手簿与 GNSS 可以使用电缆进行连接，也可以进行蓝牙无线连接。

3. 量测天线高

天线高实际上是相位中心到地面测量点的垂直高，动态模式天线高的量测方法有直高和斜高两种量取方式。直高：地面到主机底部的垂直高度与天线相位中心到主机底部的高度之和。斜高：测到橡胶圈中部，在手簿软件中选择天线高模式为斜高后输入数值。

静态的天线高量测：只需从测点量测到主机上的密封橡胶圈的中部，内业导入数据时在后处理软件中选择相应的天线类型输入即可。

4. 移动站启动

（1）启动主机

打开移动站主机，主机开始自动初始化和搜索卫星，当达到一定的条件后，主机上的 DL 指示灯开始每秒闪 1 次（必须在基准站正常发射差分信号的前提下），表明已经收到基准站差分信号。

（2）移动站初始化

移动站进行任何测量工作之前，首先必须进行初始化工作。初始化是接收机在定位前确定整周未知数的过程。这一初始化过程也被称为 RTK 初始化、整周模糊度解算、OTF（On-The-Fly）初始化等。在初始化之前，移动站系统只能在较高的精度下计算位置坐标，其精度在 0.15～2 m 之间。初始化对于移动系统是必不可少的工作。一旦初始化成功，移动站将以预定的精度（厘米级）工作，除非整周模糊度丢失。初始化状态与当前的精度水平均可从电子手簿上的 RTK 应用软件中获取。

有的接收机的初始化过程是自动进行的，如 Aahtech 接收机；也有的接收机的初始化过程要手动来启动，如华测 GNSS 接收机、Trimble GNSS 接收机。如果测站点没有遮挡物影响，且能观测到至少 5 颗卫星，通常可在 5 s 内完成初始化。

测量点的类型有单点解、差分解、浮点解和固定解。浮点解是指整周模糊度已被解出，测量还未被初始化。固定解是整周模糊度已被解出、测量已被初始化。只有当移动站获取到了固定解后初始化过程才算完成。

（3）打开电子手簿、新建工程项目，建立坐标系统

野外工作的第一步一般都是要新建工程，一般操作系统：新建工程→输入工程名→坐标系选择（此处是设置工程的坐标系统，主要是投影参数，需要注意的是中央子午线）。每个工程不管有没有已知点，都必须输入中央子午线。简单操作步骤如下：点击“工程”→新建工程→输入工程文件名→点击“确定”→选择坐标系统→点击“增加”→新建一个坐标系统→选择坐标系“beijing 54”或者“xian 80”→输入当地中央子午线→点击“确定”，新建工程基本操作如图 6-16 所示。

投影界面下面一般需要输入椭球名称、投影方式、中央子午线，对于高程比较大的地方（如我国的西部地区），通常会有投影影响，一般都会有投影高。输入参考系统名，在椭球名称后面的下拉选项框中选择工程所用的椭球系统，输入中央子午线等投影参数。

（4）测区参数求解（点校正）

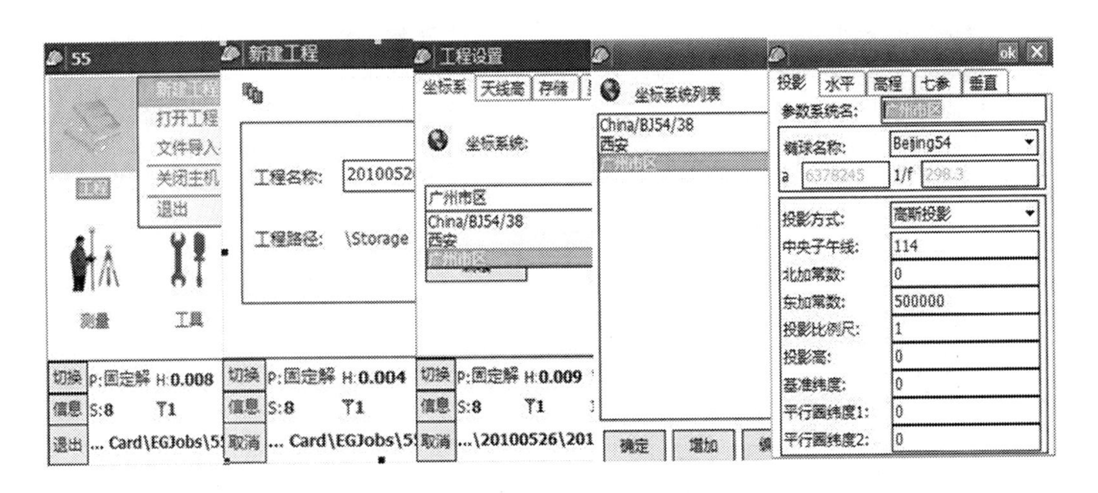

图 6-16　新建工程基本操作

目前 GNSS 系统 GPS、GLONASS 采用的坐标系并不一样,但它们采用的都是地心坐标系,如 GNSS 卫星定位系统采集到的数据是 WGS-84 坐标系数据,而目前测量成果普遍使用的是北京 54 坐标系、西安 80 坐标系、2000 国家大地坐标系或地方(任意)独立坐标系为基础的坐标数据,因此,必须将 WGS-84 坐标转到北京 54 坐标系或地方(任意)独立坐标系,这就是进行参数求解的原因。

这里的求参数主要是计算四参数或七参数和高程拟合参数。在已经有工作区域的四参数或是七参数的情况下,只需通过求取校正参数就可以实现转换了。对于参数的使用,四参数和七参数不能同时用,只能用一个,校正参数一般都是配合四参数或是七参数一起使用的。在第一次求取四参数或七参数之后,如果基站没有关过机可以直接工作;如果基站关过机,就必须求取校正参数,然后校正参数,配合四参数或七参数一起使用。

求转换参数的方法一般是这样的:假设我们利用 A、B 这两个已知点来求转换参数,那么首先要有 A、B 两点的 GNSS 原始记录坐标和测量施工坐标。A、B 两点的 GNSS 原始记录坐标的获取有两种方式,一种是布设静态控制网,采用静态控制网布设时后处理软件的 GNSS 原始记录坐标;另一种是 GNSS 移动站在固定解状态下记录的 GNSS 原始坐标。其次在操作时,先在坐标库中输入 A 点的已知坐标,之后软件会提示输入 A 点的原始坐标,然后再输入 B 点的已知坐标和 B 点的原始坐标,录入完毕并保存后(保存文件为 *.cot 文件)会自动计算出四参数或七参数和高程拟合参数。

工程之星四参数求解演示如下:四参数在工程之星软件中指的是在投影设置下选定的椭球内 GNSS 坐标系和施工测量坐标系之间的转换参数。需要特别注意的是,参与计算的控制点原则上至少要用两个或两个以上的点。控制点等级的高低和分布直接决定了四参数的控制范围,一般的做法是在求取四参数之前先采取控制点的原始坐标,直接在控制点上、主机固定解状态下对中采点。采完之后进行如下操作:点击输入键→打开求转换参数界面(图 6-17),打开之后单击“增加”,出现如图 6-18 所示界面。

软件界面上有具体的操作说明和提示,根据提示输入或从坐标管理库中导入控制点的已知平面坐标(即施工坐标系下的坐标)。

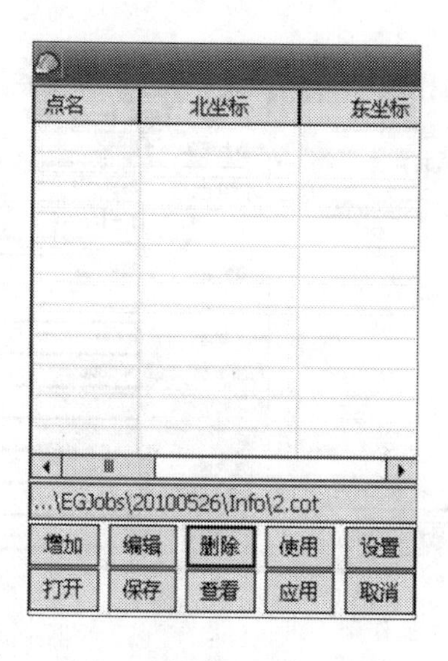

图 6-17　求坐标转换参数

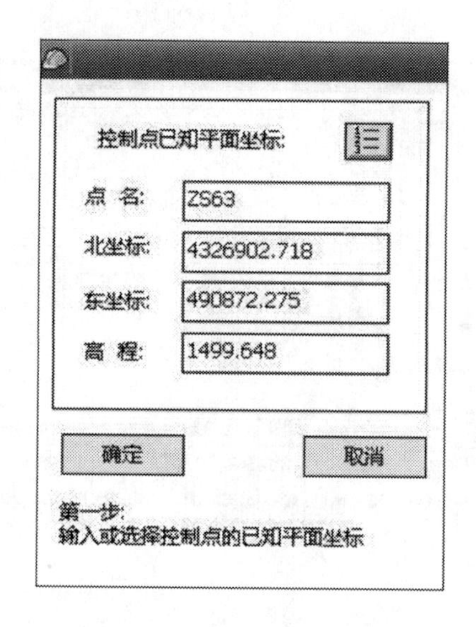

图 6-18　输入已知点坐标

控制点已知平面坐标输入完毕之后，单击右上角“确定”进入图 6-19 所示界面，然后根据提示输入控制点的大地坐标(这里即控制点的原始坐标)。原始坐标有三种输入方法，一般我们多采用从坐标管理库选点的方式。具体操作步骤如下：

① 从坐标管理库中调出记录的原始坐标，此原始坐标是求取四参数之前采集的坐标。单击“从坐标管理库中选点”按钮，出现如图 6-20 所示界面。

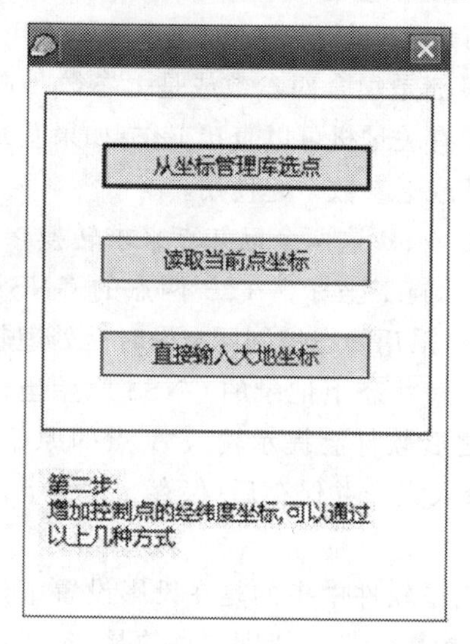

图 6-19　增加点的原始坐标

图 6-20　增加点的原始坐标

② 选择需要的坐标点，如果没有显示出来，就需要导入已有的原始坐标，导入操作详见坐标管理库内容，单击“确定”，出现如图 6-21 所示界面。

查看调入的原始坐标是否正确，确定无误后单击右上角“确定”，出现如图 6-22 所示界面，这时第一个点增加完成，单击“增加”，重复上面的步骤，增加另外的点。

图 6-21 控制点的原始坐标

图 6-22 增加点完成

一般平面转化最少需要 2 个点,高程转化最少需要 3 个点。若水准点没有平面坐标,则先采集该点,然后在调入该点地方坐标时,把高程改成已知高程。保存文件前最好检查水平精度和高程精度是否满足精度要求。

③ 所有的控制点都输入以后,向右拖动滚动条查看水平精度和高程精度,如图 6-23 所示。

查看确定无误后,单击“保存”按钮,出现如图 6-24 所示界面。在这里选择参数文件的保存路径并输入文件名,建议将参数文件保存在当天工程下文件名为“Info”的文件夹里面。完成之后单击“确定”,出现如图 6-25 所示界面。

图 6-23 查看水平精度和高程精度

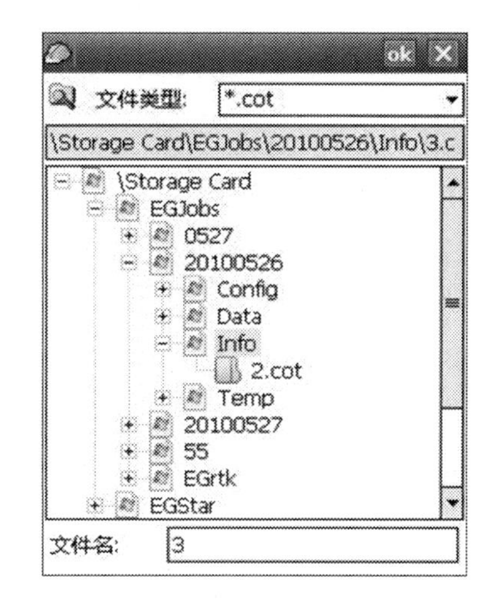

图 6-24 保存控制点参数文件

④ 单击“保存成功”小界面右上角的“OK”(图 6-25),四参数已经计算并保存完毕(图 6-26)。

此时单击右下角的“应用”出现如图 6-27 所示界面,点击“Yes”即可。这里如果不点击

图 6-25　保存成功

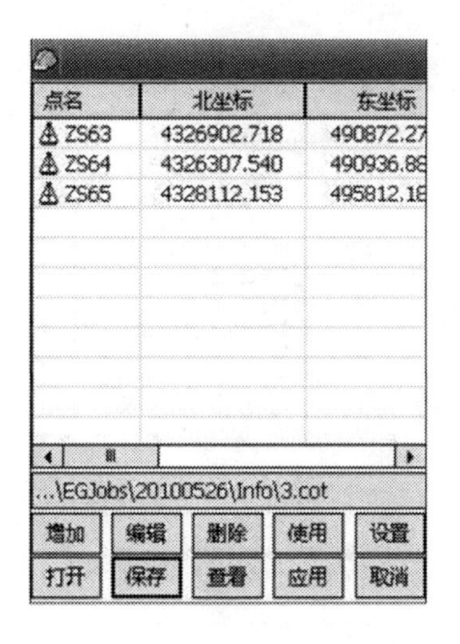

图 6-26　坐标录入完成

“应用”而点击右上角的“×”,则表示计算了四参数,但是在工程中不使用。点击下面的“查看”按钮可以查看所求的四参数,在初始界面下可以点击右上角的“ ”查看四参数,如图6-28 所示。水平参数查看如图 6-29 所示。

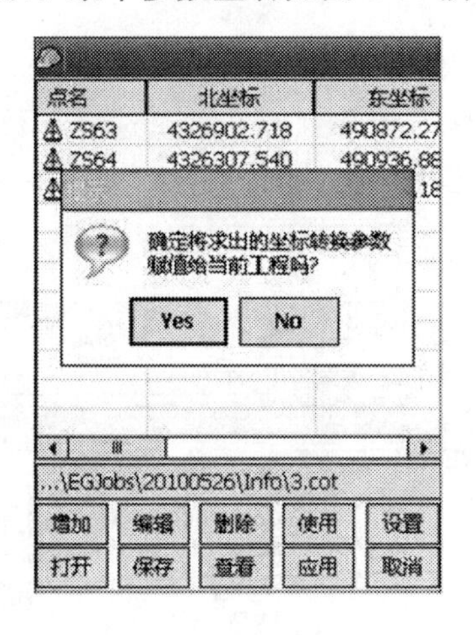

图 6-27　参数赋值

图 6-28　查看四参数

如果某一个点平面或是高程不确定是否能参与计算,选中该点后点击“使用”按钮,如图6-30 所示,只勾选“使用平面”或是“使用高程”就可以了。在计算过程中,如果坐标输错,可以选中该坐标项之后点击“编辑”或是“删除”,以对此进行修改。计算七参数的操作和计算四参数的操作基本相同,相关操作不再赘述。

(5) 校正参数

校正向导是灵活运用转换参数的一个工具。由于 GNSS 输出的是 WGS-84 坐标,而且 RTK 基准站的输入坐标也只认 WGS-84 坐标,所以大多数 GNSS 在使用转化参数时的普遍方式为:把基准站架设在已知点上,在基准站直接或间接地输入 WGS-84 坐标启动基准站。这种方式的缺点是每次都必须用控制器(手簿)与基准站连接后启动基准站,这

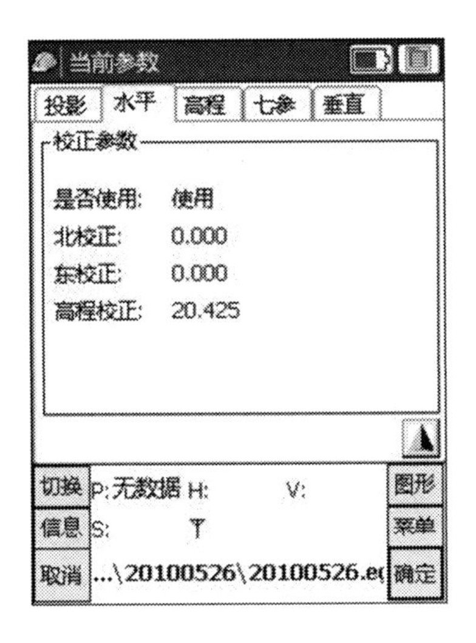

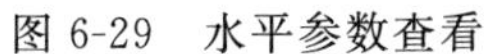
图 6-29 水平参数查看

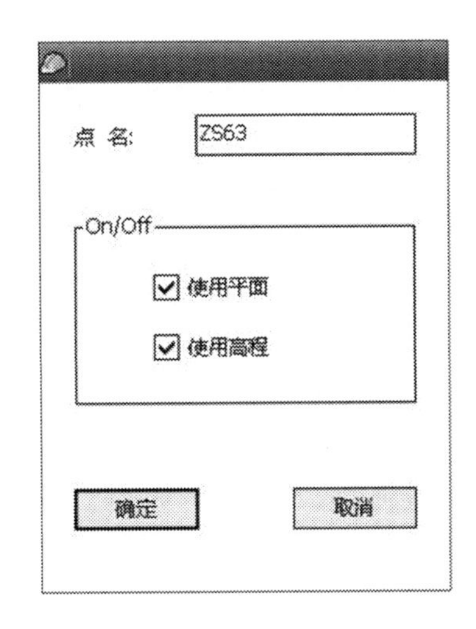

图 6-30 四参数计算设置

种模式在测量外业作业时操作上会有一定的麻烦。而使用校正向导可以避免用控制器启动基准站,可以选择将基准站架设在任意点上,基准站可自动启动,大大提高了使用的灵活性。

校正向导需要在已经打开转换参数的基础上进行。校正参数一般是用在求完转换参数而基站进行过开关机操作,或是有工作区域的转换参数可以直接输入的时候。校正向导有两种途径:基站架在已知点上或架在未知点上。

(三) 数据采集

工程之星测量菜单包含点测量、放样和道路设计三个方面的内容。RTK 技术可用于四等以下控制测量、工程测量的工作。放样测量时将设计方案放样到实地。在外业可直接设计线路,增强了设计的应用范围。由于 RTK 在行进中不断计算测站位置、偏移量及填/挖方量,此时放样可以与设计很好地结合起来。

从 RTK 硬件设备特性和观测精度、可靠性及可利用性综合考虑,现阶段 RTK 的测量技术设计要求见表 6-1。

表 6-1　　RTK 的测量技术设计要求

等级	精度要求	距离/km	测回数
四等以下平面控制	最弱点位误差≤5 cm 最弱边相对中误差≤1/45 000	≤8	≥3
等外水准	$30\sqrt{L}$	≤8	≥3
图根控制(测图控制、像控测量、放样、中桩测量等)	最弱点位误差≤5 cm 最弱边相对中误差≤1/4 000	≤10	≥2
地形测量	平面:图上 0.5 mm 高程:1/3 等高距	≤10	≥1

三、常规 RTK 作业的技术要求与注意事项

（一）坐标系统、时间系统

1. 坐标系统

(1) RTK 测量采用 WGS-84 系统，当 RTK 测量要求提供其他坐标系(北京 54 坐标系或西安 80 坐标系等)时，应进行坐标转换。

(2) 坐标转换要求转换参数时采用三点以上的两套坐标系成果，采用布尔莎等经典、成熟的模型。转换参数时可用三参数、四参数、五参数、七参数不同的模型形式，但每次必须使用一组的全套参数进行转换。坐标转换参数不准确可产生 2～3 cm 的 RTK 测量误差。

(3) 当要求提供 1985 国家高程基准或其他高程系高程时，转换参数必须考虑高程要素。如果转换参数无法满足高程精度要求，可对 RTK 数据进行后处理，按高程拟合、大地水准面精化等方法求得这些高程系统的高程。

2. 时间系统

RTK 测量宜采用世界协调时(UTC)。当采用北京标准时间时，应考虑时区差加以换算。这在 RTK 用作定时器时尤为重要。

（二）RTK 定位精度与可靠性

不同类型的 GNSS 接收机 RTK 定位都有各自的出厂精度，可据此估算 RTK 定位的精度。如南方 S82 RTK 定位的水平精度为 1 cm+1 ppm，即$\pm(10+1\times10^{-6}\times D)$mm，垂直精度为 2 cm+1 ppm，即$\pm(20+1\times10^{-6}\times D)$mm，$D$ 为基准站 GNSS 接收机至移动站 GNSS 接收机的水平距离。

为了保证移动站的测量精度和可靠性，应在整个测区选择高精准度的控制点进行检测校对，选择的控制点应有代表性，均匀分布在整个测区。

(1) 测区内仅有一个已知控制点的情况：定位测量时，仅已知点的精度最高，以本点为圆心，离此点越远，精度越低。理论上讲，在半径为 10 km 的范围内，可达到 2～5 cm 左右的精度。其坐标转换的方法是：WGS-84 和北京 54 的坐标相减而得 Δx、Δy、Δz。

(2) 测区附近有两个已知控制点的情况(必须为整体平差结果)。定位测量时，仅两个已知控制点和两点的连线上的精度最高，离此直线越远，精度越低。

(3) 测区附近有三个已知控制点的情况(必须为整体平差结果)：定位测量时，仅三个已知控制点和三角形内部的精度最高，离此三角形越远，精度越低。

(4) 测区附近有四个已知点的情况(必须为整体平差结果)：定位测量时，若四个已知点均匀分布在测区四周，仅四个已知控制点和四边形内部的精度最高，离四边形越远，精度越低。

（三）常规 RTK 测量时基准站和移动站作业要求

1. 基准站运行期间作业要求

(1) 尽管各 RTK 设备在设计时考虑到防水、防晒等因素，但作业时应尽量避免烈日暴晒或雨水淋湿。

(2) 基准站各项参数设置是在控制手簿中进行的，如参考椭球坐标系、中央子午线、截止高角度、天线高、天线类型、广播格式。对于电台，还应设置电台的波特率、电台的发射模式、电台的抗干扰性以及电台的功率和频率等。只有基准站参数设置正确，才能保证 RTK 正常运行。

(3) 基准站工作期间，工作人员不能远离，确保基准站保持稳定，要间隔一定时间检查设备工作状态，对不正常情况及时做出处理。在使用无线通信设备时应远离基准站 10 m 以外。

(4) 由于除了 GNSS 设备耗电外，基准站还要为 RTK 电台供电，因此，基准站要采用 12 V 的电瓶供电，保持基准站持续稳定地运行，如果采用无线通信模式(GPRS/CDMA)，办理通信卡时要求只作上网使用，不具备通话功能。在工作期间，应保持通信卡有足够的流量。

2. 移动站作业要求

(1) 由于移动站一般采用天线高 2 m 的移动杆作业，当高度不同时，应及时修正此值。

(2) 移动站作业应在作业文件所规定的范围之内进行。作业文件就是测量前根据工程项目情况所建立的文件，包含文件名、基准站和移动站所设置的各项参数(坐标系统、中央子午线、当地坐标和高程转换参数等)

(3) RTK 数据采集前，应进行初始化，即控制手簿上显示的必须是固定解时才表示初始化成功。

(4) 在信号受影响的点位，为提高效率，可将仪器移到开阔处或升高天线，待数据链锁定后，再小心无倾斜地移回待定点或放低天线，一般可以初始化成功。

(5) 在观测过程中，移动站接收机应保持对所有可见卫星进行连续跟踪，并保持能锁定 5 颗以上的卫星，保持 PDOP 值小于 6。移动站一旦失锁，造成跟踪卫星数下降到 4 颗以下时，应重新初始化后再进行测量。可以从控制手簿上查看移动站所接收的 GNSS 卫星在空中的分布情况及各个观测卫星的参数，如可见卫星号、方向角、高度角和信噪比等。选择卫星数较多、卫星状况良好的时段进行测量。图 6-31 和图 6-32 分别为星空图列表和卫星状态。

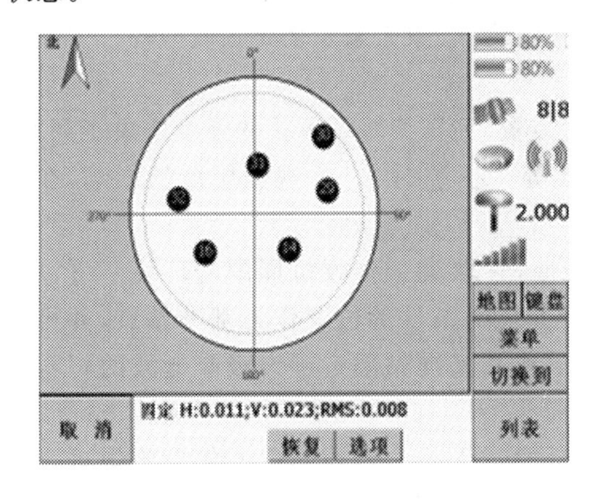

图 6-31　星空图列表

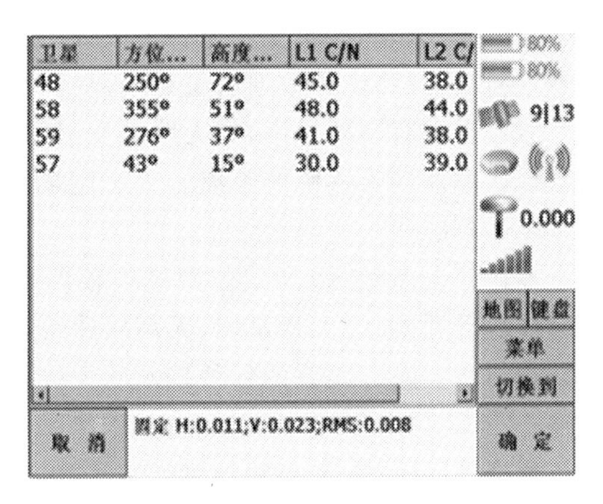

图 6-32　卫星状态

(6) 在穿越树林、灌木林时，应注意勿挂破、拉断天线和电缆，保证仪器安全。

(7) 在移动站作业时，接收机天线要尽量保持竖直(移动杆放稳、放直)。一定的倾斜度将会产生很大的点位偏移误差。

(8) RTK 作业应尽量在天气良好状况下进行，要尽量避免雷雨天气。夜间作业精度一般优于白天。

(9) 移动站作业时，不得在 10 m 范围内使用无线通信设备(手机或对讲机)，不得在高压线 50 m 之内、移动发射塔 200 m 之内等强磁场区进行测量。

(10) RTK 作业期间，基准站不允许进行下列操作：进行自测试、改变卫星截止高度角或仪器高度值、改变测站名、改变天线位置、关闭文件或删除文件等。

(11) RTK 观测时要保持坐标收敛值小于 5 cm。

(四) 影响 RTK 测量精度的主要因素

RTK 技术的关键在于数据处理技术和数据传输技术，影响 RTK 测量精度主要有以下几个因素：

1. GNSS 卫星分布状况

卫星数量及分布状况直接影响 RTK 初始化(初始整周模糊度值解算程度)。RTK 在运动状态中解算未知模糊度值时，至少需要 5 颗共同卫星，求解的整周模糊度值才可用(PDOP 值应小于 6)。卫星数越多，解算模糊度值时的速度就越快、越可靠。研究表明，卫星数增加太多，虽然无法显著地提高 RTK 点位精度，但可提高观测成果的可靠性。

对于高山、峡谷深处、密集森林区及城市高楼密集区，卫星信号被遮挡时间较长，一天中可作业时间受到限制。作业时间受限制可通过查看星历预报，选择最佳作业时段来进行观测。

2. 基准站与移动站点的 GNSS 观测质量及它们之间的数据链传输

RTK 技术是在两台 GNSS 接收机间各自接收 GNSS 卫星信号并将信号通过无线电通信系统(数据链)进行相互传递的。在移动站初始化完成后，将基准站传送来的载波观测信号和移动站接收到的载波观测信号进行差分处理，实时求解出两点间的基线值，进而由基准站的坐标求得移动站的 WGS-84 坐标，通过坐标转换即可实时求得移动站的坐标并给出其点位精度。因此，基准站和移动站的观测质量好坏以及无线电信号传播质量好坏对定位精度影响很大。影响因素主要包括卫星数、信号干扰强度、气象因素及多路径效应等。卫星数越多，接收机观测到的数据质量越高。

信号干扰有多种原因，如无线电发射源、雷达装置、高压线等。干扰的强度取决于频率、发射台功率及到干扰源的距离。为了削弱电磁波等干扰源对 RTK 观测质量的影响，在选点时应远离这些干扰源。

多路径误差是 RTK 定位测量中较严重的误差，它取决于接收机周围的环境。可以通过选择地形开阔、无大片水域、无高层建筑等不具备反射条件的位置作为基准站点，并可采用具有削弱多路径误差的各种技术的天线，以及采取在基准站附近铺设吸收电波的材料等措施。

数据链间干扰、基准站与移动站间数据传输是通过无线电台或无线通信设施等进行无线传输的，高层建筑、山脉等障碍物是主要的干扰源。因此，基准站应尽量架设在地势开阔且较高处。

气象因素的变化也是影响 RTK 精度的重要因素。快速运动中的气象峰面，可能导致观测坐标变化达到 10～20 cm。因此，在天气急剧变化时不能进行 RTK 测量。

3. 轨道误差、对流层和电离层干扰误差

轨道误差、对流层和电离层干扰误差三项误差都会对卫星信号传播造成影响，基线越长(基准站与移动站间的距离)，影响越大。当基线较短时，其影响能够模拟，残差可通过观测值的差分处理来削弱或消除。

(1) 轨道误差

轨道误差只有几米，其残余的相对误差影响约为 1 ppm，就短基线（小于 5 km）而言，对施工放样测量结果的影响可以不考虑。

(2) 电离层误差

电离层引起电磁波传播延迟从而产生的误差称为电离层误差，其延迟强度与电离层的电子密度密切相关。电离层的电子密度随太阳黑子活动状况、地理位置、季节变化、昼夜不同而变化。削弱电离层误差的有效方法有：① 利用双频接收机将 L_1 和 L_2 通道的观测值进行线性组合来消除电离层的影响；② 利用两个以上的基准站（CORS 网）的同步观测量求差（构成的虚拟基准站到移动站的基线长只有几米）；③ 利用电离层模型加以改正，削弱其误差。

4. 参与计算基准转换参数的控制点误差

控制点精度不同，求解转换参数将产生较大的差异，因此，对 RTK 观测结果可能带来较大的偏差，为了求得一个精确度高的转换参数，应选择精度较高、能有效控制整个测区的控制点进行参数计算，并进行正确的点校正。

5. 观测方法及仪器操作误差

仪器对中和整平误差、测量天线高误差、天线架设姿态、移动站手扶杆的铅垂状态、观测测回数等都会影响到 RTK 的测量精度。可以增加观测测回数，以提高定位精度。

6. 天线相位中心变化所带来的误差

天线的机械中心和电子相位中心一般不重合，而且电子相位中心是变化的，它取决于接收信号的频率、方位角和高度角。天线相位中心的变化可使点位坐标的误差达到 3～5 cm。因此，若要提高 RTK 定位精度，必须定期进行天线检验校正。

任务三 GNSS RTK 控制测量

一、GNSS RTK 控制测量的技术要求

RTK 控制测量前，应根据任务需要，收集测区高等级控制点的地心坐标、参心坐标、坐标系统转换参数和高程成果等进行技术设计。RTK 控制测量分为平面控制测量和高程控制测量。RTK 平面控制点按精度等级划分为：一级控制点、二级控制点、三级控制点。RTK 高程控制点按精度等级划分为五等高程点。平面控制点可以逐级布设、越级布设或一次性全面布设，每个控制点宜保证有一个以上的等级点与之通视。

RTK 测量可采用单基准站 RTK 测量和网络 RTK 测量两种方法进行。在通信条件困难时，也可以采用后处理动态测量模式进行测量。已建立 CORS 网的地区，宜优先采用网络 RTK 技术测量。RTK 测量卫星的状态应符合表 6-2 的规定。

表 6-2　　RTK 测量卫星状态的基本要求

观测窗口状态	截止高度角 15°以上的卫星颗数	PDOP 值
良好	≥6	＜4
可用	5	≥4 且≤6
不可用	＜5	＞6

全球定位系统实时动态(RTK)测量采用地心坐标系,即 2000 国家大地坐标系。当 RTK 测量成果要求提供其他参心坐标系(如北京 54 坐标系、西安 80 坐标系或地方独立坐标系)时,应进行坐标转换。国家测绘局提供了新坐标系的技术参数。2000 国家大地坐标系是全球地心坐标系在我国的具体体现,其原点为包括海洋和大气的整个地球的质量中心。

RTK 控制测量高程系统采用正常高系统,按照 1985 国家高程基准起算。当采用经纬度记录格式时,记录精确至 0.000 01″,平面坐标和高程记录精确至 0.001 m,天线高量取精确至 0.001 m。

二、GNSS RTK 平面控制测量

RTK 平面控制点的点位选择要求参照 GB/T 18314—2009 的规定执行。

(一) RTK 平面控制点的埋石

(1) 一、二级平面控制点地面标石规格及埋设结构如图 6-33 所示。

(2) 三级平面控制点地面标石规格及埋设结构如图 6-34 所示。

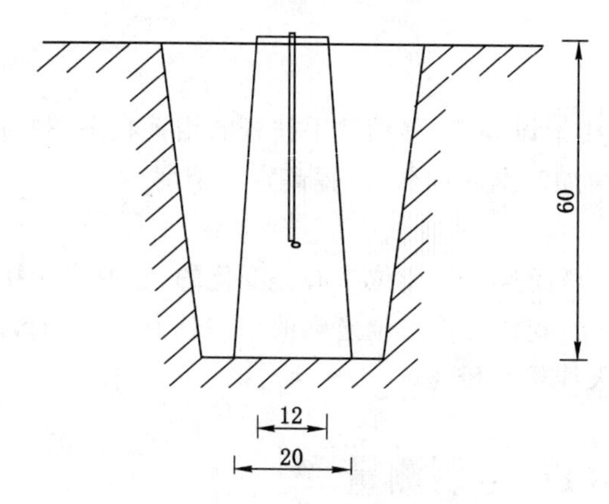

图 6-33　一、二级平面控制点地面标石规格及埋设结构(单位:cm)

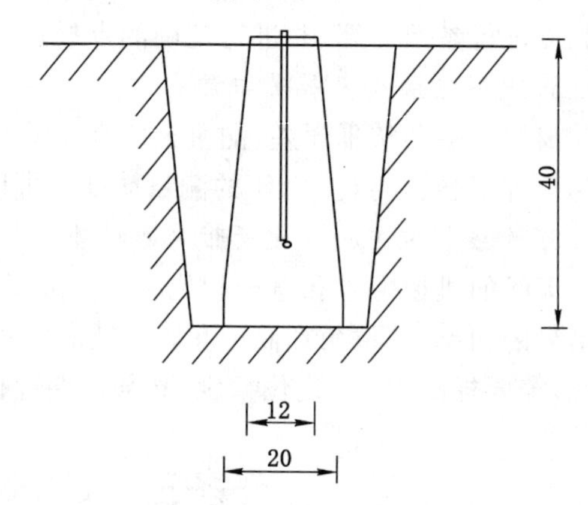

图 6-34　三级平面控制点地面标石规格及埋设结构(单位:cm)

(3) 建筑物上标石规格及埋设结构如图 6-35 所示。

(4) 岩层标石规格及埋设结构如图 6-36 所示。

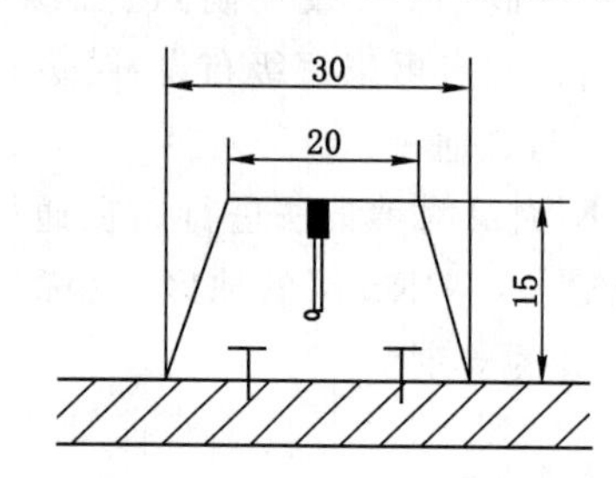

图 6-35　建筑物上标石规格及埋设结构(单位:cm)

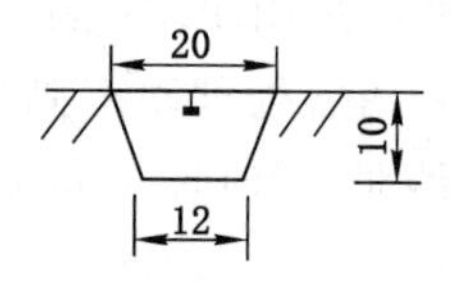

图 6-36　岩层标石规格及埋设结构(单位:cm)

(5) 公路标石规格及埋设结构如图 6-37 所示。

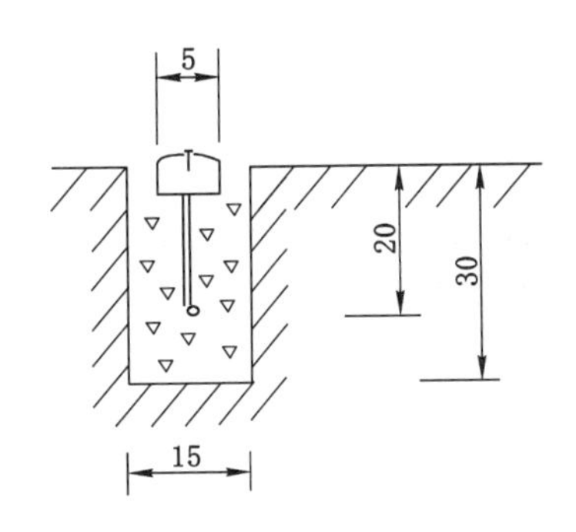

图 6-37　公路标石规格及埋设结构(单位:cm)

(二) RTK 平面控制点测量

RTK 平面控制点测量主要技术要求应符合表 6-3 的规定。

表 6-3　　RTK 平面控制点测量主要技术要求

等级	相邻点间距离/m	点位中误差/cm	边长相对中误差	与基准站的距离/km	观测次数	起算点等级
一级	≥500	≤±5	≤1/20 000	≤5	≥4	四等及以上
二级	≥300	≤±5	≤1/10 000	≤5	≥3	一级及上
三级	≥200	≤±5	≤1/6 000	≤5	≥2	二级及以上

注:1. 点位中误差指控制点相对于起算点的误差。
2. 采用单基准站 RTK 测量一级控制点需要更换基准站进行观察,每站观测次数不少于 2 次。
3. 采用网络 RTK 测量各级平面控制点可不受移动站到基准站距离的限制,但应在网络有效服务范围内。

(三) RTK 平面控制点坐标的测定

RTK 控制点平面坐标测量时,移动站采集卫星观测数据,并通过数据链接收来自基准站的数据,在系统内组成差分观测值进行实时处理,通过坐标转换方法将观测得到的地心坐标转换为指定坐标系中的平面坐标。在获取测区坐标系统转换参数时,可以直接利用已知的参数。在没有已知转换参数时,可以自己求解。地心坐标系(2000 国家大地坐标系)与参心坐标系(如北京 54 坐标系、西安 80 坐标系或者地方独立坐标系)转换参数的求解,应采用不少于三点高等级起算点的两套坐标系成果,所选起算点应分布均匀,且能控制整个测区。转换时应根据测区范围及具体情况,对起算点进行可靠性检验,采用合理的数字模型,进行多种点组合方式分别计算和优选。

1. RTK 平面控制点测量基准站的技术要求

(1) 采用网络 RTK 测量时,CORS 网点的设立要求按 CH/T 2008—2005 执行。

(2) 自设基准站若需长期和经常使用,宜埋设有强制对中的观测墩。

(3) 自设基准站应选择在高一级控制点上。

(4) 用电台进行数据传输时,基准站宜选择在测区相对较高的位置。用移动通信进行数据传输时,基准站必须选择在测区有移动通信接收信号的位置。

(5) 选择无线电台通信方法时,应按约定的工作频率进行数据链设置,以避免串频。

(6) 应正确设置随机软件中对应的仪器类型、电台类型、电台频率、天线类型、数据端口、蓝牙端口等。

(7) 应正确设置基准站坐标、数据单位、尺度因子、投影参数和接收机天线高等参数。

2. RTK 平面控制点测量移动站的技术要求

(1) 网络 RTK 测量的移动站获得系统服务的授权。

(2) 网络 RTK 测量移动站应在 CORS 网的有效服务区域内进行,并实现数据与服务控制中心的通信。

(3) 用测量手簿设置移动站与当地坐标的转换参数、平面和高程的收敛精度,设置与基准站的通信。

(4) RTK 测量移动站不宜在隐蔽地带、成片水域和强电磁波干扰源附近观测。

(5) 观测开始前应对仪器进行初始化,并得到固定解。当长时间不能获得固定解时,宜断开通信链路,再次进行初始化操作。

(6) 每次观测之间移动站应重新初始化。作业过程中,若出现卫星信号失锁,应重新初始化,并经重合点测量检测合格后,方能继续作业。

(7) 每次作业开始与结束前,均应进行一个以上已知点的检核。

(8) RTK 平面控制点测量平面坐标转换残差应小于或等于±2 cm。

(9) 测量手簿设置控制点的单次观测的平面收敛精度应小于或等于±2 cm。

(10) RTK 平面控制点测量移动站观测时应采用三脚架对中、整平,每次观测历元数应大于 20 个,各次测量的平面坐标较差应在满足小于或等于±4 cm 要求后取中数作为最终结果。

(11) 进行后处理动态测量时,移动站应先在静止状态下观测 10～15 min,然后在不丢失初始状态的前提下进行动态测量。

三、GNSS RTK 高程控制测量

RTK 高程控制点的埋设一般与 RTK 平面控制点同步进行,标石可以重合。RTK 高程控制测量主要技术要求应符合表 6-4 的规定。

表 6-4　RTK 高程控制点测量主要技术要求

等级	高程中误差/cm	与基准站的距离/km	观测次数	起算点等级
五等	≤±3	≤5	≥3	四等水准及以上

注:1. 高程中误差指控制点高程相对于起算点的误差。

2. 网络 RTK 高程控制测量可不受移动站到基准站距离的限制,但应在网络有效服务范围内。

RTK 控制点高程的测定是将移动站测得的大地高减去移动站的高程异常获得的。移动站的高程异常可以采用数学拟合方法、似大地水准面精化模型内插等获取。当采用数学拟合方法时,拟合的起算点平原地区一般不少于 6 点,拟合的起算点点位应均匀分布于测区四周及中间,间距一般不易超过 5 km,当地形起伏较大时,应按测区地形特征适当增加拟合的起算点数。当测区面积较大时,宜采用分区拟合的方法。

RTK 高程控制点测量高差异常拟合残差小于或等于±3 cm。RTK 高程控制点测量设置高程收敛精度应小于或等于±3 cm。RTK 高程控制点测量移动站观测时应采用三脚架对中、整平,每次观测历元数应大于 20 个,各次测量的高程较差应在满足小于或等于±4 cm 要求后取中数作为最终结果。当采用似大地水准面精化模型内插测定高程时,似大地水准

面模型内附合精度应小于或等于±2 cm。如果当地某些区域高程异常变化不均匀，拟合精度和似大地水准面模型精度无法满足高程精度要求，可对 RTK 测量大地高数据进行后处理或用几何水准测量方法进行补充。

四、成果数据处理与检查

RTK 控制测量外业采集的数据应及时进行备份和内外业检查。RTK 控制测量外业观测记录采用仪器自带内存卡或测量手簿，记录项目及成果输出包括下列内容：

（1）基准站点的点名（号）、残差、转换参数。

（2）基准站点名（号）、流动站点名（号）。

（3）基准站和移动站的天线高、观测时间。

（4）基准站发送给移动站的基准站地心坐标、地心坐标的增量。

（5）移动站的平面、高程收敛精度。

（6）移动站的地心坐标、平面和高程成果。

（7）测区转换基准点、观测点网图。

用 RTK 技术施测的平面控制点成果应进行 100%的内业检查及不少于总点数 10%的外业检测，外业检测可采用相应等级的卫星定位静态（快速静态）技术测定坐标、全站仪测量边长和角度等方法，检测点应均匀分布于测区。RTK 平面控制点检测结果应满足表 6-5 的要求。

表 6-5　　RTK 平面控制点检测精度要求

等级	边长校核		角度校核		坐标校核
	测距中误差/mm	边长较差的相对误差	测角中误差/(″)	角度较差限差/(″)	坐标较差中误差/cm
一级	≤±15	≤1/14 000	≤±5	14	≤±5
二级	≤±15	≤1/7 000	≤±8	22	≤±5
三级	≤±15	≤1/4 500	≤±12	34	≤±5

用 RTK 技术施测的高程控制点成果应进行 100%的内业检查及不少于总点数 10%的外业检测。外业检测可采用相应等级的三角高程、几何水准测量等方法，检测点应均匀分布于测区。RTK 高程控制点检测结果应满足表 6-6 的要求。

表 6-6　　RTK 高程控制点检测精度要求

等级	检核高差/mm
五等	$\leqslant 40\sqrt{D}$

注：D 为检测线路长度，以 km 为单位。

任务四　GNSS RTK 测绘地形图

一、GNSS RTK 地形测量的技术要求

RTK 地形测量内容分为图根点测量和碎部点测量。RTK 地形测量主要技术要求应符合表 6-7 的规定。

表 6-7　　　　RTK 地形测量主要技术要求

等级	点位中误差/mm	高程中误差	与基准站的距离/km	观测次数	起算点等级
图根点	≤±0.1	1/10 等高距	≤7	2	平面三级、高程五等以上
碎部点	≤±0.3	相应比例尺成图要求	≤10	1	平面图根、高程五等以上

注:1. 点位中误差指控制点相对于起算点的误差。

2. 网络 RTK 测量可不受移动站到基准站间距离的限制,但应在网络覆盖的有效服务范围内。

二、GNSS RTK 图根点测量

图根点标志宜采用木桩、铁桩或其他临时标志,必要时可埋设一定数量的标石。

RTK 图根点测量时,地心坐标系与地方坐标系的转换关系可以在测区现场通过点校正的方法获取。RTK 平面控制点测量移动站观测时应采用三脚架对中、整平,每次观测历元数应大于 20 个。RTK 图根点测量平面坐标转换残差应小于或等于图上±0.07 mm。RTK 图根点测量高程拟合残差应不大于 1/12 等高距。RTK 图根点测量时,平面测量两次测量点位较差应小于图上±0.1 mm,高程测量两次高程较差应小于 1/10 等高距,两次结果取中数作为最后成果。

三、GNSS RTK 地形点测量

RTK 地形点测量时,在测区现场通过点校正的方法获取地心坐标系与地方坐标系的转换关系。当测区面积较大、采用分区求解转换参数时,相邻分区应不小于两个重合点。

RTK 地形点测量平面坐标系转换残差应小于或等于图上±0.1 mm。RTK 地形点测量高程拟合残差应小于或等于 1/10 等高距。

RTK 地形点测量移动站观测时可采用固定高度对中杆对中、整平,每次观测历元数应大于 5 个。连续采集一组地形点数据超过 50 个点时,应重新进行初始化,并检核一个重合点。当检核点位坐标较差小于或等于图上 0.30 mm 时,方可继续测量。

四、数据检查与绘图

RTK 进行地形图测绘,不要求点间通视,只需 1 人携 RTK 移动站接收机在待测的地物地貌地形点进行数据采集,采集的数据应及时从数据采集器中导出,并进行数据备份,同时对数据记录器内存进行整理。

RTK 地形测量外业观测记录采用仪器自带内存卡和数据采集器,记录项目及成果输出包括以下内容:

(1) 转换基准点的点名(号)、残差、转换参数。

(2) 基准站、移动站的天线高及观测时间。

(3) 移动站的平面、高程收敛精度。

(4) 移动站的地心坐标、平面和高程成果数据。

导出的成果数据在计算机中用相应的成图软件编辑成图。

职业技能训练

【技能训练 6-1】 认识 GNSS RTK。

1. 训练目标

(1) 熟悉 GNSS RTK 系统的组成。

(2) 熟悉 GNSS RTK 各部件的作用,掌握各部件的连接方式。

(3) 理解 RTK 工作原理。

(4) 掌握电子手簿无线蓝牙连接方式。

2. 训练内容

(1) 检查仪器。

(2) 架设基准站。

(3) 架设移动站。

(4) 使用蓝牙连接手簿与 GNSS 接收机。

(5) 上交仪器。

3. 使用仪器

(1) 以所在学校接收机为例，在教师的带领下，以小组为单位领取基准站、流动站接收机各一台。

(2) 电台、蓄电池、加长杆、电台天线和传输线、三脚架、基座等。

(3) 电子手簿、对中杆、托架等。

4. 训练步骤

(1) 领取仪器、检查仪器

对照所需仪器清单清点仪器；检查仪器外观是否有损伤；开机检查接收机、手簿及蓄电池是否有电，电量是否充足。

(2) 选择实验场地

① 基准站应当选在视野开阔的地方，这样有利于卫星信号的接收。

② 基准站应架设在地势较高的地方，以利于 UHF 无线信号的传送，如移动站距离较远，还需要增设电台天线加长杆。

(3) 架设基准站

① 连接接收机、电台、电台天线。

② 连接基准站接收机与电台。

③ 架设电台天线。

(4) 架设移动站

把棒状无线电接收天线插入 GNSS 接收机无线电接口。安装 GNSS 接收机到对中杆上，固定手簿托架到对杆上，将手簿放入托架内。

(5) 电子手簿内置蓝牙连接

【技能训练 6-2】　利用 RTK 进行数字地形图测绘。

1. 训练目标

(1) 了解 RTK 数字测图原理及方法。

(2) 掌握利用 RTK 进行数字测图的作业过程和技术要求。

(3) 利用 RTK 技术，根据实地地形变化，进行地形碎部点的数据采集及成图。

2. 训练内容

(1) 安装和设置 GPS RTK 基准站。

(2) 安装和设置 GPS RTK 移动站。

(3) 进行点校正。

(4) 采集地形碎部点。

(5) 利用测绘软件编绘地形图。

3. 使用仪器

(1) 以所在学校接收机为例,在教师的带领下,以小组为单位领取基准站、移动站接收机各一台。

(2) 电台、蓄电池、加长杆、电台天线和传输线、三脚架、基座等。

(3) 电子手簿、对中杆、托架等。

(4) 计算机。

4. 训练步骤

(1) 设置基准站及启动基准站。

(2) 设置移动站及启动移动站。

(3) 点校正。

(4) 在电子手簿打开“测量”软件。

(5) 根据实地地形变化采集碎部点数据。

(6) 将电子手簿中的碎部测量成果下载到计算机。

(7) 在数字地形图绘制软件中,编绘所测的地形图。

项目小结

本项目介绍了 RTK 测量的基本原理、常规 RTK 测量系统、RTK 控制测量以及 RTK 测绘地形图四个方面的内容。常规 RTK 测量系统方面,主要介绍了常规 RTK 的组成、常规 RTK 作业的技术要求与注意事项,重点阐述了常规 RTK 的操作过程。RTK 控制测量方面,主要讲述了 RTK 控制测量的分类、级别和技术要求,详细介绍了利用 RTK 完成平面和高程控制测量的作业方法、作业流程和成果数据的处理。RTK 技术在数字地形图的测绘中应用越来越普及。结合实际,讲述了 RTK 地形测量的技术要求、RTK 图根点的测量方法、地形点的测量方法和技术。

通过本项目的学习,学生应了解 RTK 实时动态测量的基本原理;掌握常规 RTK 测量系统的基本组成与设备要求;熟悉常规 RTK 测量系统的作业模式与要求;重点掌握 GNSS 技术在控制测量、地形测量中的应用技术和方法,能够利用 GNSS 技术解决工程测量中的实际问题,为后续的学习和工作打下坚实的基础。

练习与思考题

1. RTK 的系统由哪几部分组成?
2. 基准站安置在已知点上或安置在未知点上有什么区别?
3. RTK 定位测量时,测区内的已知控制点有什么作用?
4. 简略概述常规 RTK 的操作过程。
5. RTK 控制测量可分为几类和几个等级?简述各等级控制测量的适用范围。
6. RTK 平面控制点测量基准站的设置要求有哪些?
7. RTK 平面控制测量移动站的测量要求有哪些?
8. 简述 RTK 控制测量的一般作业规定。
9. 简述 RTK 数字测图的作业流程。

项目七　GNSS RTK 施工放样

项目概述

RTK 技术的出现使施工放样有了突破性的发展，不仅克服了传统放样法、坐标放样法的缺点，而且具有观测时间短、点位精度高、无须通视等优点，特别适合道路施工等大批量设计点位的放样工作，尤其是道路中桩、边桩的放样。如果采用 RTK 技术放样时，只需把设计好的点位坐标数据文件导入到电子手簿中，拿着 GNSS 接收机，选择想要放样的点位，手簿就会提醒你走到要放样点的位置，既迅速又方便。由于 GNSS 是通过坐标来直接放样的，而且精度很高也很均匀，因而在外业放样中效率得到了大大地提高。

学习目标

1. 了解 GNSS RTK 放样的工作原理。
2. 掌握 GNSS RTK 点放样的操作。
3. 掌握 GNSS RTK 进行道路施工放样的操作。
4. 能够使用 GNSS RTK 独立进行点位、路线的放样。

任务一　GNSS RTK 点放样

一、GNSS RTK 点放样原理

施工放样是工程测量的一个应用分支，它要求通过一定方法采用一定仪器把设计好的点位在实地标定出来，过去采用常规的放样方法很多，如经纬仪交会放样、全站仪的边角放样等。一般要放样出一个设计点位时，往往需要来回移动目标，而且至少两人操作，同时在放样过程中还要求点间通视情况良好，在生产应用上效率不是很高，有时放样中遇到困难的情况会借助于很多方法才能放样，如果采用 RTK 技术放样时，仅需把设计好的点位坐标输入到电子手簿中，拿着 GNSS 接收机，它会提醒你走到要放样点的位置，既迅速又方便。由于 GNSS 是通过坐标来直接放样的，而且精度很高也很均匀，因而在外业放样中效率会大大提高，且只需一个人操作。

RTK 技术是全球卫星导航定位技术与数据通信技术相结合的载波相位实时动态差分定位技术，它能够实时显示测站点在指定坐标系中的三维定位结果。其主要有两部分组成，即基准站和流动站。

基准站连续把观测到的卫星数据发射出去，流动站采集卫星观测数据，并通过数据链接收来自基准站的数据，在系统内组成差分观测值进行实时处理，通过坐标转换方法将观测到的地心坐标转换为指定坐标系中的平面坐标、高程和精度指标，并能够解算出流动站与放样

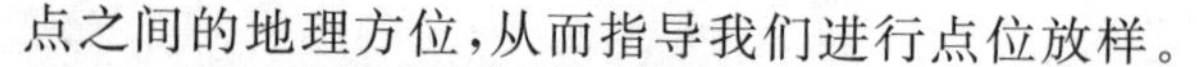

点之间的地理方位，从而指导我们进行点位放样。

GNSS 流动站根据基准站发射的卫星信号和数据，实时差分解算出 GNSS 流动站与放样点的地理方位和距离，并随时显示在 GNSS 电子手簿上，我们可以根据 GNSS 电子手簿上显示的相关数据，通过不断调节地理方位和距离，最终放样出其点位。

二、GNSS RTK 点放样操作流程

以市面上常见的南方工程之星 3.0（Engineering Star 3.0）软件为例，具体操作流程如下：

（1）新建工程并完成相关参数设定后，进入“工程之星”测量主界面，点击屏幕中的“测量”图标，选择“点放样”，进入放样界面，如图 7-1 所示。

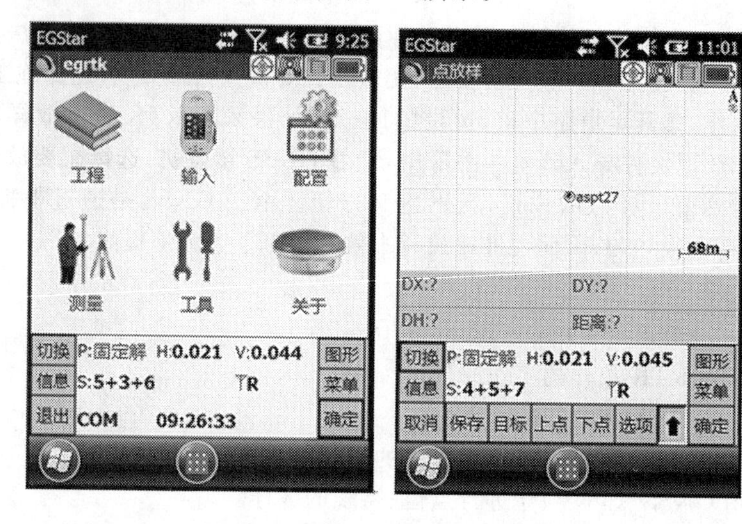

图 7-1　测量主页屏幕、点放样界面

（2）点击“增加”，即可增加放样点的数据文件，如图 7-2 所示。同时，也可点击“文件”选择按钮，再点击“目标”按钮，即打开放样点坐标库（需要提前将数据文件导入），如图 7-3 所示。

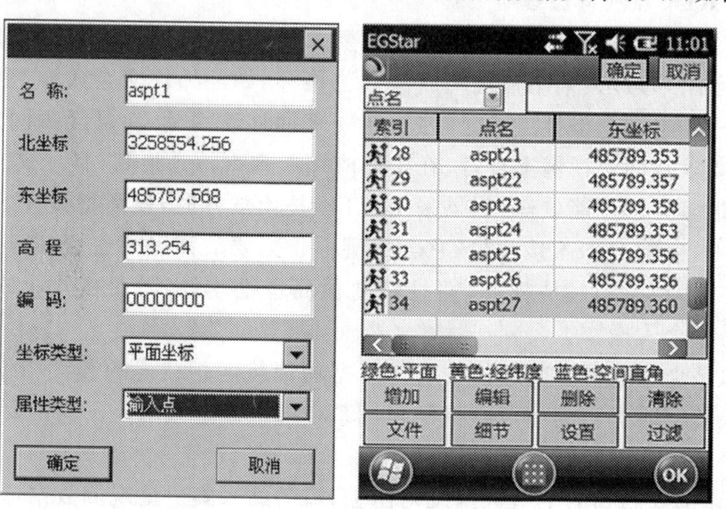

图 7-2　点放样数据文件界面

(3) 选择需要放样的点位，点击“确定”，即可进行放样。这时，手薄的放样界面会显示目前距待放点的东、北距离，只需根据手簿距离指引即可完成该放样，如图 7-3 所示。

(4) 为了在放样过程中提高放样的效率，当移动到离目标点相应距离以内时手簿会进行提醒。提示范围的设定值可以点击图 7-1 中的“选项”按钮，进入点放样选项里面对相关参数进行设置，一般设置为 1 m，如图 7-4 所示。

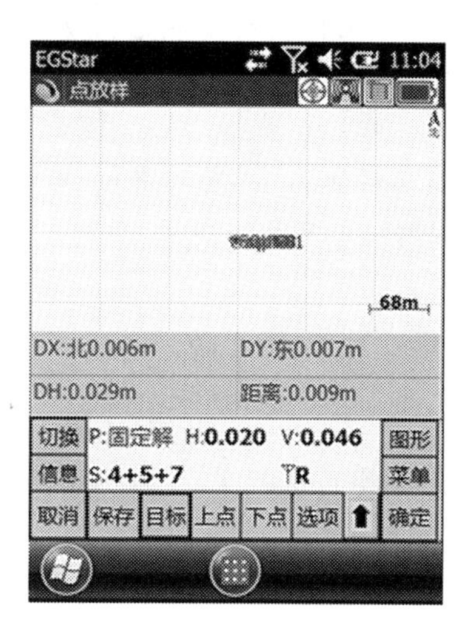

图 7-3　点位放样界面

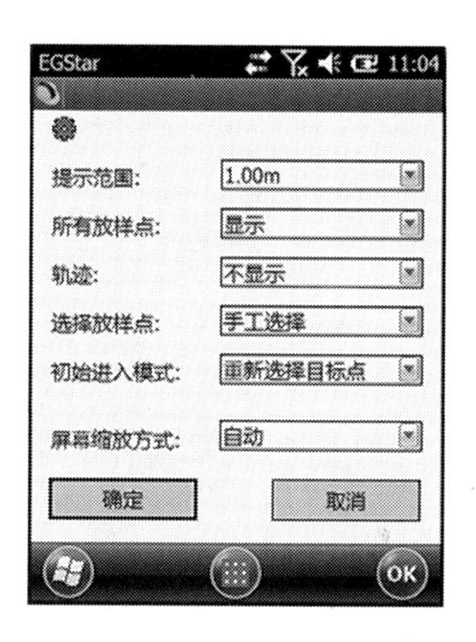

图 7-4　放样点提醒设置

三、GNSS RTK 点放样的优缺点

1. 优点

(1) 作业效率高：传统的全站仪坐标法放样或极坐标法放样，需要至少 2 个人配合进行，1 人拿对中杆放样，1 人操作全站仪指挥其调整位置直至放出该点，而 RTK 放样只需 1 人即可完成；从时间上讲，传统方法放样需要通过 2 个人较长时间的指挥调整才能完成，而 RTK 放样只需要根据手簿提示，按照其指引的距离走到相应位置即可；同时，利用 RTK 进行点放样，大大减少了传统放样方法所需的控制点数量和测量仪器的“迁站”次数，其效率是传统测量方法所无法比拟的。

(2) 定位精度高：随着 GNSS 接收机和数据处理软件性能的不断提高，GNSS 定位的精度远远超过了传统测量方法的精度，RTK 的平面精度和高程精度都能达到厘米级，且不存在误差的积累。

(3) 仪器操作简单：目前，伴随电子产品的高速发展，进行 RTK 测量时使用的高效手持操作手簿内置专业软件，操作十分简单。

(4) 全天候作业：RTK 测量技术不要求两点间满足光学通视，只需要满足对空通视、气候条件等要求，与传统测量相比，RTK 测量技术作业受限因素少，可以全天候作业。

2. 缺点

(1) 受卫星状况限制：随着时间的推移和用户要求的日益提高，GNSS 卫星的空间组成和卫星信号强度都不能满足当前的需要，同时由于信号强度较弱，在对空遮挡比较严重的地方，GNSS 无法正常应用。同时在进行 GNSS 定位时，计算在某时刻 GNSS 卫星位置所需的卫星轨道参数是通过各种类型的星历提供的，但不论采用哪种类型的星历，所计算出的卫星位置都会与其真实位置有所差异。

(2) 受大气层影响：地球周围的电离层对电磁波有折射效应，使得 GNSS 信号的传播速度发生变化，这种变化称为电离层延迟。地球周围的对流层对电磁波有折射效应，使得 GNSS 信号的传播速度发生变化，这种变化称为对流层延迟。

(3) 受数据链电台传输距离影响：数据链电台信号在传输过程中易受到外界环境影响，如高大的山体、建筑物以及各类高频信号，导致信号在传输过程中衰减严重，影响测量精度。

(4) 受地面遮挡物影响：在山区、林区、城市高楼区等地进行 RTK 作业时，GNSS 卫星信号被阻挡较多，信号的强度低、卫星空间结构差，容易造成信号失锁。

任务二　GNSS RTK 道路放样

一、GNSS RTK 道路放样数据准备

道路施工测量的主要任务包括道路中桩测量、曲线元素和坐标计算、曲线测设、纵横断面测量。

在进行道路放样前，应收集道路施工图中的相关道路测量的资料，如沿线的导线点资料、水准点资料、道路中线设计及测设资料、纵横断面资料及带状地形图资料等。以下以南方工程之星 3.0(Engineering Star 3.0)为例进行讲解。

“道路设计”功能是道路图形设计的简单工具，即根据线路设计所需要的设计要素按照软件菜单提示录入后，软件按要求计算出线路点坐标并绘制线路走向图形。

道路设计菜单包括两种平面道路设计模式：元素模式和交点模式(这里以交点模式为例)；两种纵面道路设计模式：抛物线竖曲线和圆曲线竖曲线。

1. 平曲线设计(交点模式)

交点模式是目前普遍使用的道路设计方式。只需输入线路曲线交点的坐标以及相应线路的缓曲长、半径、里程等信息，就可以得到要素点、加桩点、线路点的坐标，以及直观的图形显示，从而可以方便地进行线路的放样等测量工作。

具体操作步骤如下：

(1) 点击菜单项“输入”→“道路设计”选择“交点模式”，如图 7-5 所示。

(2) 新建交点模式设计文件，输入线路名。交点模式的文件的后缀名为“.ip”，如图 7-6 所示。

(3) 插入交点数据，输入交点坐标(可以列表选择，也可图形选择)、第一缓曲(左缓)长第二缓曲(右缓)长及圆曲线半径。如果没有缓和曲线，缓和曲线长输入零或不输入。第一个交点和最后一个交点没有左、右缓曲长及半径输入，第二个交

图 7-5　交点模式选择

图 7-6　新建文件

点处必须输入里程，程序依自动计算其他交点的里程。如果输入的数据有误，可以点击修改按钮修改数据，输入或修改完毕，保存数据，如图 7-7 所示。

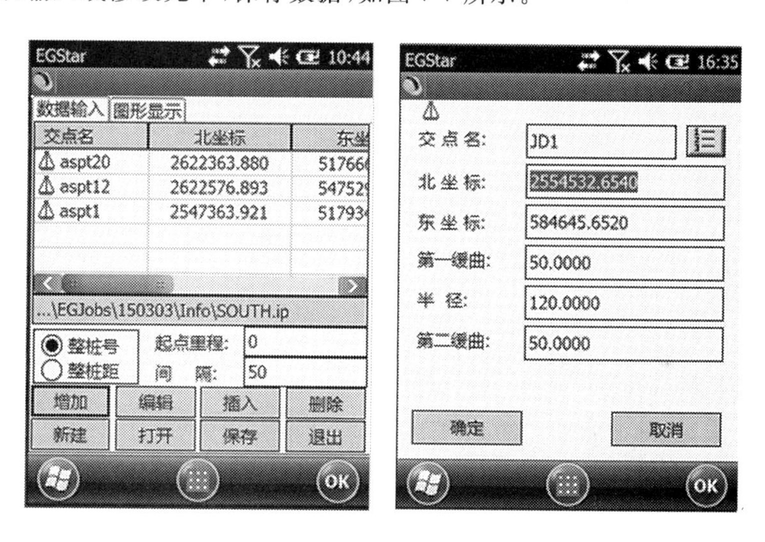

图 7-7　数据保存

(4) 选择计算模式：整桩距还是整桩号，输入桩距，然后计算，保存的同时生成了同名的“*.rod”文件、数据成果文件“*.dat”文件，点击上方“图形显示”即可查看道路线形，道路线形如图 7-8 所示。

2. 竖曲线设计(抛物线)

纵断面上两个坡段的转折处，为了便于行车，用一段曲线来缓和，称为竖曲线。竖曲线设计线形有两种方式：抛物线和圆曲线。这里以抛物线作为竖曲线的线形设计为例进行讲解。

(1) 点击菜单项“输入”→“道路设计”选择“竖曲线(抛物线)”,如图 7-9 所示。

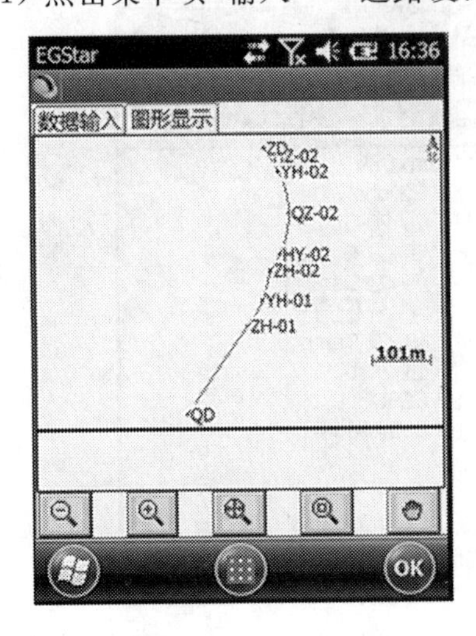

图 7-8　图形绘制

图 7-9　竖曲线线形设计模式选择

(2) 新建交点模式设计文件,输入线路名并保存,如图 7-10 所示。

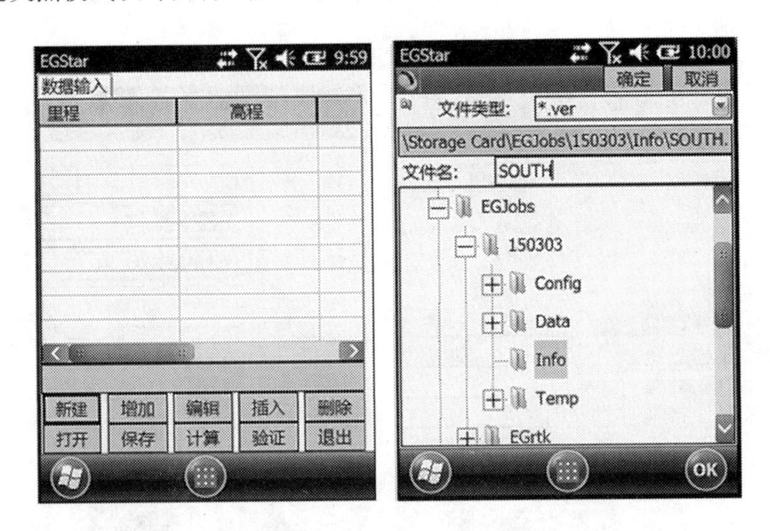

图 7-10　新建竖曲线文件及文件保存

(3) 增加竖曲线元素,并保存计算数据,编辑成功的竖曲线文件和其对应的平曲线文件保存在相同路径的文件夹下(推荐 Info 文件夹),如图 7-11 所示。

二、GNSS RTK 道路放样外业实施

1. 道路单个桩点放样

(1) 新建工程并完成相关参数设备就绪后,进入“工程之星”测量主界面,点击屏幕中的“测量”图标,选择“道路放样”,进入放样界面,如图 7-12 所示。

(2) 点击“目标”按钮和“打开”按钮,选择一个已经设计好的线路文件,如图 7-13 所示。

(3) 点击图 7-14“点放样”按钮,即可选择需要放样的单个桩点进行放样。

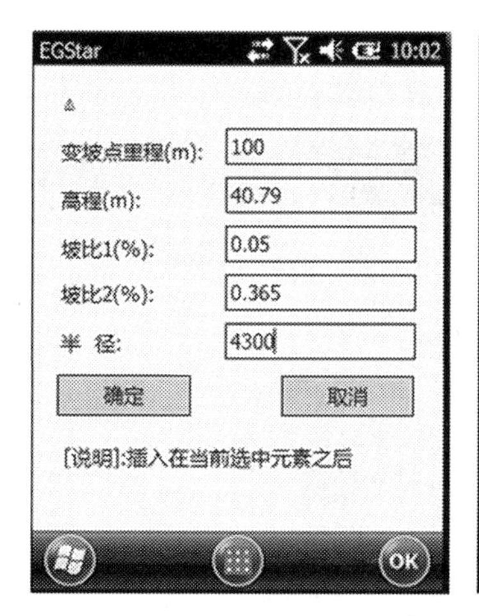

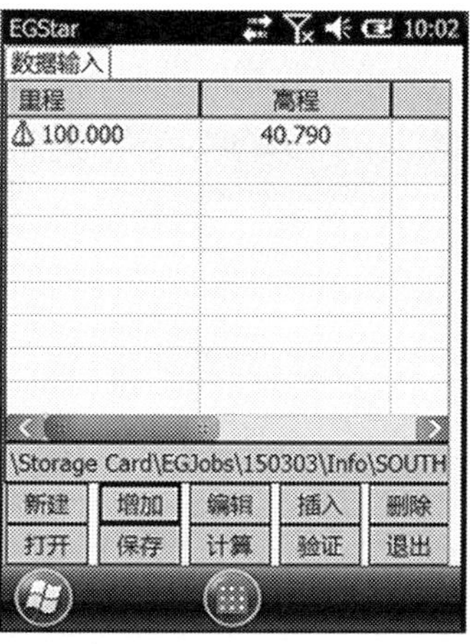

图 7-11　增加元素、数据保存

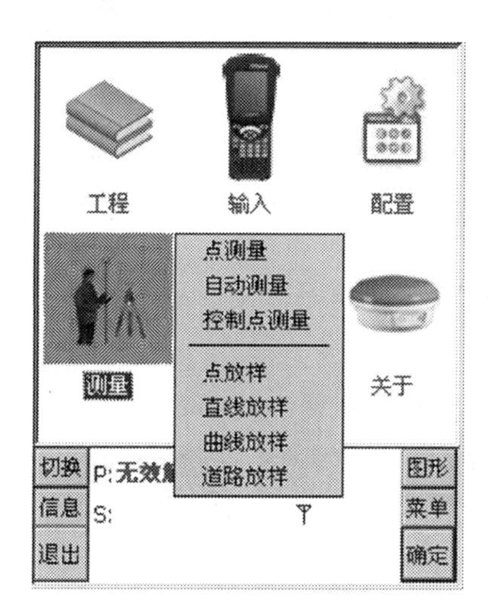

图 7-12　道路放样选择

图 7-13　道路放样界面图

图 7-14　放样道路上各点的坐标

2. 整条道路放样

(1) 点击图 7-14“道路放样”按钮，选择道路放样以后的放样界面如图 7-15 所示。

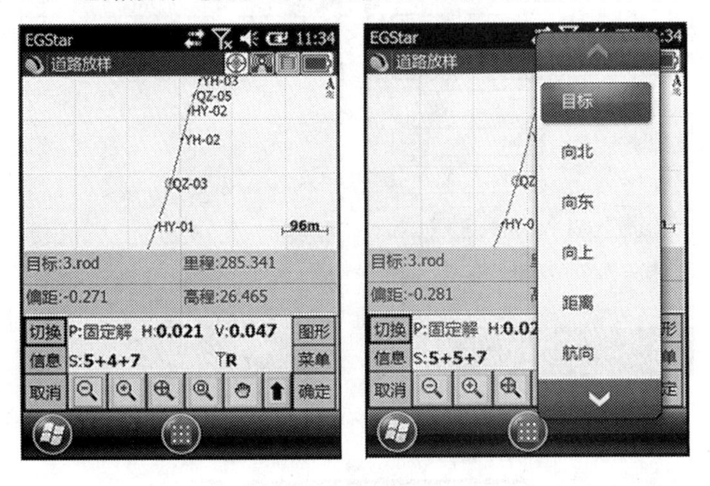

图 7-15　道路放样界面

线路放样实际上是点放样的线路表现形式，即在点放样时将设计的道路线形图作为底图，实时地显示当前点在线路上的映射点(当前点距线路上距离最近的点)的里程和前进方向的左或右偏距。

(2) 加桩及偏距计算使用。考虑到在道路放样中可能出现的加桩情况，特设计了加桩计算工具，操作如下：

① 按“加桩”按钮，进入计算加桩和偏距对话框，如图 7-16 所示。

图 7-16　加桩与偏距计算

② 加桩计算。选择“加桩计算”，然后输入加桩点点名和加桩点里程，有时候可能需要输入偏距(左“－”右“＋”，“＋”可不输入)，按“计算”按钮就可计算出加桩点的坐标，并将该加桩点存入记录加桩的数据文件中。

③ 偏距计算。选择“偏距计算”，然后输入北坐标 x 和东坐标 y，按“计算”按钮就可计算出该坐标点对应于该线路上的里程和偏距，如果不在范围内就会给出提示。

3. 道路断面放样

道路断面放样包括道路纵断面放样及测量、横断面放样及测量。通过前面进行的道路设计，按照设计的线路行走，测量出所有放样中桩点的地面高程，根据所测得的高程及各桩的里程，即可绘制出纵断面图，供设计单位使用。横断面测量则是对各放样中桩两侧垂直于道路中线方向的地面起伏情况，绘制成横断面图。道路的纵断面放样与测量、横断面放样与测量可同时进行。

纵断面的放样只需根据手簿提示进行放样即可，而横断面的放样需先进行相关放样参数设置，主要设置横断面的法线长度，如图 7-17 所示

图 7-17　断面放样参数设置、断面放样界面

在线路放样功能界面下，我们既可以放样，同时也可以进行纵、横断面的测量，横断面的测量可以在断面放样中完成，纵断面测量只要保持在线路上测量就可以进行。当然纵、横断面测量之后，需要进行格式转换才能得到我们常用的格式，具体如图 7-18 所示，首先点击放样界面下的“成果”菜单，选择横断面成果输出。然后点击上面的“打开测量文件”，选择测量文件，根据需要选择纬地或者天正这两种格式，完成后点击下面的“转换”按钮，转换成功后如图 7-18 所示，转换完成后会在相应的文件夹下生成“＊.hdm”文件，即横断面文件。

图 7-18　断面测量成果输出

职业技能训练

【技能训练 7-1】 GNSS RTK 点位放样。

1. 训练目的

(1) 了解 RTK 点位放样的基本原理。

(2) 了解 RTK 接收机电子测量手簿放样软件的操作流程。

(3) 掌握利用 RTK 进行工程施工放样的方法。

2. 训练内容

(1) 安装和设置 GNSS RTK 基准站。

(2) 安装和设置 RTK 流动站。

(3) 进行点校正。

(4) 计算放样数据。

(5) 放样点位。

(6) 检验放样点。

3. 使用仪器

(1) 以所在学校接收机为例,在教师的带领下,以小组为单位领取基准站、流动站接收机各一台。

(2) 电台、蓄电池、加长杆、电台天线和传输线、三脚架、基座等。

(3) 电子手簿、对中杆、托架等。

(4) 放样图纸和资料。

4. 训练步骤

(1) 设置基准站及启动基准站。

(2) 设置流动站及启动流动站

(3) 点校正。

(4) 在电子手簿中打开"放样"软件。

(5) 将放样数据输入电子手簿。

(6) 根据电子手簿放样软件界面上的提示方向和提示距离,进行移动放样。

(7) 对放样点位进行检查。

【技能训练 7-2】 GNSS RTK 道路放样。

1. 训练目的

(1) 了解道路放样的基本内容。

(2) 掌握道路放样软件直线及曲线设计。

(3) 掌握道路横断面放样及测量。

2. 训练内容

(1) 平曲线设计、竖曲线设计、横断面设计。

(2) 设计曲线主点及中桩点放样。

(3) 设计断面放样。

3. 使用仪器

(1) 以所在学校接收机为例,在教师的带领下,以小组为单位领取基准站、流动站接收机各一台。

(2) 电台、蓄电池、加长杆、电台天线和传输线、三脚架、基座等。

(3) 电子手簿、对中杆、托架等。

(4) 放样图纸和资料。

4. 训练步骤

(1) 设置基准站及启动基准站。

(2) 设置流动站及启动流动站

(3) 点校正。

(4) 在电子手簿中设计道路直线段和曲线段。

(5) 显示线路曲线。

(6) 生成放样数据文件。

(7) 根据电子手簿放样软件界面上的提示方向和提示距离,进行移动放样。

(8) 对放样点位进行检查。

项目小结

本项目详细叙述了 GNSS RTK 施工放样的原理及特点,对 GNSS RTK 点放样、道路放样的方法及过程进行了详细的介绍,特别是道路曲线的设计及数据准备方面应仔细,设计数据是外业放样的基础。在外业观测工作之前,应做好施测前的收集、器材准备、人员组织等工作,在进行 GNSS RTK 点放样及道路放样时要注意相关参数的设置,放样点的点位误差要满足相关规范要求,同时也要做好放样成果点的保护工作。

练习与思考题

1. GNSS RTK 点放样的原理是什么?
2. 与传统方法相比,使用 GNSS RTK 进行点放样具有哪些优势?
3. GNSS RTK 点放样的优缺点分别有哪些?
4. 什么是电离层延迟? 什么是对流层延迟? 二者对 GNSS RTK 点放样有哪些影响?
5. GNSS RTK 在土木工程施工测量中有哪些应用?
6. 如何控制 RTK 测量放样的精度?

项目八　GNSS 网络 RTK 及连续运行参考站系统 CORS

项目概述

网络 RTK 技术实际上是一种多基站技术，它在处理上利用了多个参考站的联合数据。该系统不仅仅是 GNSS 产品，而是集 Internet 技术、无线通信技术、计算机网络管理和 GNSS 定位技术于一身的系统，包括通信控制中心、固定站、用户部分。

连续运行参考站(CORS)也称为台站网，可定义为：一个或若干个固定的、连续运行的 GNSS 参考站，利用现代计算机、数据通信和互联网技术组成的网络，实时地向不同类型、不同需求、不同层次的用户自动地提供经过检验的不同类型的 GNSS 观测值(载波相位、伪距)，各种改正数、状态信息，以及其他有关 GNSS 服务项目的系统。

学习目标

1. 了解 GNSS 网络 RTK 及连续运行参考站系统 CORS 的原理。
2. 会利用 GNSS 网络 RTK 终端产品进行测绘作业。

任务一　GNSS 网络 RTK 测量系统

一、网络 RTK 的组成

在某一区域内建立多个(一般为 3 个或 3 个以上)的 GNSS 基准站，对该地区构成网状覆盖，并以这些基准站中的一个或多个为基准，为该地区内的 GNSS 用户实时高精度定位提供 GNSS 误差改正信息，称为 GNSS 网络 RTK。网络 RTK 也称为多基准站 RTK，是近年来在常规 RTK、计算机技术、网络通信技术等基础上发展起来的一种实时动态定位新技术。网络 RTK 技术和常规 RTK 技术相比，扩大了覆盖范围，降低了作业成本，提高了定位精度，减少了用户定位的初始化时间。

网络 RTK 系统是网络 RTK 技术的应用实例，它由基准站网、数据处理中心、数据播发中心、数据通信链路和用户部分组成。一个基准站网可以包括若干个基准站，每个基准站上配备有双频全波长 GNSS 接收机、数据通信设备和气象仪器等。基准站的精确坐标一般可采用长时间 GNSS 静态相对定位等方法确定。基准站 GNSS 接收机按一定采样率进行连续观测，通过数据通信链实时将观测数据传送给数据处理中心，数据处理中心首先对各个站的数据进行预处理和质量分析，然后对整个基准站网络数据进行统一解算，实时估计出网内的各种系统误差的改正项(电离层、对流层和轨道误差)，建立误差模型。

网络 RTK 系统根据通信方式不同，分为单向数据通信和双向数据通信。在单向数据通信中，数据处理中心直接通过数据发播设备把误差参数广播出去，用户收到这些误差改正参数后，根据自己的位置和相应的误差改正模型计算出误差改正数，然后进行高精度定位。在双向数据通信中，数据处理中心实时侦听流动站的服务请求和接收流动站发送过来的近似坐标，根据流动站的近似坐标和误差模型，求出流动站处的误差后，直接播发改正数或者虚拟观测值给用户。基准站与数据处理中心间的数据通信可采用数字数据网DDN或无线通信等方法进行。流动站和数据处理中心间的双向数据通信则可通过GSM、GPRS、CDMA等方式进行。

二、网络RTK的常用技术与方法

（一）虚拟参考站(VRS)技术

VRS是虚拟基准站(Virtual Reference Station)的英文缩写，是目前RTK进行差分作业的一种虚拟参考站的技术，即用户通过网络发送VRS信息，单机即可进行RTK作业。VRS技术目前应用得比较广泛，是网络RTK技术代表之一。

虚拟参考站技术是多参考站载波相位定位技术(也称网络RTK技术)的一种。其原理是在用户流动站附近建立一个虚拟的参考站，并根据周围各网络内所有参考站上的实际观测值算出该虚拟参考站上的虚拟观测值。由于虚拟观测站与流动站距离较近(通常为数米到几十米)，故在建立了虚拟参考站以后，动态用户采用常规RTK技术就可以通过与虚拟参考站进行实时相对定位获得较为精确的定位结果。从用户角度分析，上述原理相当于用户接收从一个没有实际架设的“虚拟参考站”发出的模拟参考站数据(包括参考站载波相位观测值以及参考站精确坐标)并进行RTK解算，因此把上述技术称为虚拟参考站技术。VRS技术要求双向数据通信，流动站既要接收数据，也要发送自己的定位数据。

虚拟参考站技术工作原理和流程：

(1) 各个参考站通过Internet连续不断地向数据控制中心传输GNSS卫星观测数据。

(2) 控制中心实时在线解算网内各基线的载波相位整周模糊度值和建立误差模型。

(3) 流动站将单点定位或DGPS确定的位置坐标(NMEA格式)，通过无线移动数据链路(如GSM、GPRS、CDMA)传送给数据控制中心，控制中心在流动站附近位置创建一个虚拟参考站，通过内插得到虚拟参考站各误差源影响的改正值，并以RTCM格式通过NTRIP协议发给流动站用户。

(4) 流动站与虚拟参考站构成短基线。流动站接收控制中心发送的虚拟参考站差分改正信息或者虚拟观测值，进行差分解算得到用户厘米级的定位成果。

VRS技术是目前全球普及范围最广的网络RTK差分解算技术。其工作基本原理如图8-1所示。

（二）主辅站技术(MAX)

主辅站技术(MAX)是徕卡测量系统有限公司基于“主辅站概念”推出的参考站网软件SPIDER的技术基础，其基本概念是将所有相关的代表整周未知数水平的观测数据，如弥散性和非弥散性的差分改正数，作为网络的改正数据播发给流动站。

主辅站由一个基准站组成的网络单元(其中一个主站，若干个辅站)，一个网处理中心和一个流动站组成。主辅站技术的整个处理过程为：数据处理0中心首先进行基准站网的数据处理，如固定基准站网模糊度、计算辅站相对于主站改正数之差，然后把主站改正数和辅站与主站改正数之差发送给流动站。它是RTCM 3.0版网络RTK信息的基础。

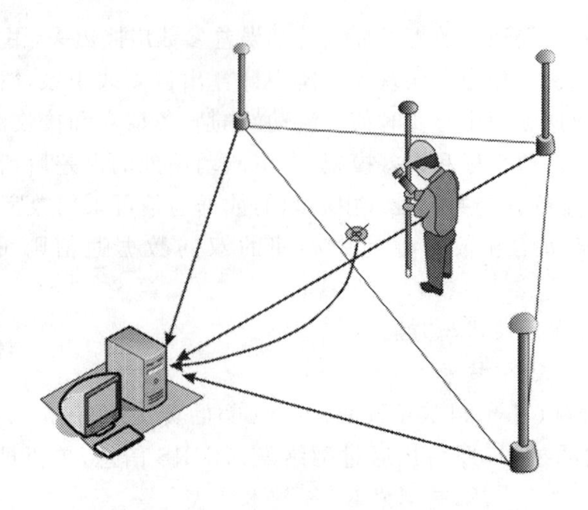

图 8-1 VRS 工作原理图

主辅站技术是全球 CORS 采用第二多的网络 RTK 解算方式，主要的主辅站解算技术的软件包括 Leica 公司的 SpiderNet 和 Topcon 公司的 TopNet。主辅站的原理如图 8-2 所示。

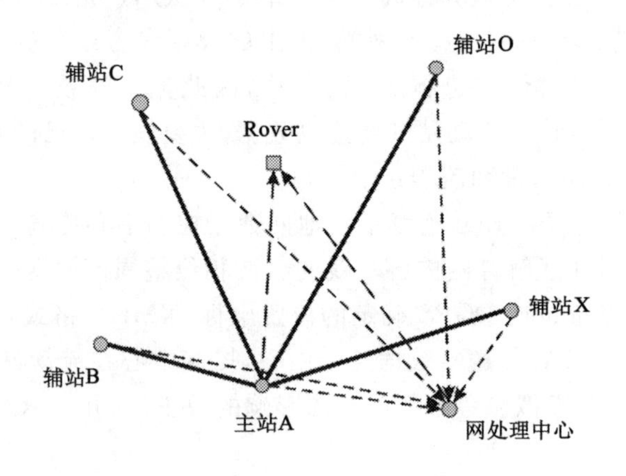

图 8-2 主辅站技术原理图

（三）区域改正参数法(FKP)

区域改正参数法(FKP)技术是由德国的 GEO＋＋公司 Gerhard Wuebenna 博士提出的全网整体解算模型，这是一种动态模型。它要求所有参考站将每一个瞬时采集的未经差分处理的同步观测值实时传回数据处理中心，通过数据处理中心实时处理，产生一个称为 FKP 的空间误差改正参数，然后将这些参数通过扩展信息发送给服务区内的所有流动站进行空间位置解算。FKP 方法的优点在于当基准站受到多路径反射或高耸建筑物的信号遮挡等影响时，自动重新生成 FKP 的平面，单向数据通信降低用户的作业成本和保持用户使用的隐蔽性。系统传输的 FKP 能够比较理想地支持流动站的应用软件，但是流动站必须知道相关的数学模型，才能利用 FKP 参数生成相应的改正数。为了获取瞬时解算结果，每个流动站需要借助一个被称为 Adv 盒的外部装置内置解译软件，配合流动站接收机实现作业。

由于采用 FKP 算法的用户需要附加解译设备，所以 FKP 解算的保密性非常好，但是使用比较复杂，对用户流动站要求高，因此普及率很低，目前全世界只有极少数地区采用 FKP 技术进行差分解算。

（四）综合误差内插法（CBI）

综合误差内插法技术是武汉大学卫星导航定位技术研究中心提出的，CBI 技术是根据双差组合的优点，在基准站计算改正信息时，不对电离层延迟、对流层延迟等误差都进行区分单独计算出来，也不将由各基准站所得到的改正信息都发给用户。而是利用卫星定位误差的相关性计算各基准站上的综合误差，发送到用户，用户根据此误差和自己位置内插出用户的综合误差，系统中心与用户只需要单向通信，同时用户需要增加解码设备。

这种解算方法简单可靠，性能稳定，单向通信可以实现解算，可以采用电波发送的方式，但是需要用户端有解算设备。

三、网络 RTK 的操作

网络 RTK 作业时，其作业流程一般包括以下五个步骤：

（1）开机锁定观测卫星，然后打开手簿，通过蓝牙或者连接线建立手簿与接收机间的通信，启动测量软件，建立新文件，设置网络 RTK 测量形式的参数。

（2）利用手簿或者接收机上的通讯模块，通过中国移动的 GPRS 或中国联通的 CDMA 方式拨号，连接到 Internet 网络。

（3）使用网络 RTK 系统管理员提供的用户名和密码，通过 Internet 网络连接到网络 RTK 系统数据处理中心。

（4）连接数据中心，获取源列表，等初始化完成，获得固定解后，开始测量采集数据。

（5）外业完成后，将手簿或者接收机储存的测量数据下载到计算机进行后续数据预处理和图形处理。

使用不同品牌的接收机与手簿，其操作步骤略有不同，下面以华测公司的 X90G 为基准站及 X90C 接收机和手簿为例，详细介绍进行 RTK 作业的操作步骤。

（一）设置基准站

通过接收机和电脑相连的方式，打开华测 RTK 软件中的 HCGPRS 软件，点击“获取参数”按钮，如图 8-3 所示。如仪器连接电脑时端口为 COM4，在获取参数前也应选择此端口连接。

输入上海华测服务器的固定 IP 地址和端口号码，如果我们为 1＋2 或 1＋n 的工作模式，通信协议应选择 UDP 一对多，1＋1 模式选择 UDP 一对一或者一对多均可。APN 接入点名称为 CMNET，移动服务商号码为＊99＊＊＊1＃，用户名和密码不输入也可，模式应和实际一致。流动站还应多输入与其绑定的基准站 ID 号码（注：以下均以上海华测服务器为例），如图 8-4 所示。

在输入完毕后点击“全部更新”，在进度条过完后，刚才输入的参数都会保存下来，如图 8-5 所示。

设置完这些后，我们可以再打开数据下载软件，更改接收机启动方式为自启动，发送端口为 Port2＋GPRS/CDMA，设置好后点“修改”，参数会被记录下来，如图 8-6 所示，再次打开接收机后，基准站会自动登录固定 IP 并发送数据，基准站到此设置完毕。

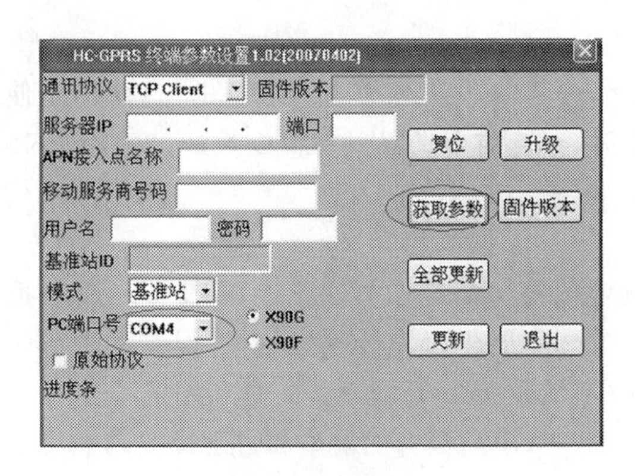

图 8-3　获取参数

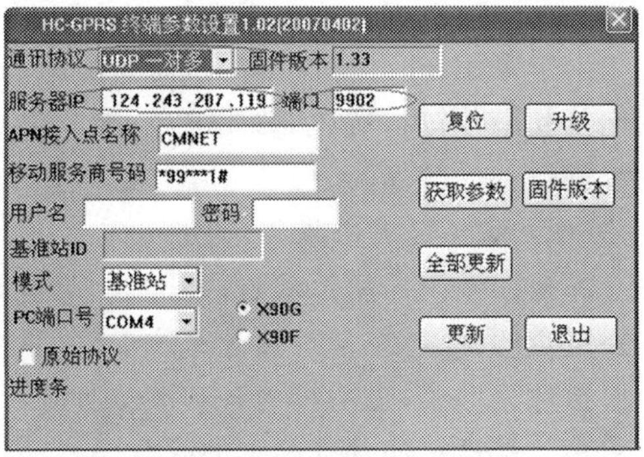

图 8-4　参数设置

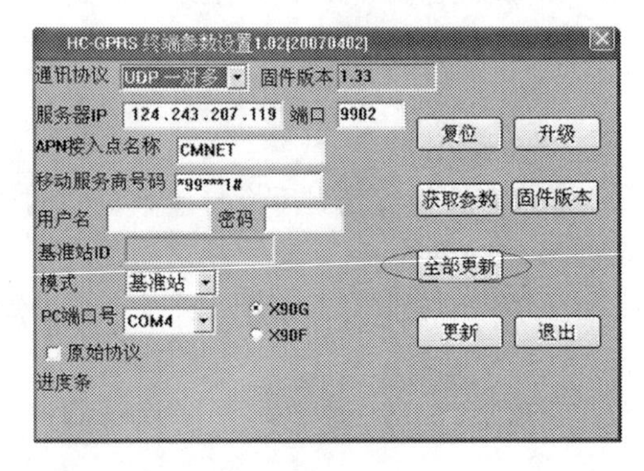

图 8-5　更新参数

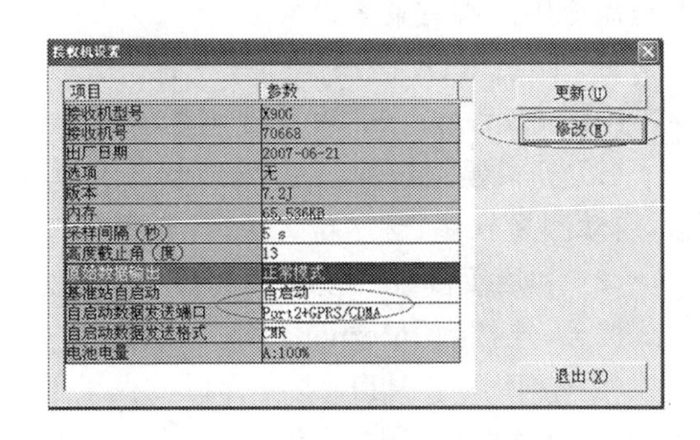

图 8-6　基站启动方式修改

通过手簿蓝牙连接的方式连接好蓝牙后，打开手簿中的 HCGPRS 软件。先把蓝牙打勾，选取相应端口，再点击“获取参数”，如图 8-7 所示。

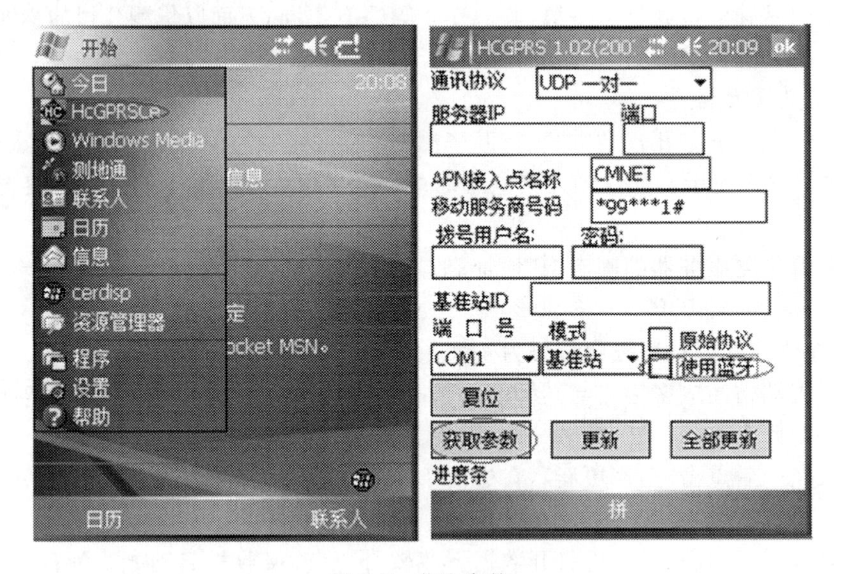

图 8-7　获取参数

此后设置跟与电脑连接时步骤一样，输入相应信息，点击“全部更新”即可，然后打开数据下载软件，更改接收机启动方式和端口为自启动及 Port2＋GPRS/CDMA，再次开机后就可正常工作。

（二）设置流动站

在手簿上安装好 CF 卡后，点击手簿“上网图标”→“设置”→“连接”后，分别出现如图 8-8 所示的界面，选择“添加新调制解调器连接”，如图 8-9 所示，如果以前设置过，并不需要更改，只需“管理现有连接”即可。

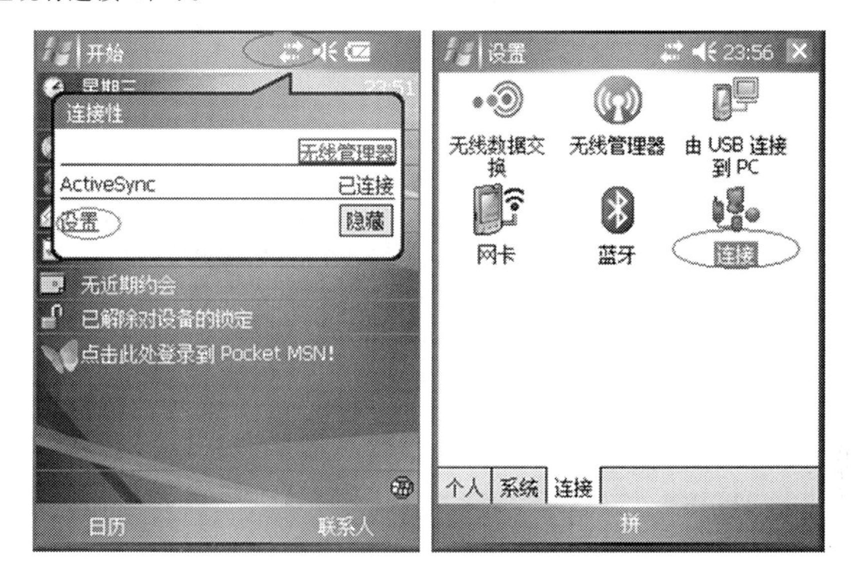

图 8-8　上网设置

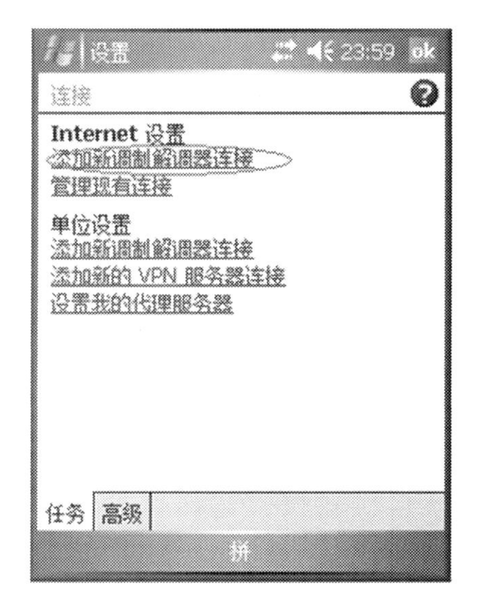

图 8-9　添加新连接

进入新建连接界面后，要求输入连接名称和选择调制解调器，可按图 8-10 所示进行输入，然后选择“下一步”，需要我们在输入上网所拨号码，输入＊99＊＊＊1＃，选择下一步。

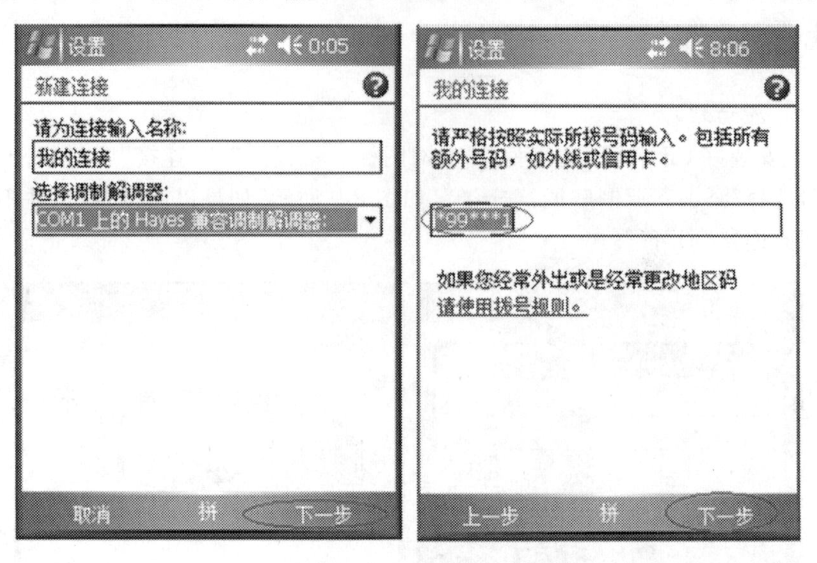

图 8-10　调制解调器选择和密码输入

进入如图 8-11 所示的界面后，用户名和密码不需要输入，点击旁边的“高级选项”，在常规中把波特率设置为“115200”，修改完毕后，点右上角“OK”，退回之前界面，点击完成。

图 8-11　高级选项设置

出现如图 8-12 所示的界面后，点击“我的连接”2～3 s，出现“删除/连接”，选择“连接”，然后手簿会显示正在拨号，上网成功后开始计时。

在设置好手簿上网功能后，打开测地通软件，连接好蓝牙，选择“配置”→“移动站参数”→“手簿 APIS”，数据中心号码和端口号还应输入服务器的固定 IP 和固定端口号，基准站号码一定要输入绑定的基准站 6 位 S/N 号码，本机 IP 和基准站 IP 均为接收机上网时的临时 IP，不需要我们去修改，如图 8-13 所示。输入完毕后，点击“设置”，在出现网络符号后，启动移动站即可。固定时间和精度大致和电台作业模式一样。

图 8-12　连接设置

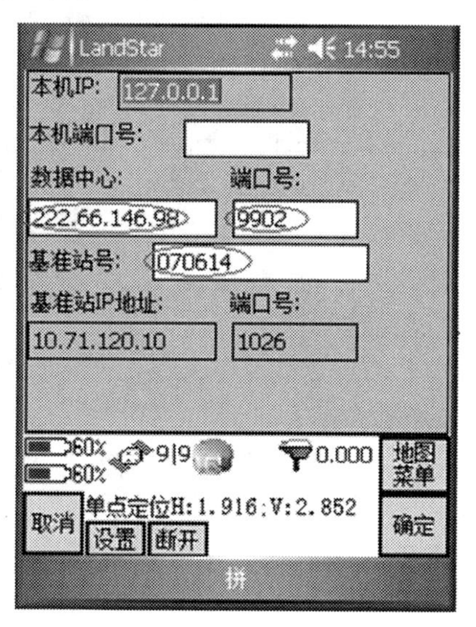

图 8-13　移动站参数设置

（三）启动移动站接收机

在软件里面点击“测量”→“启动移动站接收机”，显示如图 8-14 所示的界面。

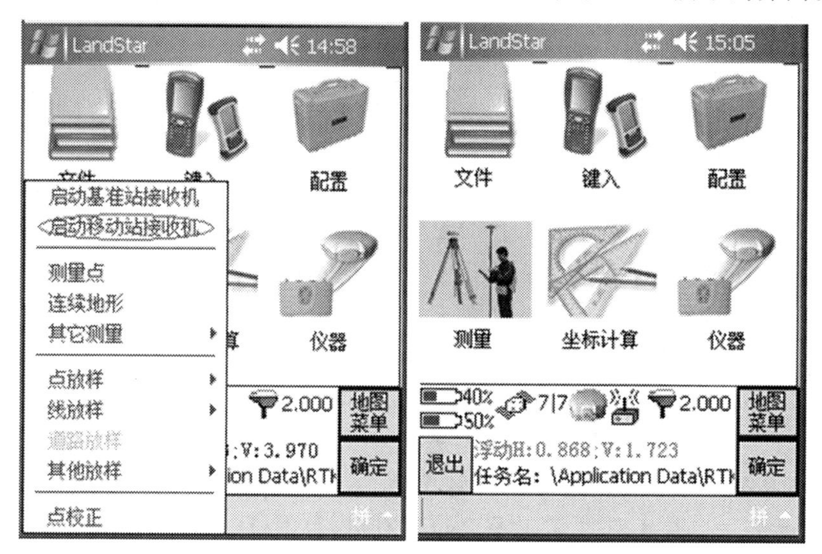

图 8-14　启动移动站

如果无线电和卫星接收正常，这时流动站开始初始化，软件的显示顺序为“串口无数据”→“开始初始化”→“浮动”→“固定”，当显示“固定”以后才可以开始测量工作，否则测量精度比较低。

（四）点校正

选择“测量”→“点校正”，然后选择“增加”，则弹出如图 8-15 所示的界面。

在“网格点名称”项选择前键入“当地平面坐标”，在“GNSS 点名称”项选输入的 WGS-

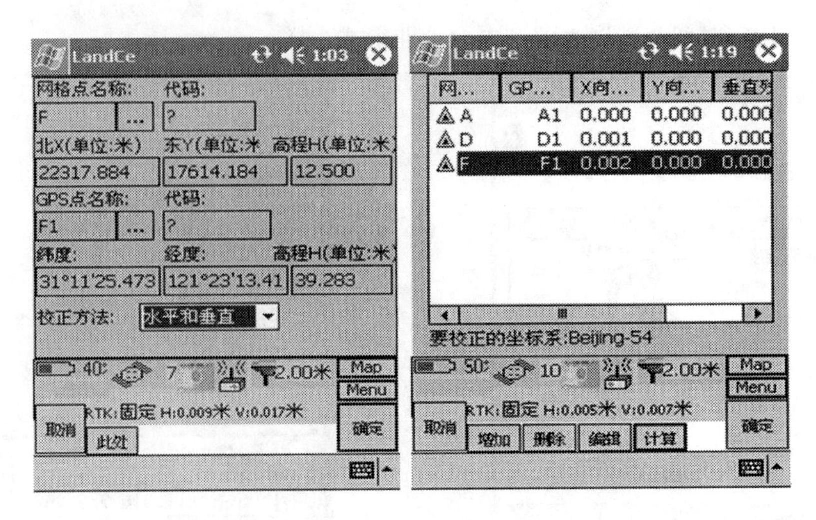

图 8-15　点校正

84 坐标或实地测出相对应已知点的 WGS-84 坐标(GNSS 的测量结果就是 WGS-84 坐标,但能得到当地坐标是手簿软件完成的),校正方法一般选择“水平与垂直”,然后选择“确定”,用几个点进行“校正”就用同样的方法增加几次,最后选择“计算”,“计算”后软件会先后弹出两个对话框,我们都选择“是”就把点校正后所得的参数应用于当前任务,点校正的目的就是求 WGS-84 坐标到当地坐标的转换参数。

(五) 测量

当显示“固定”以后,就可以进行测量了。选择“测量”→“测量点”,当保存按钮不是灰色时选择“保存”后,该点位信息被存储,如图 8-16 所示。

RTK 差分解有几种类型,单点定位表示没有进行差分解,浮动解表示整周模糊度还没有固定,固定解表示固定了整周模糊度。固定解精度最高,通常只有固定解可用于测量。固定解又分为宽波固定和窄波固定,分别用蓝色和黑色表示。蓝色表示的宽波解的 RMS 通常为 4 cm 左右,建议在距离较远、精度要求不高的情况下采用。黑色表示的窄带解 RMS 通常为 1 cm 左右,为精度最高解,但距离较远时,RTK 为得到窄带解通常需要较长的初始化时间。例如,超过 10 km 时,可能会需要 5 min 以上的时间。

点击“选项”可对观测时间和允许误差进行修改,如图 8-17 所示。

四、网络 RTK 作业的技术要求与注意事项

RTK 实时测量以其高精度、高效率、宽广的应用范围极受业界的青睐,得到了空前的关注。为了能快速准确进行网络 RTK 作业,获取可靠精确的成果,作业时应注意以下事项。

(一) 确定测区坐标转换参数

我们知道,GNSS 定位提供的 WGS-84 大地坐标在大多数工程应用中没有太大意义。实际需要将 GNSS 观测的 WGS-84 坐标转换为国家平面坐标(如 BJ54)或者工程施工坐标。对于 WGS-84 到 BJ54 的转换,我们可以采用高斯投影的方法,这时需要确定 WGS-84 与 BJ54 两个大地测量基准之间的转换参数(三参数或七参数),需要定义三维空间直角坐标轴的偏移量和(或)旋转角度并确定尺度差。但通常情况下,对于一定区域内的工程测量应用,我们往往利用以往的控制点成果求取“区域性”的地方转换参数。其前提条件是:

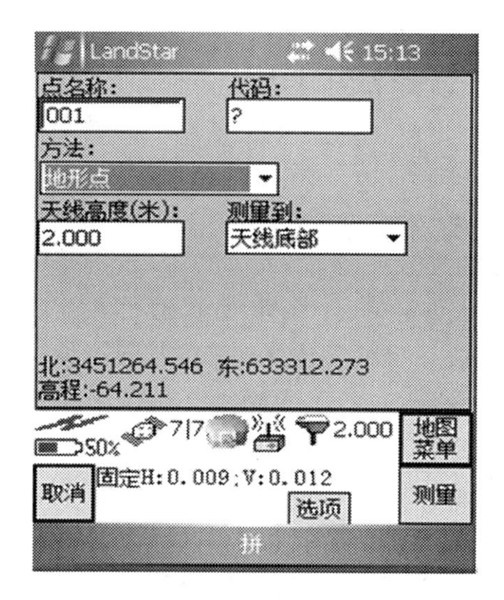

图 8-16　点测量

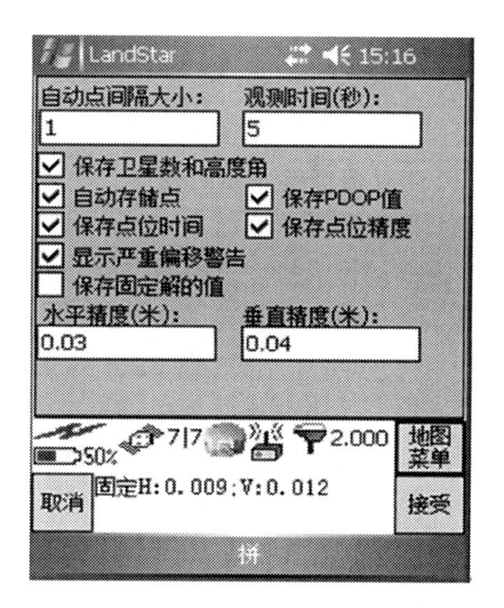

图 8-17　观测时间和允许误差修改

(1) 控制点的数量应足够。一般来讲,平面控制应至少三个,高程控制应根据地形地貌条件,数量要求会更多(比如 4 个或以上)以确保拟合精度要求。

(2) 控制点的控制范围和分布的合理性。控制范围应以能够覆盖整个工区为原则,一般情况下,相邻控制点之间的距离在 3～5 km,所谓分布的合理性主要是指控制点分布的均匀性,当然控制点是越多越好。

(3) 控制点之间应具备相互位置关系精确的 WGS84 大地坐标(B,L,H)和地方坐标(X,Y,Z),以确保转换关系的正确性。

(4) 为检校转换参数的精度和正确性,应选用几个已知点不参与计算,用以检查。

(二) 选择适当的作业环境

网络 RTK 作业时应选择电离层、对流层活跃程度较小的时间进行。

(1) 作业时锁定卫星数在 6 颗及以上成果才较为可靠。若少于 6 颗卫星,初始化需要很长的时间,而且解算精度较差,建议停止作业。

(2) 作业时应避开电离层最活跃的时刻。一般地方时 14 时左右电离层最活跃,对 GPS 解算影响很大,会导致解算精度降低。

(3) 不得在天线附近 50 m 内使用电台,10 m 内使用对讲机。

(三) 人的因素

为提高观测成果的精度及可靠性,作业人员在作业过程中应注意以下问题:

(1) 精确丈量流动站天线的高度。

(2) 提高对中、整平精度或流动杆放稳放直,确保流动站天线的稳定性。一定的斜倾度,将会产生很大的点位偏移误差。

(3) 参考站和流动站的项目(任务)设置参数应准确无误。根据不同仪器类型而设置不同,作业时要严格按各仪器配套操作手册要求进行参数设置。

(4) 流动站接收机只有经过初始化完成后才能进行 GNSS RTK 测量,初始化分静态初始化或 OTF 初始化两种。控制测量、放样测量宜采用静态初始化(快速静态或在已知点上),地形点测量可采用 OTF 初始化。

任务二　连续运行参考站系统 CORS

一、连续运行参考站的建立

连续运行参考站系统(Continuous Operational Reference System,简称 CORS 系统),也称为连续运行卫星定位服务系统,是现代 GNSS 的发展热点之一。CORS 系统将网络化概念引入到了大地测量应用中,是利用 GNSS 卫星导航定位、计算机、数据通信和互联网络等技术,在一个城市、一个地区或一个国家根据需求按一定距离建立起来的长年连续运行的若干个固定 GNSS 基准站组成的网络系统。该系统的建立不仅为测绘行业带来深刻的变革,而且也为现代网络社会中的空间信息服务带来新的思维和模式。

连续运行参考站系统(CORS)可以定义为一个或若干个固定的、连续运行的 GNSS 参考站,利用现代计算机、数据通信和互联网技术组成的网络,实时地向不同类型、不同需求、不同层次的用户自动地提供经过检验的不同类型的 GNSS 观测值(载波相位、伪距)、各种改正数、状态信息以及其他有关 GNSS 服务项目的系统,系统组成如图 8-18 所示。

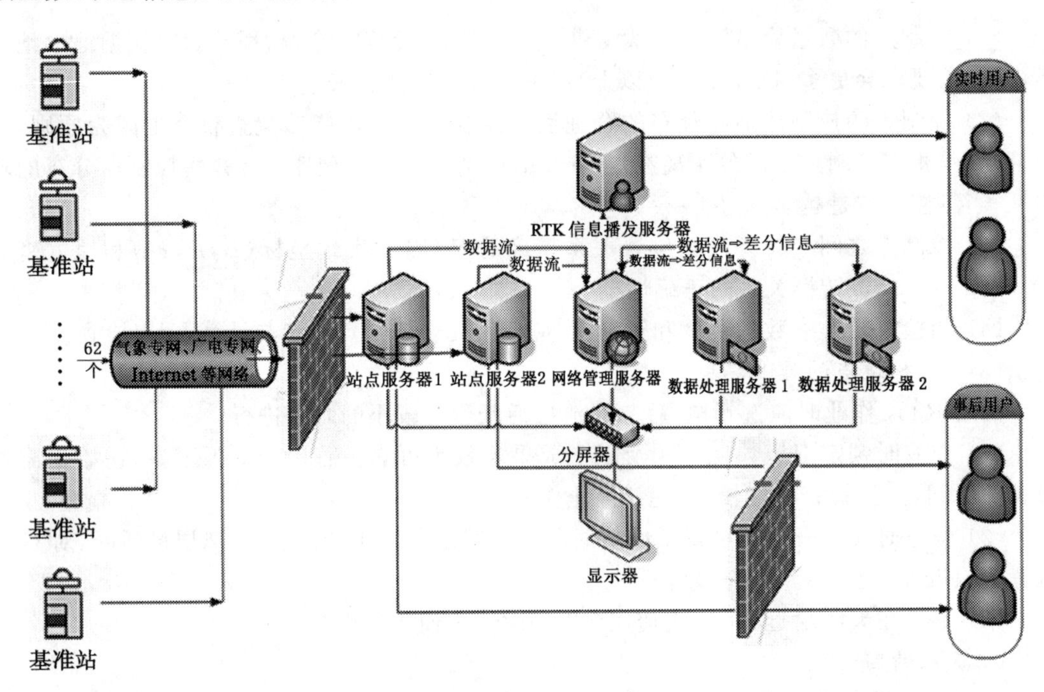

图 8-18　CORS 系统组成

连续运行参考站系统能够全年 365 天、每天 24 h 连续不断地运行,全面取代常规大地测量控制网。用户只需一台 GNSS 接收机即可进行毫米级、厘米级、分米级、米级实时及准实时的快速定位、事后定位,全天候地支持各种类型的 GNSS 测量、定位、变形监测和放样作业。可满足覆盖区域内各种地面、空中和水上交通工具的导航、调度、自动识别和安全监控等功能,服务于高精度中短期天气状况的数据预报、变形监测、地震监测、地球动力学等。连续运行参考站系统还可以构成国家的新型大地测量动态框架体系和构成城市地区新一代动态基准站网体系。它们不仅满足各种测绘、基准需求,还满足环境变迁动态信息监测等多

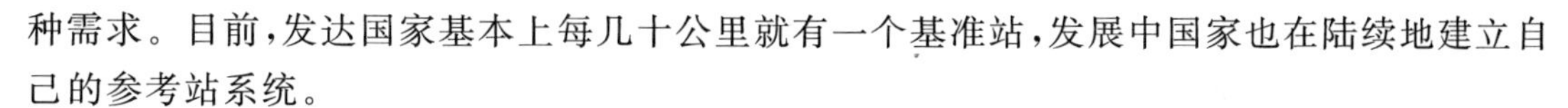

种需求。目前，发达国家基本上每几十公里就有一个基准站，发展中国家也在陆续地建立自己的参考站系统。

（一）国外发展概况

国际大地测量发展的一个特点是建立全天候、全球覆盖、高精度、动态、实时定位的卫星导航系统。在地面则建立相应的永久性连续运行的 GNSS 参考站。目前世界上较发达的国家都建立或正在建立连续运行参考站系统(CORS)。

美国的 GNSS 连续运行参考站(CORS)系统，是由美国国家大地测量局(NGS)负责，该系统的当前目标是：① 使全部美国领域内的用户能更方便地利用该系统来达到厘米级水平的定位和导航；② 促进用户利用 CORS 来发展 GIS；③ 监测地壳形变；④ 支持遥感的应用；⑤ 求定大气中水汽分布；⑥ 监测电离层中自由电子浓度和分布。

CORS 的数据和信息包括接收的伪距和相位信息、站坐标、站移动速率矢量、GPS 星历、站四周的气象数据等，用户可以通过信息网络，如(Internet)很容易下载而得到。

英国的连续运行 GNSS 参考站(COGRS)系统的功能和目标类似于上述 CORS，但结合英国本土情况，多了一项监测英伦三岛周围海平面的相对和绝对变化的任务。

德国的全国卫星定位网也提供四个不同层次的服务：① 米级实时 DGNSS[精度为 ±(1～3) m]；② 厘米级实时差分 GPS(精度为 1～5 cm)；③ 精度为 1 cm 的准实时定位；④ 高精度大地定位(精度优于 1 cm)。

其他欧洲国家，即使领土面积比较小的芬兰、瑞士等也已建成具有类似功能的永久性 GNSS 跟踪网，作为国家地理信息系统的基准，为 GNSS 差分定位、导航、地球动力学和大气提供科学数据。

在亚洲，日本已建成近 1 200 个 GNSS 连续运行站网的综合服务系统 GeoNet。它在以监测地壳运动、地震预报为主要功能的基础上，结合大地测量部门、气象部门、交通管理部门开展 GNSS 实时定位、差分定位、GNSS 气象学、车辆监控等服务。

（二）国内发展概况

随着国家信息化程度的提高及计算机网络和通信技术的飞速发展，电子政务、电子商务、数字城市、数字省区和数字地球的工程化和现实化，需要采集多种实时地理空间数据，因此，中国发展 CORS 系统的紧迫性和必要性越来越突出。近些年来，国内不同行业已经陆续建立了一些专业性的卫星定位连续运行网络，目前，为满足国民经济建设信息化的需要，一大批城市、省区和行业正在筹划建立类似的连续运行网络系统，一个连续运行参考站网络系统的建设高潮正在到来。

深圳市建立了我国第一个连续运行参考站系统(SZCORS)，目前已开始全面的测量应用。全国部分省、市也已初步建成或正在建立类似的省、市级 CORS 系统，如广东省、江苏省、北京、天津、上海、广州、东莞、成都、武汉、昆明、重庆等。

（三）建立 CORS 的必要性和意义

空间数据基础设施是信息社会、知识经济时代必备的基础设施。城市连续运行参考站系统(CORS)是空间数据基础设施最为重要的组成部分，可以获取各类空间的位置、时间信息及其相关的动态变化。通过建设若干永久性连续运行的 GNSS 基准站，提供国际通用格式的基准站站点坐标和 GNSS 测量数据，以满足各类不同行业用户对精度定位，快速和实时定位、导航的要求，及时地满足城市规划、国土测绘、地籍管理、城乡建设、环境监测、防灾

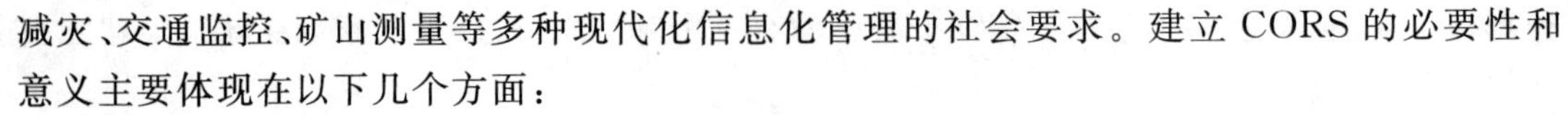

减灾、交通监控、矿山测量等多种现代化信息化管理的社会要求。建立 CORS 的必要性和意义主要体现在以下几个方面：

(1) 连续运行参考站系统(CORS)的建立可以大大提高测绘精度、速度与效率，降低测绘劳动强度和成本，省去测量标志保护与修复的费用，节省各项测绘工程实施过程中约 30% 的控制测量费用。由于城市建设速度加快，对 C、D、E 级测量控制点破坏较大，一般在 5～8 年就需重新布设，更不用说在路面的图根控制了，1～2 年就基本没有了，各测绘单位不是花大量的人力重新布设，就是仍以支站方式弥补，这不但保证不了精度，还造成了人力、物力、财力的大量浪费。随着 CORS 基站的建设和连续运行，就形成了一个以永久基站为控制点的网络。所以，可以利用已建成的 CORS 系统对外开发使用，收取一定的费用，收费标准可以根据各地的投入和实际情况制定，当然这一点上更多的是社会效益。

(2) 连续运行参考站系统(CORS)的建立，可以对工程建设进行实时、有效、长期的变形监测，对灾害进行快速预报。CORS 项目的完成将为城市诸多领域如气象、车船导航定位、物体跟踪、公安消防、测绘、GIS 应用等提供精度达厘米级的动态实时 GPS 定位服务，将极大地加快该城市基础地理信息的建设。

(3) 连续运行参考站系统(CORS)将是城市信息化的重要组成部分，并由此建立起城市空间基础设施的三维、动态、地心坐标参考框架，从而从实时的空间位置信息面上实现城市真正的数字化。CORS 的建成能使更多的部门和更多的人使用 GPS 高精度服务，它必将在城市经济建设中发挥重要作用。由此带给城市的巨大社会效益和经济效益是不可估量的，它将为城市进一步提供良好的建设和投资环境。

(四) 连续运行参考站系统(CORS)的组成

CORS 主要由四个子系统构成：控制中心、固定参考站、数据通信和用户部分，其工作流程如图 8-19 所示。

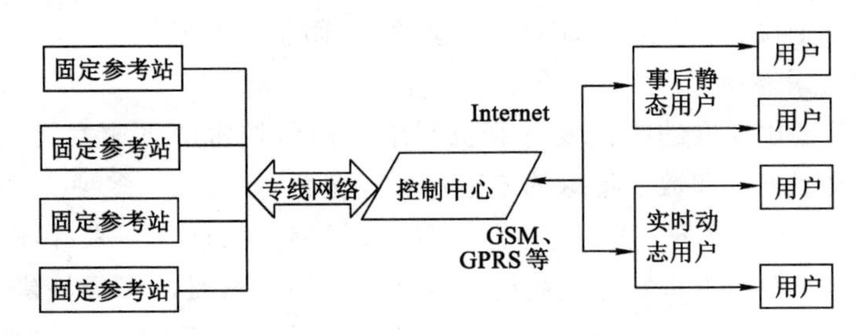

图 8-19　CORS 的工作流程图

1. 控制中心

控制中心是整个系统的核心，既是通信控制中心，也是数据处理中心。它通过通信线(光缆、ISDN、电话线等)与所有的固定参考站通信；通过无线网络(GSM、CDMA、GPRS 等)与移动用户通信。由计算机实时系统控制整个系统的运行，所以控制中心的软件既是数据处理软件，也是系统管理软件。

2. 固定参考站

固定参考站是固定的 GNSS 接收系统，分布在整个网络中，一个 CORS 网络可包括无数个站，但最少要 3 个站，站与站之间的距离可达 70 km(传统高精度 GNSS 网络，站间距离不过 10～20 km)。固定站与控制中心之间有通信线相连,数据实时地传送到控制中心。

3. 数据通信部分

CORS 的数据通信包括固定参考站到控制中心的通信及控制中心到用户的通信。参考站到控制中心的通信网络负责将参考站的数据实时地传输给控制中心;控制中心和用户间的通信网络是指如何将网络校正数据送给用户。一般来说,网络 RTK 系统有两种工作方式:单向方式和双向方式。在单向方式下,只是用户从控制中心获得校正数据,而所有用户得到的数据应该是一致的,如主辅站技术(MAX);在双向方式下,用户还需将自己的粗略位置(单点定位方式产生)报告给控制中心,由控制中心有针对性地产生校正数据并传给特定的用户,每个用户得到的数据则可能不同,如虚拟参考站 VRS 技术。

4. 用户部分

用户部分就是用户的接收机,加上无线通信的调制解调器及相关的设备。

二、连续运行参考站的功能

连续运行参考站(CORS)系统功能目前主要在于两方面:第一是通过拨号服务器以无线数据通信方式向用户提供实时精密定位服务;第二是通过 Internet 网络向用户提供精密事后处理的数据服务。

(1) 在定位信号的有效覆盖区域内,利用一台 GNSS 测量型接收机可进行城市各级控制点测量(非完全荫蔽区),精度达到厘米级。

(2) 在定位信号的有效覆盖区域内,提供 GNSS 实时测量,满足非荫蔽区工程测量、地图修测、精密授时等项要求。

(3) 可实时广播 RTK 信息,用户可采用 GSM、GPRS、CDMA 中的任何一种手段实时获取差分数据,同时该系统支持 RTCA、CMR、RTCM2.x、RTCMV3.0、RTD 等数据格式,也同时支持国际各主流品牌 GPS/GNSS 接收机在网内工作。

(4) 利用 Internet 或其他手段可实现事后精密定位的数据服务,数据格式支持 RINEX2.0 及以上版本。

三、连续运行参考站的应用

1. 应用于测绘

根据测绘用户作业特点,具体作业模式可分为高精度测量、控制测量(实时和后处理)、大比例尺测图和施工放样等。

2. 应用于农业

当前,发达国家已开始把 GPS 技术引入农业生产,即所谓的“精准农业耕作”。该方法利用 GPS 进行农田信息定位获取,包括产量监测、土样采集等,计算机系统通过对数据的分析处理,决策出农田地块的管理措施,把产量和土壤状态信息装入带有 GPS 设备的喷施器中,从而精确地给农田地块施肥、喷药。通过实施精准耕作,可在尽量不减产的情况下,降低农业生产成本,有效避免资源浪费,降低因施肥除虫对环境造成的污染。

3. 应用于授时校频

电力、邮电、通信、铁路、金融等网络的时间同步。

4. 应用于交通

出租车、租车服务、物流配送等行业利用 GPS 技术对车辆进行跟踪、调度管理,合理分布车辆,以最快的速度响应用户的乘车或接送请求,降低能源消耗,节省运行成本。GPS 在车辆导航方面发挥了重要的作用，在城市中建立数字化交通电台，实时发播城市交通信息，车载设备通过 GPS 进行精确定位，结合电子地图以及实时的交通状况，自动匹配最优路径，并实行车辆的自主导航。民航运输通过 GPS 接收设备，使驾驶员着陆时能准确对准跑道，同时还能使飞机紧凑排列，提高机场利用率，引导飞机安全进离场。

5. 应用于救援

利用 GPS 定位技术，可对火警、救护、警察进行应急调遣，提高紧急事件处理部门对火灾、犯罪现场、交通事故、交通堵塞等紧急事件的响应效率。特种车辆（如运钞车）等，可对突发事件进行报警、定位，将损失降到最低。有了 GPS 的帮助，救援人员就可在人迹罕至、条件恶劣的大海、山野、沙漠，对失踪人员实施有效的搜索、营救。装有 GPS 装置的渔船，在发生险情时，可及时定位、报警，使之能更快、更及时地获得救援。

6. 科学研究

CORS 广泛应用推进气象科学技术和研究电离层的发展，特别是对我国气象的基础观测业务具有极其重要的影响，使其从定性走向定量，从陆地走向海洋，从二维探测走向三维立体探测。

职业技能训练

【技能训练 8-1】 网络 RTK 的使用。

1. 训练目的

了解各种网络 RTK 工作原理，了解网络 RTK 的组成，熟悉网络 RTK 设置过程。在该实训中须完成设置基准站和设置流动站。

2. 仪器设备

(1) 由测量仪器室借领：RTK 移动站 1 台，手簿 1 个，对中杆 1 根。

(2) 自备：铅笔（2H）两支，草稿纸数张。

3. 训练步骤

(1) 设置基准站。

(2) 设置移动站。

(3) 数据采集。

4. 注意事项

(1) 在网络 RTK 使用前要准备好电话卡，确保开通数据流量。

(2) 在使用网络 RTK 前，需要了解当地运营管理中心的 IP 地址、接入端口和差分电文格式。

5. 上交资料

(1) 每人上交实训报告一份。

(2) 每组上交合格记录成果一份。

项目小结

本项目简要介绍了网络 RTK 的组成、常用技术和方法，并以华测 X90 系列接收机为例详细介绍了网络 RTK 的操作和注意事项；简要介绍了连续运行参考站系统 CORS 的建立、功能和应用。通过学习使读者对网络 RTK 和 CORS 测量系统有了初步的认识。

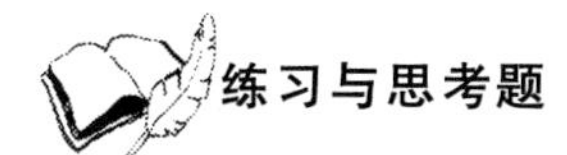

练习与思考题

1. 网络 RTK 作业通信模式分为哪几种？各有什么特点？
2. 网络 RTK 作业的一般流程是什么？
3. 网络 RTK 作业需要注意哪些事项？

参考文献

[1] 党亚民，秘金钟，成英燕.全球导航卫星系统原理与应用[M].北京：测绘出版社，2007.
[2] 邓明镜，刘国栋，徐金鸿，等. 全球定位系统(GPS)测量原理及应用[M].成都：西南交通大学出版社，2014.
[3] 国家测绘局.CH/T 2009—2010 全球定位系统实时动态测量(RTK)技术规范[S].北京：测绘出版社，2010.
[4] 贺英魁.GPS 测量技术[M].重庆：重庆大学出版社，2010.
[5] 胡伍生，潘庆林，黄腾.土木工程施工测量手册[M].北京：中国建材工业出版社，2005.
[6] 黄文彬.GPS 测量技术[M].北京：测绘出版社，2011.
[7] 李克昭. GNSS 定位原理[M]. 北京：煤炭工业出版社，2014.
[8] 李征航，黄劲松.GPS 测量与数据处理[M].3 版.武汉：武汉大学出版社，2016.
[9] 李征航，张小红.卫星导航定位新技术及高精度数据处理方法[M].武汉：武汉大学出版社，2009.
[10] 牛志宏，范海英，殷忠.GPS 测量技术[M].郑州：黄河水利出版社，2012.
[11] 史先领，张书毕.网络 RTK 中几种实用技术的分析比较[J].海洋测绘，2006，26(5)：75-78.
[12] 王爱生. GNSS 测量数据处理[M].徐州：中国矿业大学出版社，2010.
[13] 夏林元，鲍志雄，李成钢，等.北斗在高精度定位领域中的应用[M].北京：电子工业出版社，2016.
[14] 谢钢. 全球导航卫星系统原理[M]. 北京：电子工业出版社，2013.
[15] 徐绍铨. GPS 测量原理及应用[M].3 版.武汉：武汉大学出版社，2008.
[16] 杨俊，武奇生.GPS 基本原理及其 Matlab 仿真[M].西安：西安电子科技大学出版社，2006.
[17] 余学祥. GPS 测量与数据处理[M].徐州：中国矿业大学出版社，2013.
[18] 张东明，邓军.GNSS 定位测量技术[M].武汉：武汉理工大学出版社，2016.
[19] 赵静，曹冲.GNSS 系统及其技术的发展研究[J].全球定位系统，2008，33(5)：27-31.
[20] 中华人民共和国国家质量监督检验检疫总局，中国国家标准化管理委员会.GB/T 18314—2009 全球定位系统(GPS)测量规范[S].北京：中国标准出版社，2009.
[21] 中华人民共和国住房和城乡建设部.CJJ/T 73—2010 卫星定位城市测量技术规范[S].北京：中国建筑工业出版社，2010.
[22] 周建郑.GNSS 定位测量技能实训指导书[M].北京：测绘出版社，2014.
[23] 周建郑.GPS 测量定位技术[M].北京：化学工业出版社，2004.
[24] 周立.GPS 测量技术[M].郑州：黄河水利出版社，2006.
[25] 左美蓉.GPS 测量技术[M].武汉：武汉理工大学出版社，2012.

附　录

一、GNSS 点之记

GNSS 点之记

<table>
<tr><td colspan="6" rowspan="2">网区:平陆区</td><td>所在图幅</td><td>149E008013</td></tr>
<tr><td>点号</td><td>C002</td></tr>
<tr><td>点名</td><td>南疙瘩</td><td>类级</td><td>A</td><td>概略位置</td><td colspan="3">$B=34°50'$　$L=111°10'$　$H=484$ m</td></tr>
<tr><td>所在地</td><td colspan="3">山西省平陆县城关镇上岭村</td><td>最近住所及距离</td><td colspan="3">平陆县城招待所距点 8 km</td></tr>
<tr><td>地类</td><td>山地</td><td>土质</td><td>黄土</td><td>冻土深度</td><td></td><td>解冻深度</td><td></td></tr>
<tr><td colspan="2">最近邮电设施</td><td colspan="2">平陆县城邮电局</td><td>供电情况</td><td colspan="3">上岭村每天有交流电</td></tr>
<tr><td colspan="2">最近水源及距离</td><td colspan="2">上岭村有自来水距点 800 m</td><td>石子来源</td><td>山上有石块</td><td>沙子来源</td><td>县城建筑公司</td></tr>
<tr><td colspan="2">本点交通情况(至本点道路与最近车站、码头名称及距离)</td><td colspan="3">由三门峡搭车轮渡过黄河向北到山西平陆县城约 8 km,再由平陆县城搭车向东南到上岭村 7 km(每天有两班车),再步行到点约 800 m,两轮人力车可到达点位</td><td>交通线路图</td><td colspan="2">N
平陆县
南疙疸
上岭村
茅津
盘南
黄河
三门峡市
1:200 000</td></tr>
<tr><td colspan="5">选点情况</td><td colspan="3">点位略图</td></tr>
<tr><td>单位</td><td colspan="4">黄河水利委员会测量队</td><td colspan="3" rowspan="5">200
100
800
上岭村
400
盘南
单位:m
1:20 000</td></tr>
<tr><td>选点员</td><td>李纯</td><td>日期</td><td colspan="2">1990.6.5</td></tr>
<tr><td colspan="2">是否需联测坐标与高程</td><td colspan="3">联测高程</td></tr>
<tr><td colspan="2">建议联测等级与方法</td><td colspan="3">Ⅲ等水准测量</td></tr>
<tr><td colspan="2">距起始水准点距离</td><td colspan="3">1.5 km</td></tr>
</table>

续表

<table>
<tr><td colspan="4">地质概要、构造背景</td><td colspan="2">地形地质构造略图</td></tr>
<tr><td colspan="4"></td><td colspan="2"></td></tr>
<tr><td colspan="4">埋石情况</td><td>标石断面图</td><td>接收天线计划位置</td></tr>
<tr><td colspan="2">单位</td><td colspan="2">黄河水利委员会测量队</td><td rowspan="6">40 150 15 10 120 70 单位:cm</td><td rowspan="6">天线可直接安置在墩标顶面上</td></tr>
<tr><td>埋石员</td><td>张勇</td><td>日期</td><td>1990.7.12</td></tr>
<tr><td colspan="2">利用旧点及情况</td><td colspan="2">利用原有的墩标</td></tr>
<tr><td colspan="2">保管人</td><td colspan="2">陈生明</td></tr>
<tr><td colspan="2">保管人单位及职务</td><td colspan="2">山西省平陆县上岭村会计</td></tr>
<tr><td colspan="2">保管人住址</td><td colspan="2">山西省平陆县上岭村</td></tr>
<tr><td colspan="2">备注</td><td colspan="4"></td></tr>
</table>

二、GNSS 点环视图

GNSS 点环视图

东局点环视图

（周围有高于 10° 障碍物时绘制）

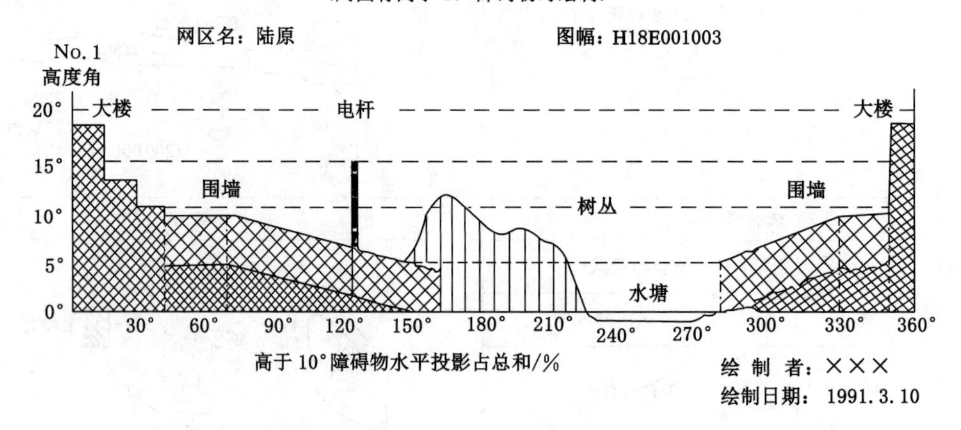

三、标石类型与埋设要求

GNSS点标石类型与埋设要求

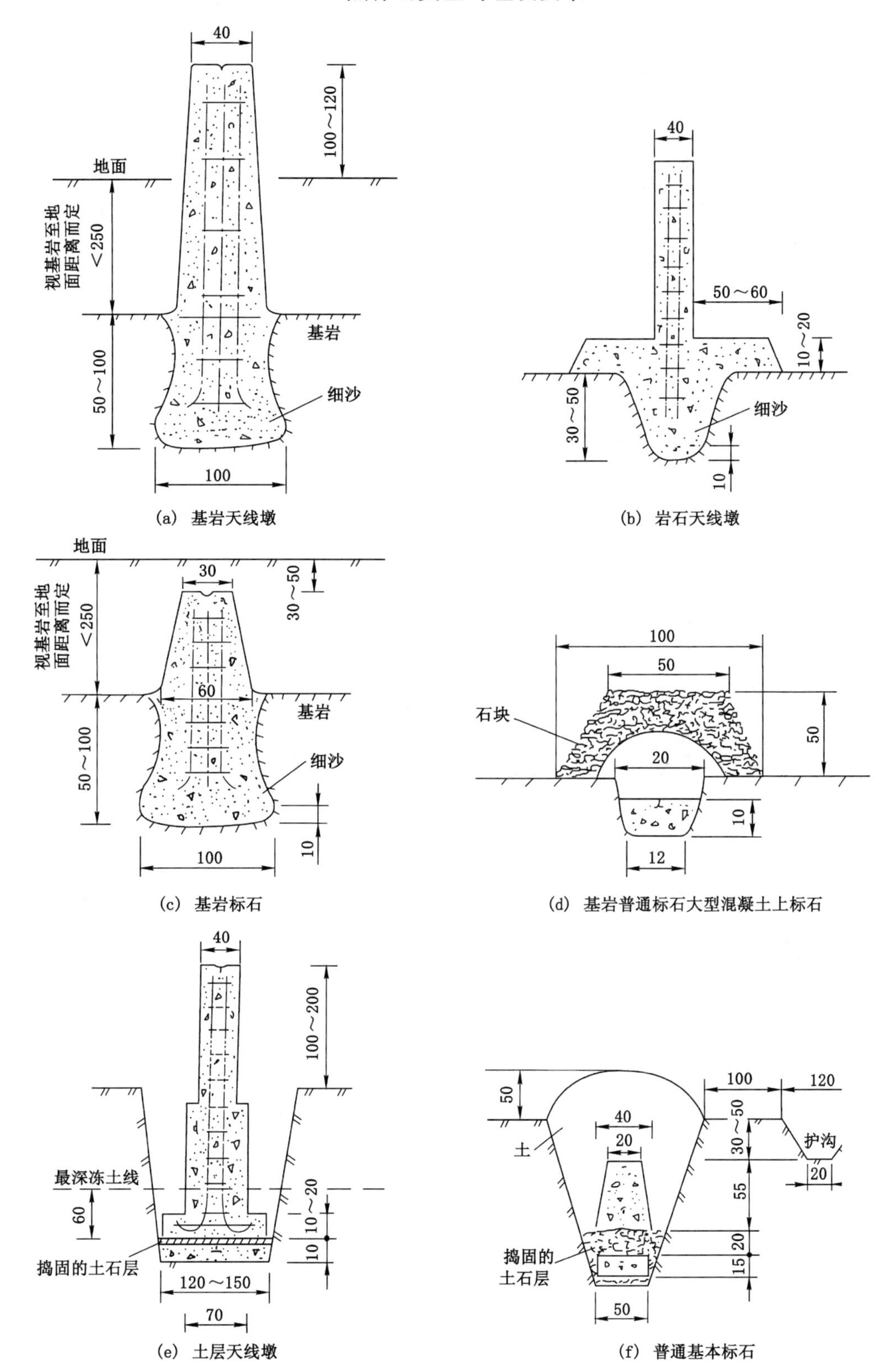

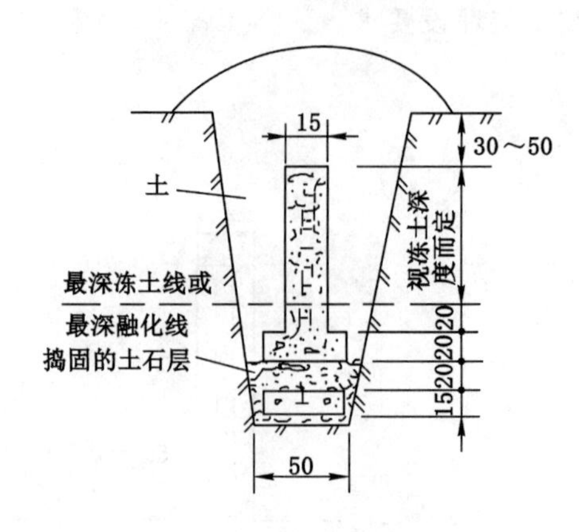

(g) 冻土基本标石

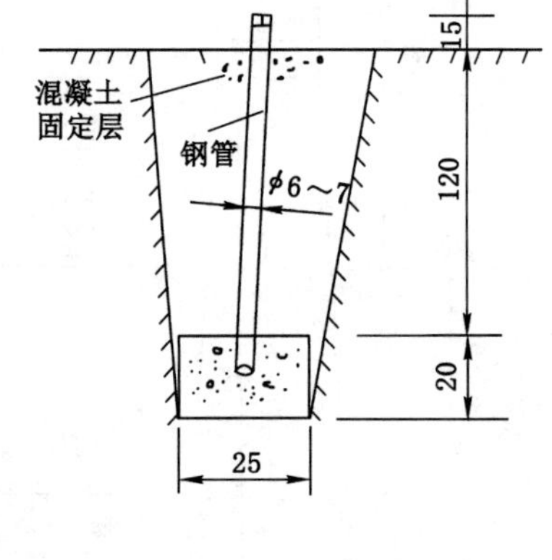

(h) 固定沙丘基本标石

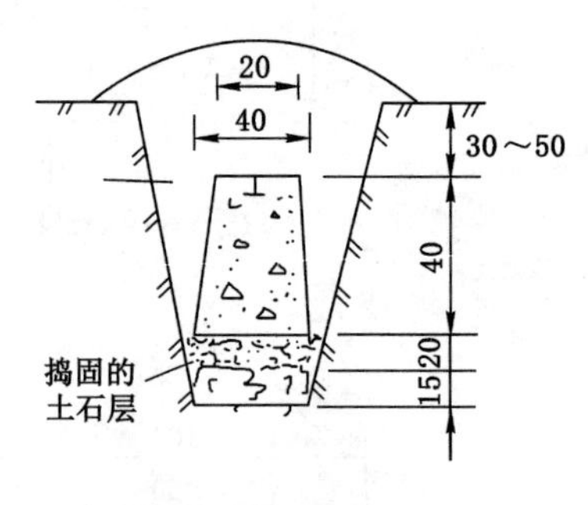

(i) 普通标石

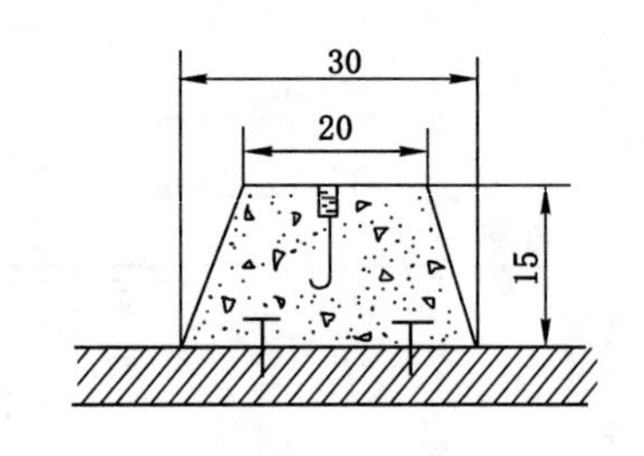

(j) 建筑物上标石

说明：① 本图例单位：cm；

② 天线墩足筋 ϕ12～20 mm，裹筋 ϕ7～10 mm。

四、GNSS 外业观测记录手簿

________工程 GNSS 外业观测手簿　　　　第____页

测站号		测站名		天气状况	
观测员		记录员		观测日期	
接收机名称及编号		天线类型及编号		数据文件名	
近似经度	° ′	近似纬度	° ′	近似高程	m
预热时间	h　min	开机时间	h　min	结束时间	h　min
天线高/m	测前：		测后：	平均值：	
气温/℃	测前：		测后：	平均值：	
测站跟踪作业记录					

时间(UTC)	跟踪卫星号(PRN)、高度角(ELEV)及信噪比(SNR)	纬度/(° ′)	经度/(° ′)	高程/m	PDOP

续表

	PRN													
	ELEV													
	AZMH													
	SNR													
	PRN													
	ELEV													
	AZMH													
	SNR													
	PRN													
	ELEV													
	AZMH													
	SNR													
	PRN													
	ELEV													
	AZMH													
	SNR													
记事